パソコン、iモード、palm 完全使いこなし講座

ITサバイバル／いまならまだ間にあう！

ITビジネス・能力開発研究会［編］

財界研究所

はじめに

最近やたらと、テレビや新聞、雑誌などで見聞きすることが多いのが「ＩＴ革命」という言葉です。ちなみに、ＩＴとは〈Information Technology〉の略で、訳すと「情報技術」ということになります。つまり、情報技術の大革命が起ころうとしているのです。しかし、その具体的な内容はといえば、いまひとつピンとこないというのが実状ではないでしょうか。そこでまずは、ここ数年のパソコンとインターネットの爆発的な普及のことを考えてみてください。あっという間にパソコンは普及し、インターネットユーザーも急増しています。とりわけインターネットは、私たちの情報伝達手段を大きく変化させたことは間違いのない事実でしょう。そしてさらに最近は、外出先でもインターネットが利用できるようにさまざまな携帯端末が登場し、メールのやり取り程度なら、携帯電話やＰＨＳだけでも十分にこなせるようになりました。すでにこうした通信機器を使って、仕事やプライベートに役立てているかたも多いことでしょう。そしてこの一連の流れが、ＩＴ革命の本質なのです。特に難しいことはありません。新しい技術や機器を使いこなし、情報伝達の方法を知ることがＩＴ革命を知ることになるのです。

本書ではこうした観点から、パソコンを使ったインターネット（ホームページの閲覧や電子メールの送受信）利用による情報収集の方法、あるいは収集した情報の整理・活用法など、パソコンを徹底的に活用するために役立つ操作方法やテクニックを、実際の操作手順を追いながらわかりやすく解説しています。またパソコン以外でも、最近大流行の「ｉモード」の基本操作や、モバイル機器として注目を集めている「Palm（パーム）」の基礎まで、幅広くデジタル・ツールに関する話題を取り上げました。

「ＩＴ革命」などと大上段に構えるのではなく、自分の身の回りで役立ちそうなテクニックが見つかったら、本書でそれを実践してください。そして本書が、デジタル・ツールを使いこなす一助となれば幸いです。

二〇〇〇年十一月　ＩＴビジネス・能力開発研究会

『パソコン、iモード、palm完全使いこなし講座』目次

第2章 情報収集と管理・活用のテクニック

第3章 差をつける企画書の作り方

第4章 電子メールのやさしい活用法

第5章 iモードだけでもここまでできる

【コラム】

第6章 モバイルツールを使いこなすとこんなに便利

Windowsの基本操作

Windowsの操作で、もっとも頻繁に利用するのがマウスです。
マウスを自在に使いこなせるようになると、操作が非常に楽になりますので、
まずは基本の操作を覚えておきましょう。

クリック

左側のボタンを1回だけ「カチッ」と押す動作。何かを選択するときに使います。

ダブルクリック

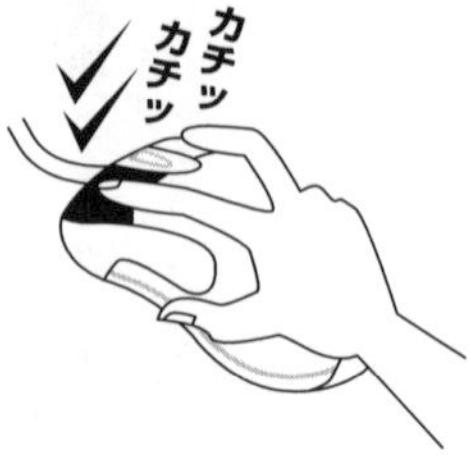

左側のボタンを2回「カチカチッ」と押す動作。ソフトの起動やフォルダを開くときに使います。

右クリック

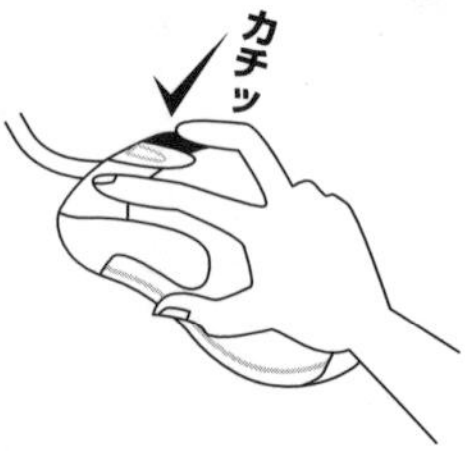

右側のボタンを1回だけ「カチッ」と押す動作。キャンセルや操作を簡便化するショートカットメニューを表示するときに使います。

ドラッグ&ドロップ

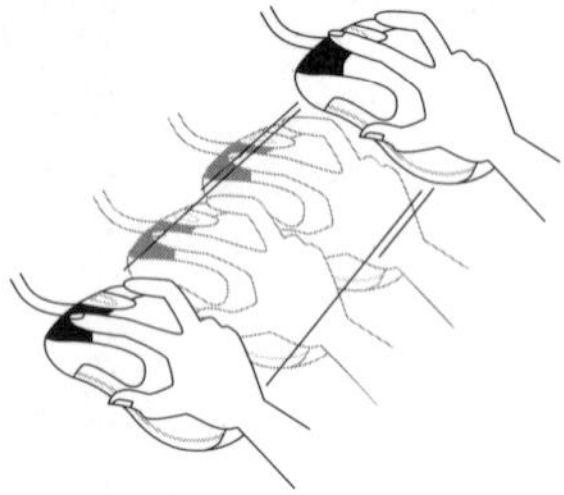

移動させたいアイコンの上で左側のボタンを押し、そのまま移動(ドラッグ)させ、移動させたい場所でボタンを離す(ドロップ)動作です。また文字を選択するときには、ドラッグ操作を利用します。

［イラスト］丸山絵美（まるやま・えみ）

本書で使用しているソフトウェアのバージョンは、下記の通りです。
バージョンの違いにより、ボタンやメニューの名前、操作の一部が異なる場合があります。

●Windows98 SE　●Internet Explorer 5.5　●Outlook Express 5.5
●Microsoft Word 2000　●Microsoft Excel 2000

第1章
パソコン活用の基礎

1-1

デジタル・ツールを使いこなすために

今や社会は急速なデジタル化の波に飲み込まれ、その流れに付いていくのはとても大変なことです。ビジネスシーンにおいてもパソコンは必須のツールとなり、たくさんの操作を覚えるのに苦痛を感じている方も多いことでしょう。しかし、次々と新しい技術や製品が発表されても、そのすべてを使いこなすことなど到底無理な話ですし、また使いこなす必要もありません。大切なことは、デジタル化の波に翻弄されないということです。そして、デジタル・ツールを使いこなすポイントもここにあります。つまり、使い勝手に合わせて、自分にとって必要な機器、あるいは機能を利用すれば良いのです。

たとえばパソコンですが、最近の機種は非常に多機能で、たくさんのソフトが付属します。これも、すべてを使いこなそうとすると無理がありますので、自分のやりたいことを実現してくれるソフトや機能だけを理解しておけば良いことになります。「何でもこなすパソコン」と言われますが、これはそれだけ自分が実現したいことの選択肢が広いという意味であり、そのすべての操作をマスターしなければならないものではないのです。

こうしてみると、デジタル・ツールを使いこなすための第一歩は、自分が何をやりたいか、を明確にすることだとおわかりいただけるでしょう。自分がやりたいことが本当に実現できるのかを考える必要はありません。ほとんどの要望は、いずれかのデジタル・ツールが実現してくれるものと考えて構いません。それほど技術は進歩しているのです。まず、自分が仕事上で困っていること、もう少し便利にならないか、と考えていることを思い浮かべてください。そして、それをデジタル・ツールで実現させましょう。デジタル・ツールは、あくまでも道具でしかありません。釘を打つときには金槌を使うように、情報収集や整理・活用にデジタル・ツールを利用してみてください。

なお、自分がやりたいことを、どの機器やどの機能で実現できるかがわからないという方も多いと思いますが、その答えは本書にあります。本書では、特にビジネスマンにとって必要と思われるウィンドウズ操作の基本テクニックからインターネットを利用した情報収集、ペーパーレス書斎の作り方、収集したデータの整理方法、ワードを使った見栄えのする企画書の作り方、あるいは利用者急増の「iモード」や携帯情報端末の「パームマシン」の使い方まで、幅広くデジタル・ツールについて解説しています。

また、それぞれの操作は、手順を追って同じように操作することでマスターできるよう、画面を多用し、理解しやすくなっています。まずは本書の解説通りに実際に操作してみて下さい。基本操作さえマスターしておけば、自分の環境に合わせた応用ができるようになります。

それでは、興味を持っていること、あるいは必要に迫られていることからスタートしましょう。デジタル・ツールを上手に使いこなすことで、多くの問題は解決でき、効率良く仕事をこなすこともできるようになります。時間はかかっても、無理をせず、デジタル社会と上手く付き合っていきましょう。

Windowsの最新版

WindowsMeとWindows98はどこが違う?

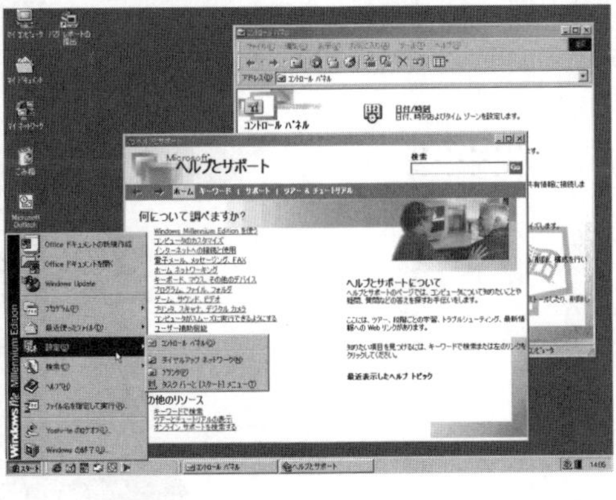

2000年9月22日。Windowsの最新バージョンである「WindowsMe日本語版」が発売されました。Windows98の後継にあたり、インターネットやマルチメディア関連のほか、いくつかの新機能が追加されています。本書で利用している画面はWindows98のものですが、操作自体はほとんど同じです。

ウィンドウズを使いこなす その1 カスタマイズ編

パソコンを起動すると、はじめに表示されるのがデスクトップ画面です。このデスクトップ画面は、画面の表示領域を変更したり、ウィンドウの色を変えたり、あるいは背景に写真やイラストを貼り付けるなど、自由に変更(カスタマイズ)することができます。不思議なもので、デスクトップ画面の見た目が変わるだけで、使い勝手が良くなったような気もしますし、何より自分の好みに変更できるので、一度試してみてください。特にパソコンを長時間利用する人には以外と大きな効果があり、作業効率に影響することもあります。

なかでも、画面の表示領域を変更する方法は、ぜひとも覚えておいてください。表示領域を変更するということは、モニターのサイズは同じでも、そこに表示できる領域を広くしたり狭くしたりできるということです。たとえばワープロで文書を作成するとき、画面上にA４サイズの半分しか表示できなかったとしましょう。このとき、表示領域を広くすることで、文書を一度により多く表示させることができるようになり、作業効率は大幅に向上します。

また、背景に好きな写真やイラストを貼り付けておくことで、味気ないデスクトップ画面を飾ることもできます。デスクトップ画面に貼り付ける写真やイラストを「壁紙」と呼び、ウィンドウズにはじめから搭載されているものを簡単に選択して設定することも可能です。さらに、「スクリーンセーバー」という機能もあります。これはもともと、デスクトップ画面の焼き付きを防止するものですが、一定時間パソコンを操作しないと自動的に起動し、画面上でアニメーションやさまざまなイベントを展開します。これも、ウィンドウズに標準で付属している機能ですので、設定さえしておけば誰でも簡単に利用することができます。まずは、デスクトップ画面のカスタマイズから始めましょう。

「画面のプロパティ」を表示する

デスクトップ画面のカスタマイズは、コントロールパネルにある「画面」で行います。しかし、その都度コントロールパネルを開くのは面倒なので、直接「画面のプロパティ」を開いて設定しましょう。

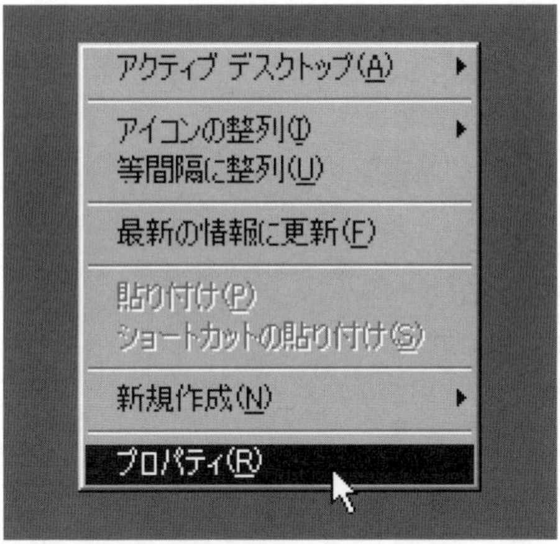

デスクトップ上をマウスの右ボタンでクリックし、ショートカットメニューが表示されたら「プロパティ」をクリックします。

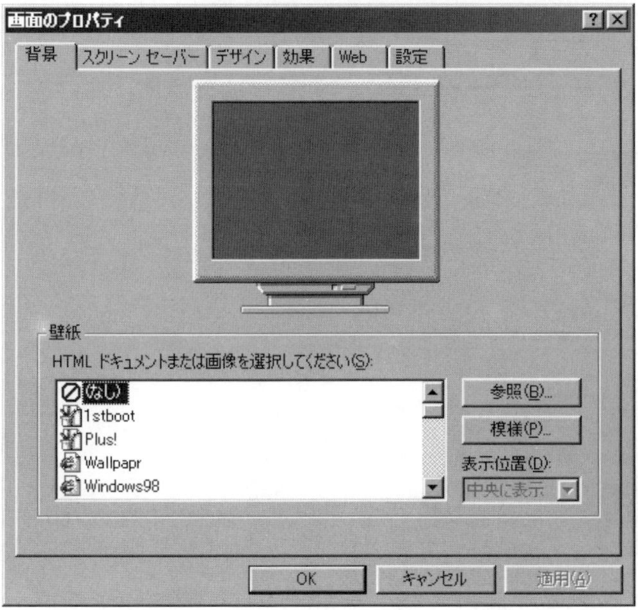

「画面のプロパティ」が開き、ここでデスクトップ画面に関する各種の設定を行います。画面上段に「背景」や「スクリーンセーバー」と書かれている部分をタブと呼び、ここをクリックすると画面が切り替わり、該当する機能の設定画面が表示されます。

背景(壁紙)を設定する

デスクトップ画面は、標準では緑一色の味気ない画面です。そこで、ここにイラストや写真を貼り込んでみましょう。「背景」タブで、好きな壁紙を選択するだけでデスクトップが変わります。

壁紙の一覧から適当にクリックすると、選択した壁紙が上段にプレビューされます。ここで確認しながら壁紙を選び、右側の「表示位置」の「▼」をクリックして表示位置を調整します。

最後に、「画面のプロパティ」の「OK」ボタンをクリックすると、デスクトップに壁紙が設定できます。

スクリーンセーバーを設定する

電源をオンにしたまま画面を長時間放置しておくと、画面が焼き付きを起こして表示を正しくできなくなることがあります。これを防ぐのが、スクリーンセーバーです。起動するまでの時間や種類を選択することができます。

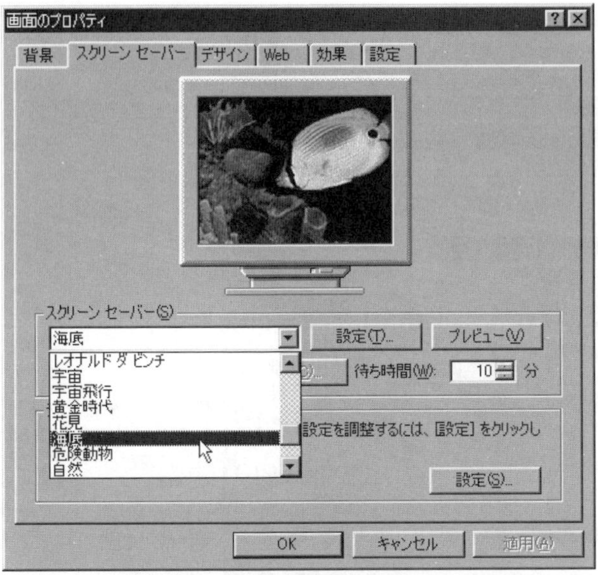

スクリーンセーバー欄の「▼」をクリックするとメニューが表示され、ここからスクリーンセーバーの種類が選択できます。選択したスクリーンセーバーはプレビューで確認でき、「プレビュー」ボタンでも確認できます。また、「パスワードによる保護」をチェックしておくと、スクリーンセーバーからデスクトップに戻るとき、パスワードの入力が必要になります。スクリーンセーバーが起動するまでの待ち時間を設定するには、「待ち時間」に時間を入力するか、入力ボックス右のボタンをクリックして変更します。

「画面のプロパティ」の「OK」ボタンをクリックし、指定した時間パソコンの操作をしないと、スクリーンセーバーが起動します。マウスを動かすと、すぐにデスクトップ画面が表示されます。

デスクトップデザインを変更する

背景やウィンドウなど、デスクトップの色を自由に変更するのがデザインです。あらかじめ用意されたセットを選択するほか、好きな色の組み合わせを設定することもできます。

配色欄の「▼」をクリックするとメニューが表示され、ここからデザインが選択できます。「指定する部分」で、個別に色を付ける場所や色を設定することも可能です。

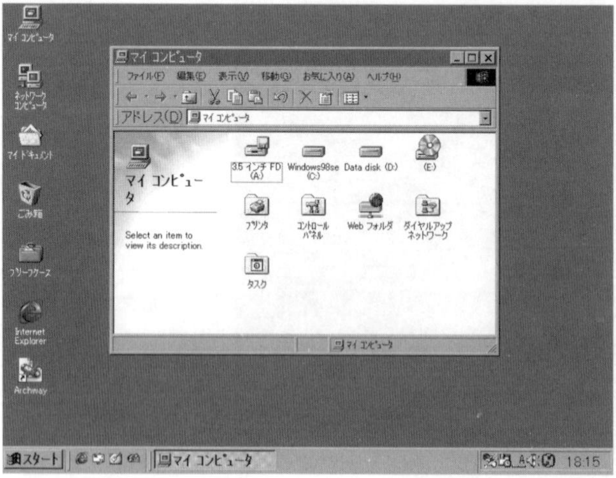

「画面のプロパティ」の「OK」ボタンをクリックします。カラーではないのでわかりにくいと思いますが、指定したデザインに変更されます。

画面の表示領域を変更する

デスクトップ画面に表示する画面の領域は、自由に変更することが可能です。デスクトップの作業領域が狭いと感じたら、表示領域を広くしてみましょう。

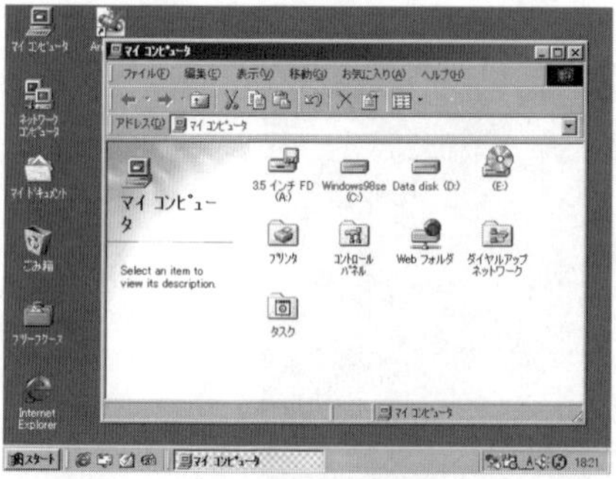

はじめは表示領域が狭い。

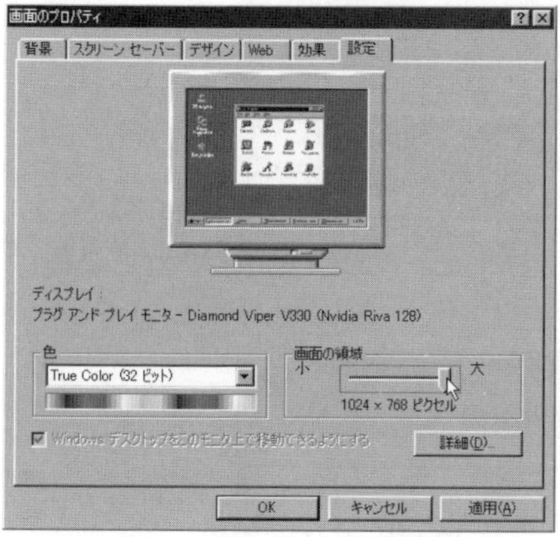

画面の領域のスライドを、マウスで左右にドラッグして表示領域を変更します。スライドバーが右側ほど、表示領域は広くなります。なお、パソコンによって、変更できる表示領域の数は異なります。

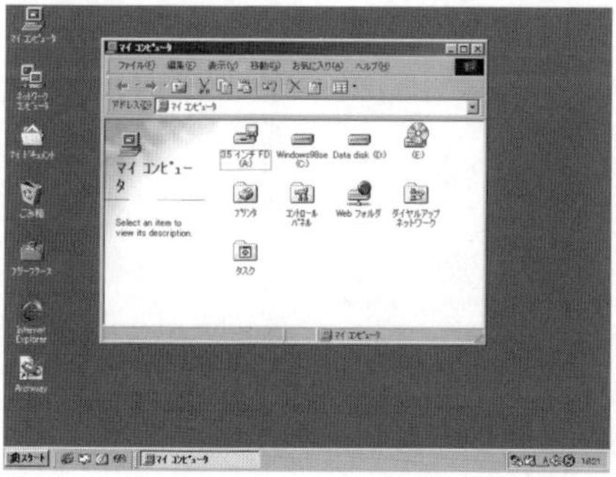

「画面のプロパティ」の「OK」ボタンをクリックすると、表示領域が変わります。このとき、ウィンドウズを再起動するよう指示が表示されますので、再起動させておいてください。

デスクトップテーマを利用する

デザインでデスクトップの色を変更できますが、「デスクトップテーマ」を利用すると、さらに壁紙やデスクトップのアイコン、スクリーンセーバーまでセットで変更することができます。

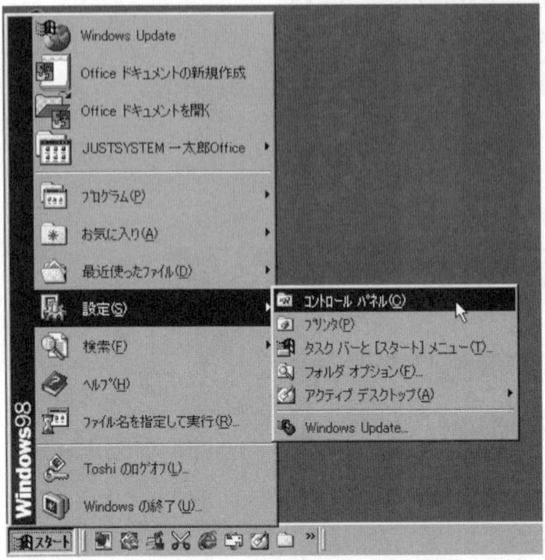

「スタート」メニューから「設定」→「コントロールパネル」を選択します。

コントロールパネルが開いたら、「デスクトップテーマ」をダブルクリックします。

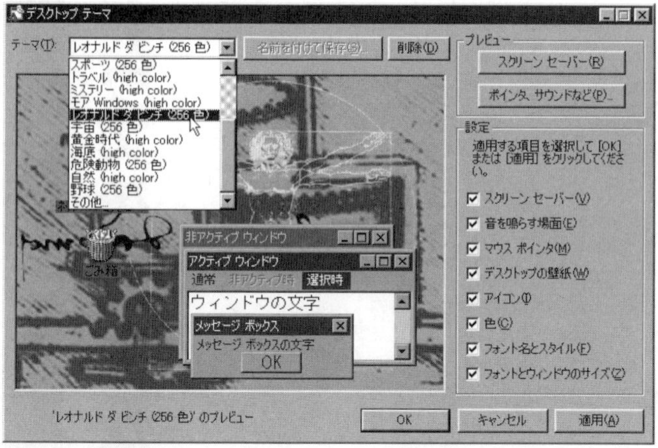

テーマ欄の「▼」をクリックするとメニューが表示され、ここからテーマを選択します。テーマを選択するとプレビューが表示され、ここで確認しながら設定できます。また、右側に並ぶ設定項目で、より詳細な設定を行うこともできます。

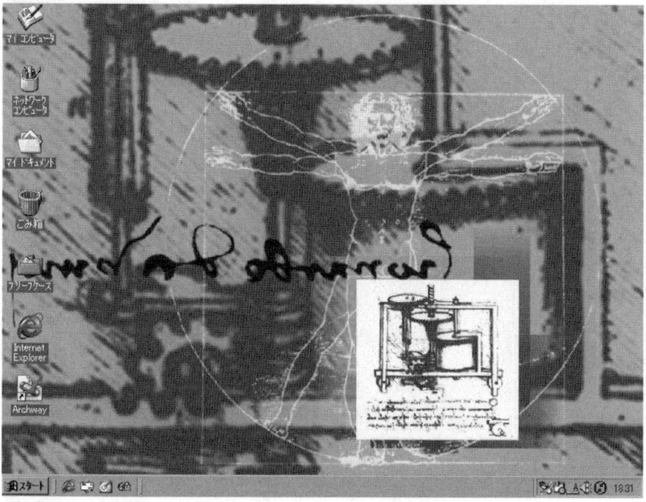

「デスクトップテーマ」の画面で「OK」ボタンをクリックすると、選択したテーマにデスクトップが変わります。

1▶3 ウィンドウズを使いこなす その2 メンテナンス編

パソコンを使い続けていると、アプリケーションソフトの起動が遅くなったり、エラーが頻発したり、重傷の場合はウィンドウズが起動すらしなくなるなど、さまざまな障害が出てくることがあります。これは、ウィンドウズを動かすためのシステムファイルが破損したり、ハードディスクに障害が発生したときに起こります。こうしたエラーの発生は、作業の妨げになるばかりでなく、大切なデータを消失してしまうこともありますので、なるべく障害を起こさないクリーンなシステムを保持しておくことが大切です。

ただし、システムやディスクの状態は、フォルダの中身を覗いただけでは確認できません。そこでウィンドウズには、システムやディスクを管理するための「システムツール」がたくさん用意されています。こうしたツールを使って、定期的にメンテナンスを実行することで、快適な作業環境が構築できるのです。

メンテナンスツールは、「スタート」メニューから「プログラム」→「アクセサリ」→「システムツール」と選択し、表示されるメニューから起動します。このメニューには、さまざまなメンテナンスツールが登録されていますが、中でも重要なのが「システム情報」「スキャンディスク」「デフラグ」です。

「システム情報」では、かなり詳細なシステムの状況が把握でき、破損したファイルを修復することもできます。ただし中・上級者向けなので、ここでは簡単に機能について解説します。「スキャンディスク」は、ハードディスクの障害をチェックし、修復するためのツールです。また「デフラグ」は、ハードディスクに保存されているデータをきれいに並べ替えます。

データの消失やエラーの予防のためにも、システムメンテナンスの使い方をマスターして定期的なメンスナンスを心がけてください。

「システム情報」を活用する

ウィンドウズの現在の状態を確認したり、異常がないかを検査するのが「システム情報」です。「ツール」メニューから機能を選択して検査を行い、障害が見つかったらこれを修復します。

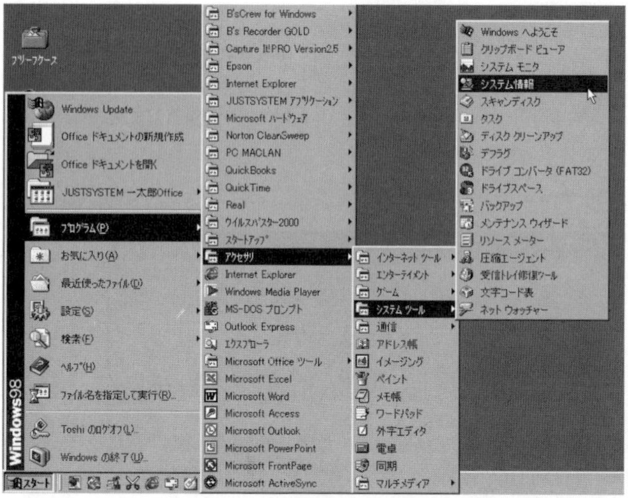

「スタート」メニューから「プログラム」→「アクセサリ」→「システムツール」→「システム情報」と選択して「システム情報」を起動します。

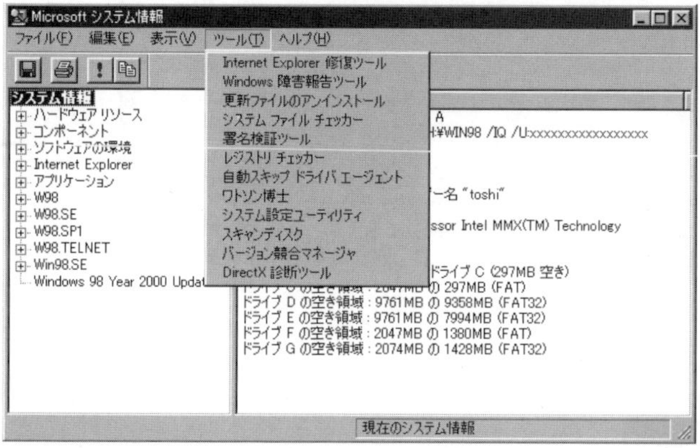

「ツール」メニューには、さまざまな機能が登録されています。ここで覚えておいて欲ししのは、「Internet Explorerの修復」「システムファイルチェッカー」「ワトソン博士」の3つです。「Internet Explorerの修復」はInternet Explorerの調子が悪いときに実行すると正常な状態に戻してくれます。また「システムファイルチェッカー」がシステムファイルのチェックを行い、「ワトソン博士」はアプリケーションソフトのエラーが発生したときに自動的に診断し、エラーの原因やシステムの情報を表示してくれます。

Internet Explorerの修復

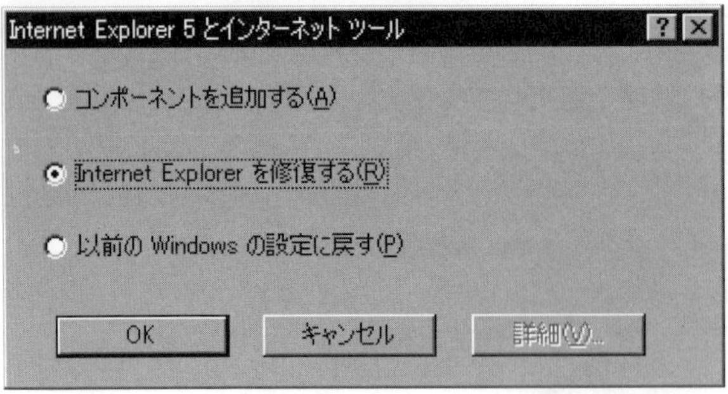

「Internet Explorerの修復」を選択するとこの画面が表示されます。ここで「Internet Explorerを修復する」を選択して「OK」ボタンをクリックすると、Internet Explorerが修復されます。

システムファイルチェッカー

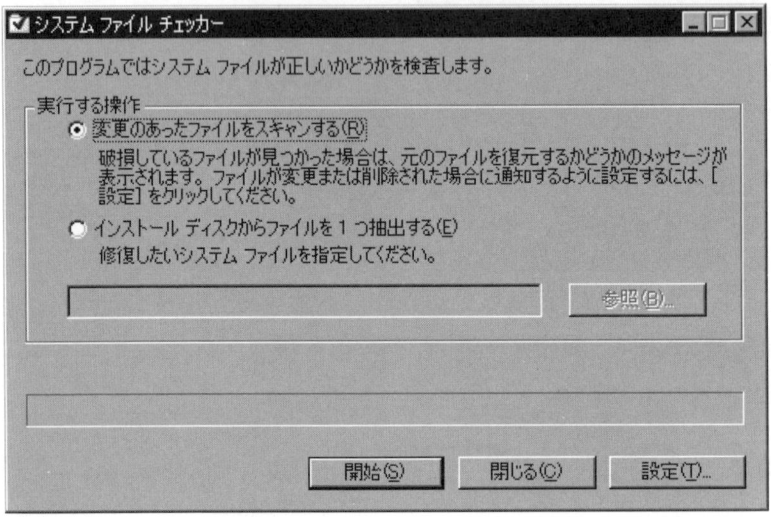

「システムファイルチェッカー」を選択するとこの画面が表示されます。ここで「変更のあったファイルをスキャンする」を選択して「開始」ボタンをクリックすると、システムファイルがチェックできます。

ワトソン博士

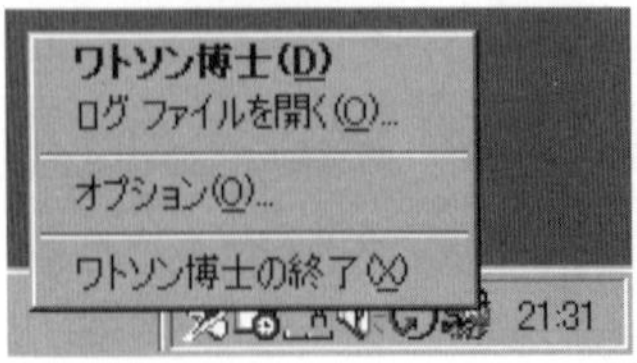

「ワトソン博士」を選択すると、デスクトップ画面右下のタスクトレイに「ワトソン博士」アイコンが表示されます。アイコンをクリックするとメニューが表示されますので、「ワトソン博士」を選択すると診断結果が表示されます。

スキャンデスクを実行する

パソコンを使用している間、ハードディスクは常に高速で回転し、データの読み書きを常に行っています。このような状態では、ソフトやシステムが異常終了するなど、ちょっとしたトラブルでもディスクに悪影響を及ぼすことがあるのです。こうしたとき、ディスクの状態を診断してエラー箇所を見つけだし、修復してくれるのが「スキャンディスク」です。エラーを放っておくと致命的な障害にもなりかねませんので、スキャンディスクは月に一回程度実行すると良いでしょう。

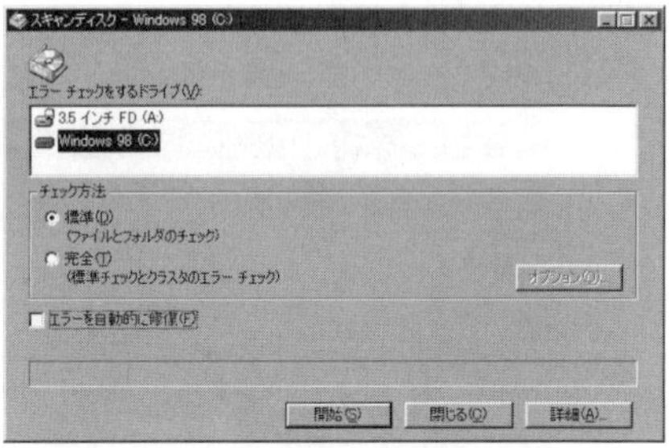

①「スタート」メニューから「プログラム」→「アクセサリ」→「システムツール」→「スキャンデスク」と選択して「スキャンデスク」を起動します。

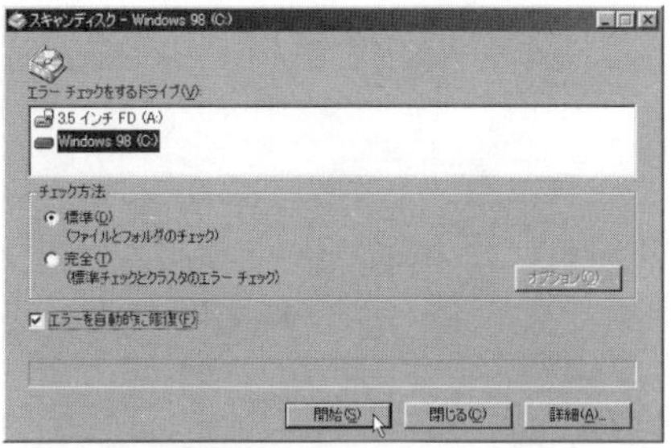

②まずチェックするディスクとチェックの方法を選択し、「開始」ボタンをクリックします。チェックの方法には「標準」と「完全」があり、「標準」を選択するとファイルとフォルダのみがチェックされ、「完全」を選択するとさらに緻密なチェックを行います。ただし、「完全」を選択した場合は、チェックに時間がかかります。また、「エラーを自動的に修復」を選択しておくと、エラーが見つかったときに自動で修復してくれます。

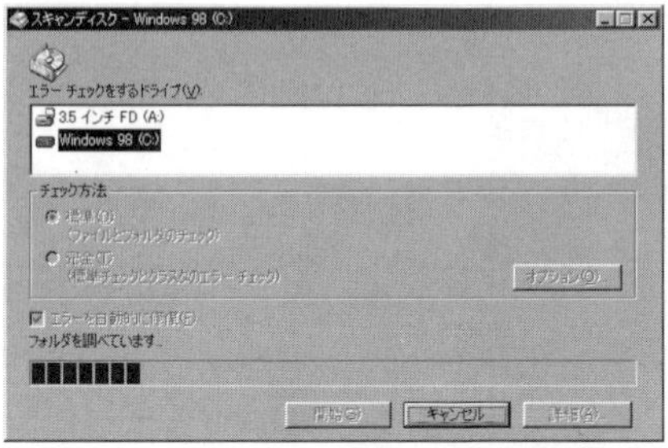

③スキャンディスク実行中は、進行状況が表示されます。

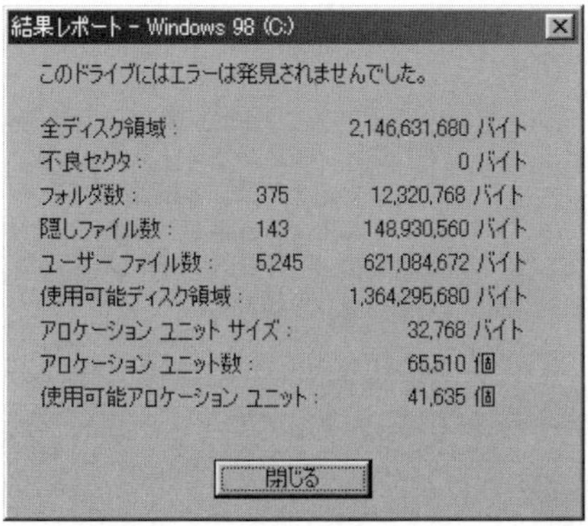

④チェックが終了すると、結果レポートでディスクの状態を確認することができます。

デフラグを実行する

ハードディスクは、CD-ROMのような円盤にデータを書き込みます。そしてこのディスクは、格子状に書き込み領域が区切られていて、1つの領域に書き込めるデータの量が限られています。そのため、大きなファイルはいくつかの領域を使ってデータを保存するのですが、必ずしも連続した領域が確保できるとは限りません。特に、長く使用していると書き込み領域があちこちに分散してしまい、1つのファイルを読み込むためにヘッドの移動が多くなり、処理速度が遅くなってしまいます。このような状況を「断片化」、そしてこれを解消することを「ディスクの最適化」と呼び、実際に作業を実行するのが「デフラグ」です。

[デフラグ] を起動すると、[ドライブの選択] ダイアログボックスが表示されます。

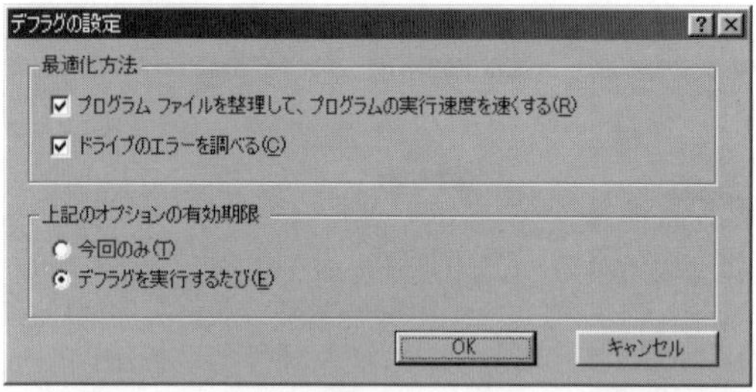

「ドライブの選択」画面で「設定」ボタンをクリックすると、デフラグの設定を行うことができます。設定をしたら、「OK」ボタンをクリックします。

最適化を実行するディスクドライブを選択し、「OK」ボタンをクリックします。

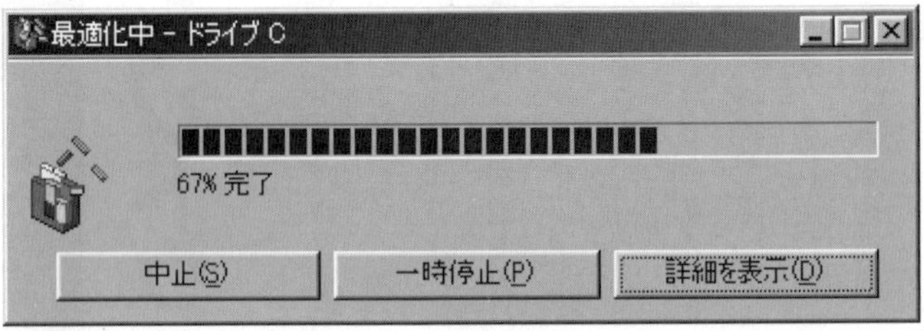

ディスクの最適化が開始され、進行状況が表示されます。

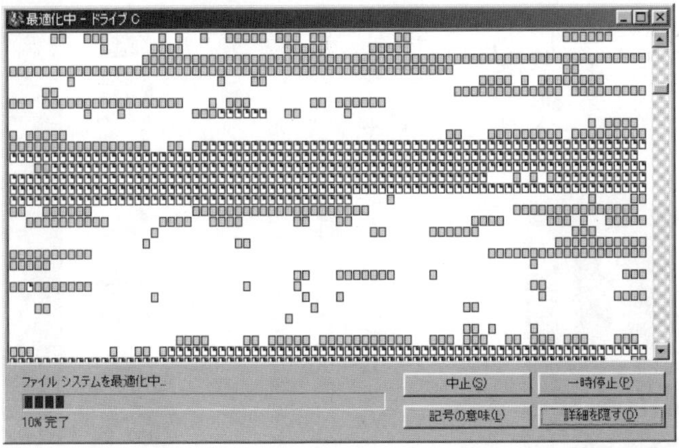

「詳細を表示」をクリックすると、ディスクの状態をイメージイラストで確認することができます。

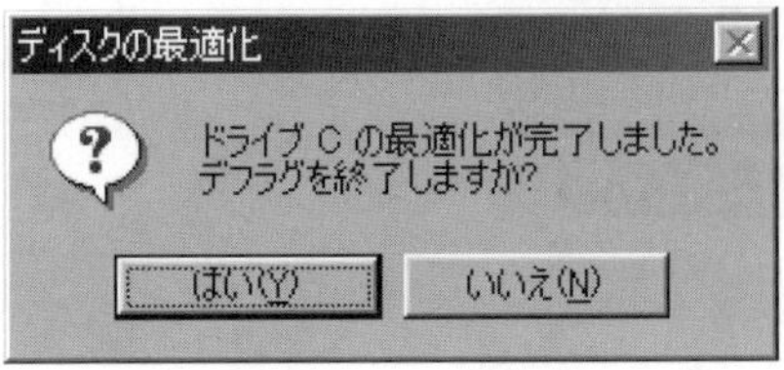

ディスクの最適化が終了すると、その旨を告げるダイアログボックスが表示されますので、「はい」ボタンをクリックしてデフラグを終了します。

1-4 ウィンドウズを使いこなす その3 入力編

パソコン操作のほとんどはマウスで行うことができるようになってきました。そのため、キーボード嫌いの人でも、さほど操作に困ることはないでしょう。しかし、音声入力でも使わない限り、文章入力だけはキーボードに頼らざるを得ません。そこで、是非とも修得したいのが「タッチタイピング」です。

手元を見ずに画面だけを見つめながら、十本の指で流れるようにキーボードを操作している人を羨ましく思ったことはないでしょうか。これが、いわゆるタッチタイピングです。これは、作業効率を高めるばかりでなく、目の疲れを抑えることもできるので、是非とも習得しておきたいテクニックです。

ただ、タッチタイピングを修得するには、地道な練習の積み重ねが必要で、途中で挫折してしまったという話もよく聞きます。そのため、最近はさまざまな趣向を凝らした練習ソフトが発売されていますので、これを活用してタッチタイピングをマスターすると良いでしょう。

中でも、ここで紹介する「特打」は、ストーリー性と娯楽性を重視し、独自の学習メソッドを採用した、飽きさせない構成で人気のあるソフトです。

特打 1&2パック
発売:ソースネクスト
価格:8,800円
http://www.sourcenext.co.jp/

多くの賞を受賞した、人気のタッチタイピング練習ソフト。「特打1」と「特打2」がセットのお得版も発売されています。

「特打」でタッチタイピングをマスターする

ストーリーは、一人のさすらいのガンマンが、古い酒場にふらりと立ち寄ったところから始まります。酒場には射撃練習場があり、ここで基礎をマスターし、ガンマンとの決闘で腕を磨いていきます。

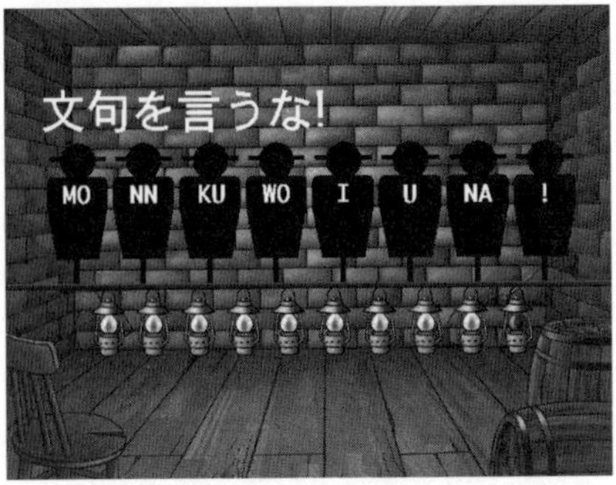

③ガンマンとの対決で、より速く、正確に打てるようになります。

①とある酒場で、射撃練習（タッチタイピングの基礎）を行い、実践の反復練習でテクニックを習得します。

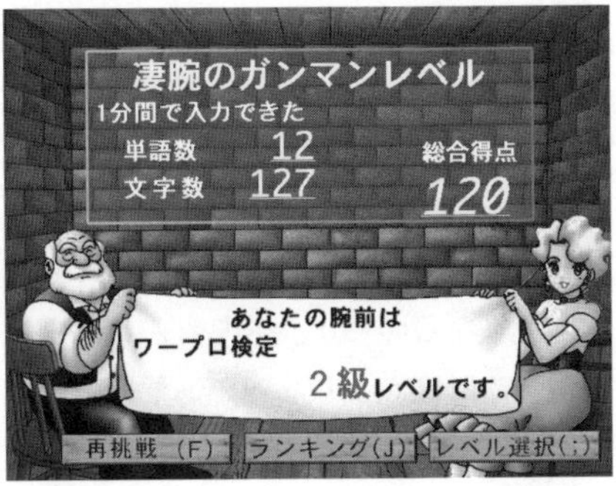

④決闘の結果、入力できた単語数と文字数に応じて総合得点が表示され、さらにワープロ検定の級数も表示されます。

②タッチタイピングの基礎は、キーを決められた指で打てるようになることから始まります。

進化するウィンドウズ

Windows98/Me/2000と.NET(ドット・ネット)構想

現在は、ビジネスでもプライベートでも、ウィンドウズ・パソコンが圧倒的なシェアを占めています。このウィンドウズの隆盛は、Windows95の発売に始まるのですが、その後Windows98、Windows98SE(セカンド・エディション)とバージョンアップを続け、先頃WindowsMe（ミレニアム・エディション）が発売されました。そしてこの9x系のOS（オペレーティング・システム）は、ここで終止符を打たれることになります。

一方、9x系と並行して進化してきたのがNT系のWindowsNTです。その最新版が、セキュリティ面のより強固なネットワークサーバー向けOSのWindows2000になります。この2つのOSは、同じWindowsファミリーではありますが、その中身は大きく異なります。しかし現在、その差は徐々になくなりつつあり、最終的には9x系をなくしてWindows2000の次期バージョン「Whistler（ウイッスラー/開発コード名)」でひとつのOSとして統合するのがマイクロソフトの狙いなのです。

そしてもうひとつ、マイクロソフトが進める一大プロジェクトも進行中だと言われています。「.NET（ドット・ネット）構想」と呼ばれるもので、これはすべてのアプリケーションソフトをインターネット上に置き、パソコン(OSも問わない）に限らず携帯電話や携帯情報端末など、あらゆる端末から操作できるようにしよう、というものです。もし本当にこれが実現すると、ユーザーは、これまでのように自分のハードディスクに大容量のアプリケーションソフトを保存しておく必要がなくなり、インターネットへさえアクセスできれば、自由にソフトを利用できるようになるのです。もちろんこれを実現するには、より高速の通信回線が利用できるようになることが前提となります。

ただしこの「.NET構想」は、現段階ではあくまでも構想であり、具体的な内容やスケジュールは不明です。非常に壮大なプロジェクトですが、実際にどこまで実現できるのか、楽しみなところです。

第2章

情報収集と管理・活用のテクニック

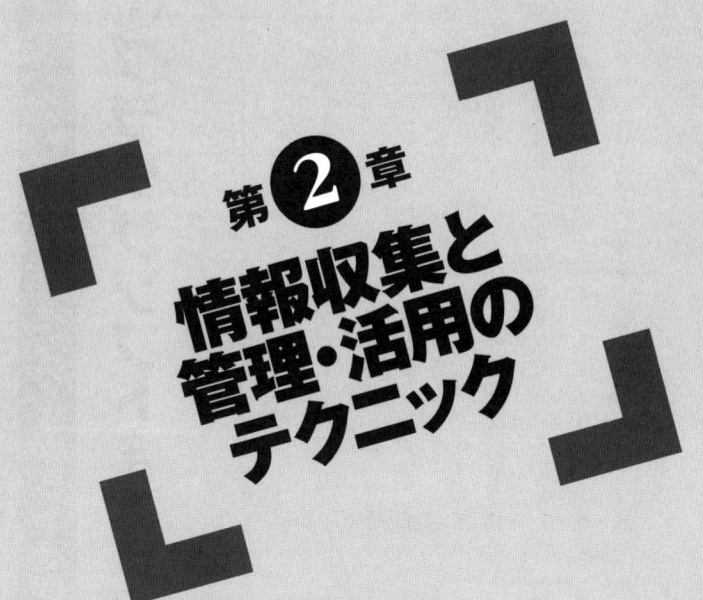

②▶1 インターネットを使った情報収集

①ブラウザソフト(Internet Explorer)を使いこなす

インターネット上のホームページを閲覧するためのソフトが、ウィンドウズに標準で搭載されているブラウザソフトの「インターネット・エクスプローラ」です。インターネット・エクスプローラを使えば、ホームページを閲覧するだけでなく、一度表示したホームページに簡単にアクセスしたり、あるいはアドレスのわからないホームページを探し出すなど、いろいろと便利な機能が利用できます。インターネットから効率的に情報を収集し、なおかつそれを十分に活用するためにも、まずはインターネット・エクスプローラの基本となる操作方法をマスターしておきましょう。

インターネット・エクスプローラでホームページを表示する最も基本的な方法は、アドレスバーにホームページのURLアドレスを直接入力することです。しかし、ホームページを表示するたびにURLを入力するのは面倒なので、こうした場合は「履歴」機能を活用します。インターネット・エクスプローラは、一度表示したホームページの情報を一定期間ハードディスクに保存していて、これを利用するのが「履歴」機能です。履歴を利用すると、一度表示したホームページへ簡単にアクセスすることができますので、非常に便利です。

また、頻繁に利用するホームページは「お気に入り」に登録しておきましょう。「お気に入り」に登録しておけば、メニューから選択するだけで簡単に該当のホームページを表示します。さらに、URLがわからないホームページは、「検索」機能を活用しましょう。インターネット・エクスプローラの「検索」機能には、検索バーを利用する方法と、アドレスバーに直接キーワードを入力する方法とがあり、特に後者はとても便利な機能なので、利用してください。

こうした、ちょっとしたテクニックを使いこなすだけで、インターネット活用の幅は大きく広がります。

履歴機能を活用する

一度表示したホームページの情報は、ハードディスク上に一定期間保管されます。次回同じページを表示するときは、このデータを利用することで高速に表示することができ、その都度URLを入力する必要もなくなります。

「戻る」「進む」ボタンで、1ページずつページが前後に切り替わります。また「▼」ボタンをクリックすると表示したホームページの一覧が表示されますので、ここから直接ジャンプすることもできます。ただし、インターネット・エクスプローラを終了すると、ここに登録された情報は無くなります。

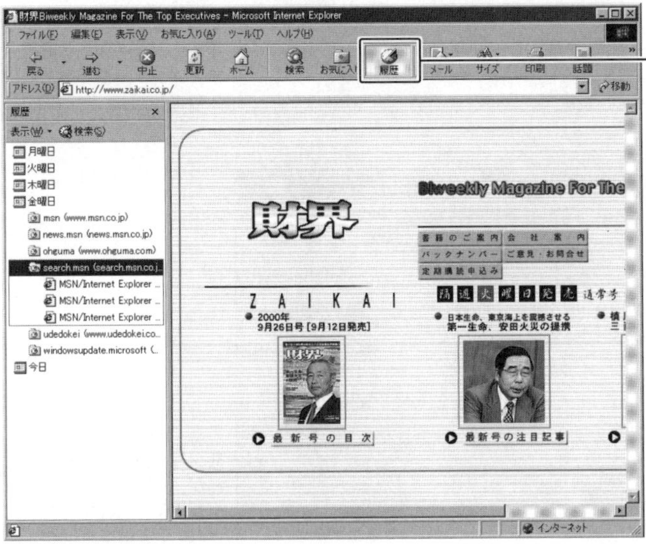

ツールバーの「履歴」ボタンをクリックするとウィンドウ左に履歴一覧が表示され、過去に表示したページはここから簡単にアクセスすることができます。

※Internet Explorerは、マイクロソフト社のホームページ（http://asia.microsoft.com/japan/）から無料でダウンロードすることができます。

お気に入りを活用する

頻繁にアクセスするホームページは、「お気に入り」に登録しておくと便利です。「お気に入り」にホームページを登録しておくと、メニューから選択するだけで簡単にホームページにアクセスできるようになります。

登録したいホームページを表示しておき、「お気に入り」メニューから「お気に入りに追加」を選択します。

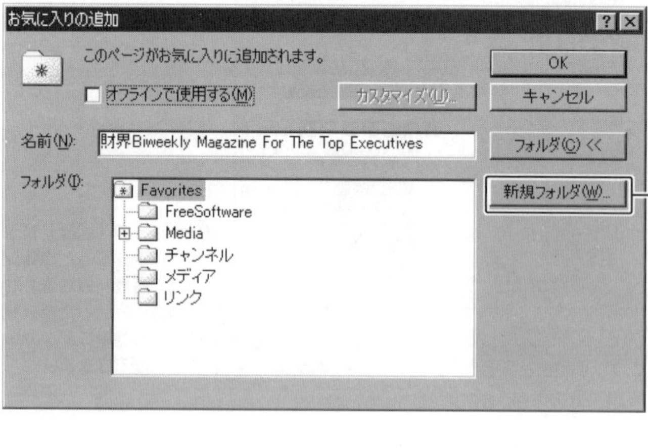

ここで直接「OK」ボタンをクリックしても構いませんが、登録するページをジャンル別に分類するために「新規フォルダ」ボタンをクリックします。

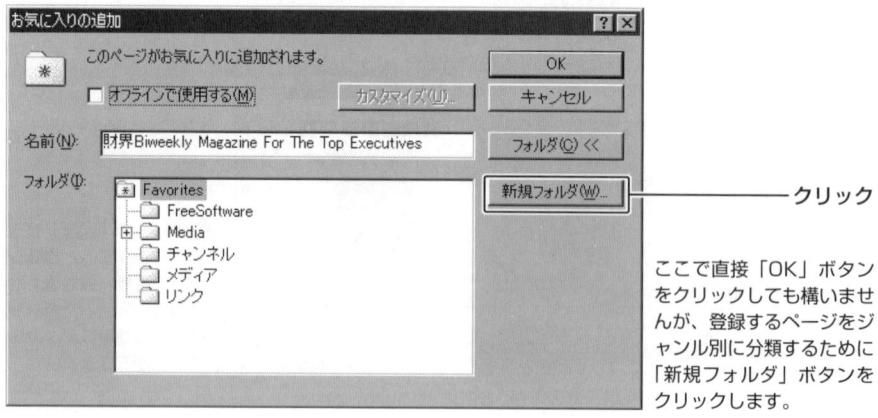

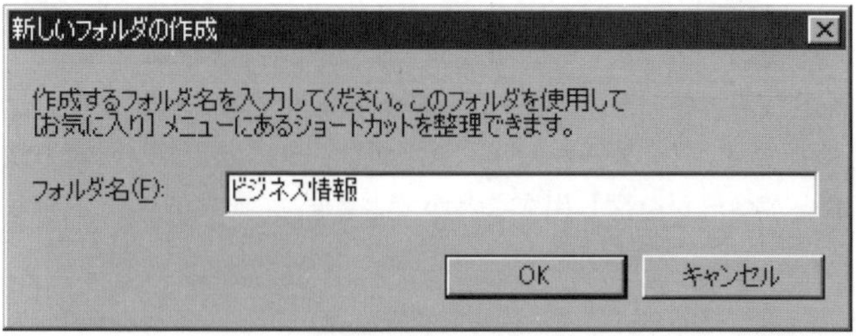

「新しいフォルダの作成」画面が表示されますので、分類したい項目名を適当に入力して「OK」ボタンをクリックします。

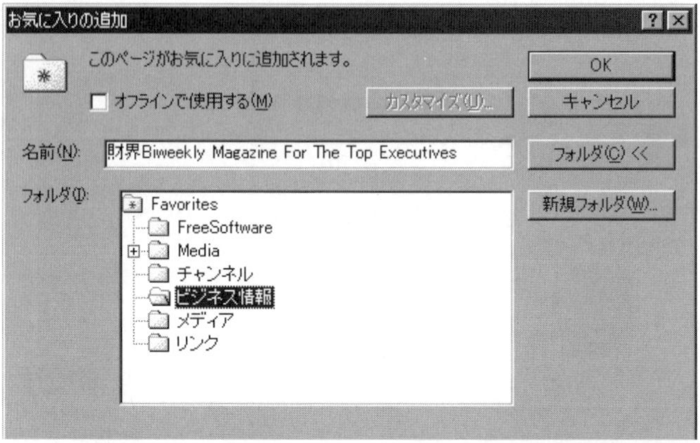

フォルダの一覧に作成したフォルダが追加されますので、これが選択（反転表示）されていることを確認して「OK」ボタンをクリックします。

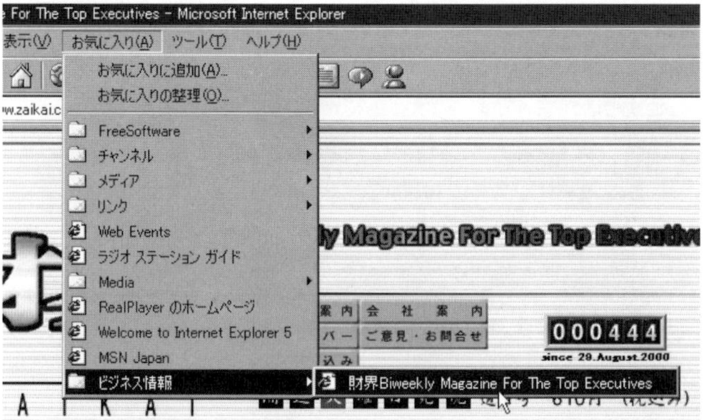

これでお気に入りとして登録され、「お気に入り」メニューから選択するだけでいつでも簡単にホームページが表示できます。

検索機能を活用する

ホームページのアドレスがわからないとき、キーワードから該当するページを探し出してくれるのが「検索」機能です。インターネット・エクスプローラには2つの検索方法があり、簡単に目的のホームページを探し出すことができます。

ツールバーの「検索」ボタンをクリックすると、ウィンドウ左に検索バーが表示されます。

キーワードを入力して「検索」ボタンをクリックすると、検索結果が表示されますので、ここから目的のホームページを探します。

アドレスバーから検索する

アドレスバーにキーワードを直接入力して、キーボードの「Enter」キーを押します。

ウィンドウ左に検索バーが表示され、検索結果が表示されますので、ここから目的のホームページを探します。

印刷機能を活用する

ホームページは、ワープロや表計算文書と同じように印刷して保存しておくことができます。またインターネット・エクスプローラの最新版「5.5」には、「印刷プレビュー」機能があり、事前に仕上がりを確認することもできます。

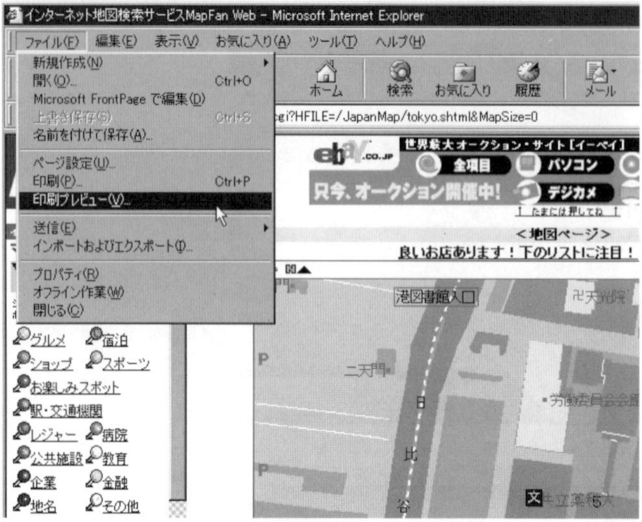

印刷したいページを表示しておき、「ファイル」メニューから「印刷プレビュー」を選択します。

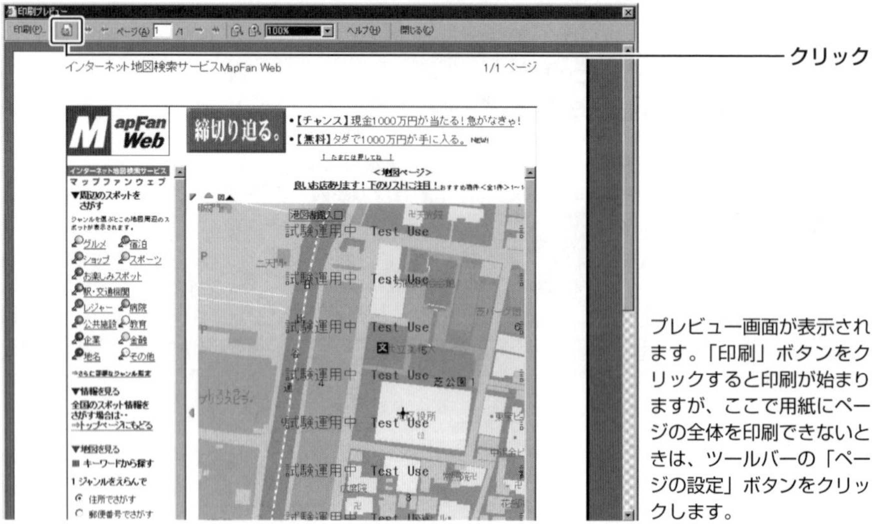

プレビュー画面が表示されます。「印刷」ボタンをクリックすると印刷が始まりますが、ここで用紙にページの全体を印刷できないときは、ツールバーの「ページの設定」ボタンをクリックします。

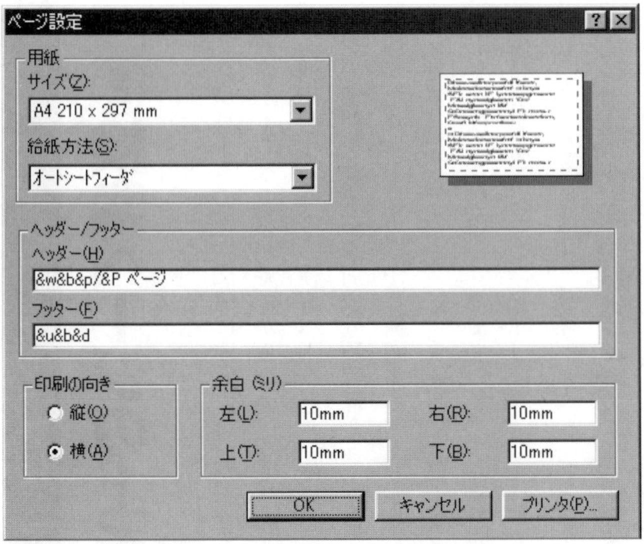

「ページ設定」画面が表示されますので、用紙サイズや印刷の向き、余白を指定して「OK」ボタンをクリックします。

「印刷プレビュー」画面に戻りますので、ここで再度仕上がりを確認しながら、「ページ設定」で微調整を行います。調整が終了し、「印刷」ボタンをクリックすると印刷が始まります。

②検索ページの上手な利用法

インターネット・エクスプローラの検索機能は非常に便利ですが、これで目的のホームページが見つからないときは、「検索ページ」を活用しましょう。検索ページとは、膨大なホームページの情報をジャンル別に分類管理してあり、ジャンルを辿ったりキーワードから検索する、検索専門のホームページです。

そして今や、検索ページは数多く存在していますので、必要な情報を効率よく探し出す最大のポイントは、目的にあった検索ページを使うことになります。検索ページを大まかに分類すると、ジャンル別に登録ページを細かく分類している「ディレクトリー型検索ページ」と、入力したキーワードに該当するページを探し出す「ロボット型検索ページ」に分けられます。

まず「ディレクトリー型検索ページ」ですが、これは目的の情報をジャンルから絞り込んで行く方法をとっています。特定のジャンルやテーマについて大まかに知りたいときに利用しましょう。専門用語による細かい検索には向きませんので、ある程度ジャンルで絞り込み、最後はキーワード検索を組み合わせるのが一般的です。

また「ロボット型検索ページ」は、指定したキーワードを含むすべてのページをピックアップしますので、指定するキーワードによっては膨大なページが表示される可能性があります。

たとえば「洋楽」や「映画」「ホテル」といった漠然としたキーワードでは、それこそ数万件の検索結果が表示されるのです。そのため、一発で目的のページにたどり着ける可能性は低いので、まずは「キーワードを探す」つもりで検索を始めるといいでしょう。はじめは大きなくくりでキーワードを指定し、検索結果からキーワードを見つけながら絞り込んで行くのです。これを数回繰り返せば、目的のページにたどり着く確立はぐっと高くなります。

代表的な検索ページ

goo

http://www.goo.ne.jp/

データベース量が日本最大規模のロボット型検索ページ。検索条件の細かい設定が可能で、海外のホームページも検索できます。

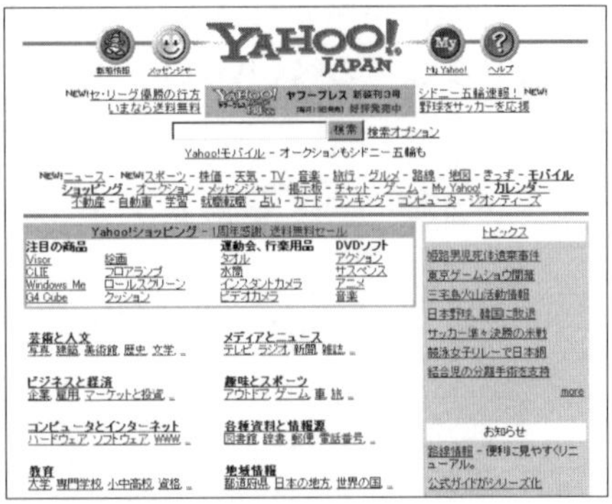

Yahoo! JAPAN

http://www.yahoo.co.jp/

掲載依頼のあったものを審査して登録しているディレクトリー型検索ページ。検索以外にもさまざまなサービスを行っています。

Search Engines

http://www.chabashira.co.jp/~downtown/

ひとつのキーワードで複数の検索ページを同時に検索する「メタサーチ」タイプ。検索ページは自由に選択でき、一気に検索ができて非常に便利です。

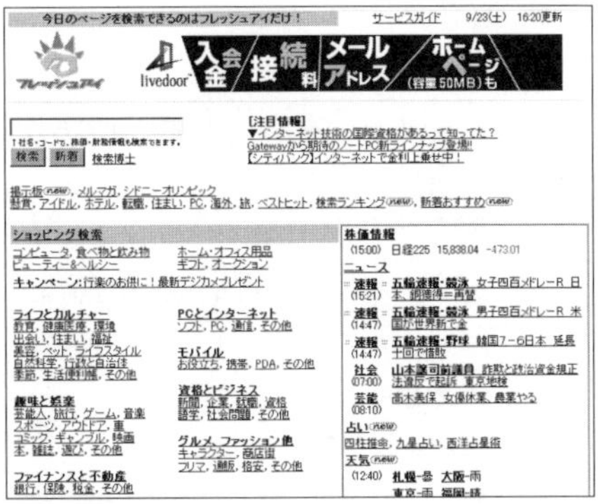

フレッシュアイ

http://www.fresheye.com/

ロボット、ディレクトリー型。1カ月以内の新しい情報のみ表示され、さらに2時間ごとに情報が更新されるので最新情報が手に入ります。

キーワードで探す

検索の基本は、キーワードを指定し、そのキーワードが含まれるホームページを探し出すことです。そしてこのとき、キーワードに何を指定するかがポイントとなります。漠然とではなく、なるべく具体的な単語を利用しましょう。

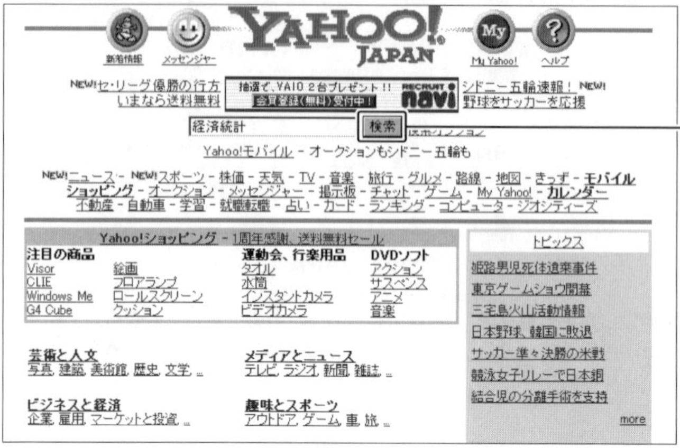

クリック

検索ページの検索ウィンドウにキーワードを入力し、「検索」ボタンをクリックします。

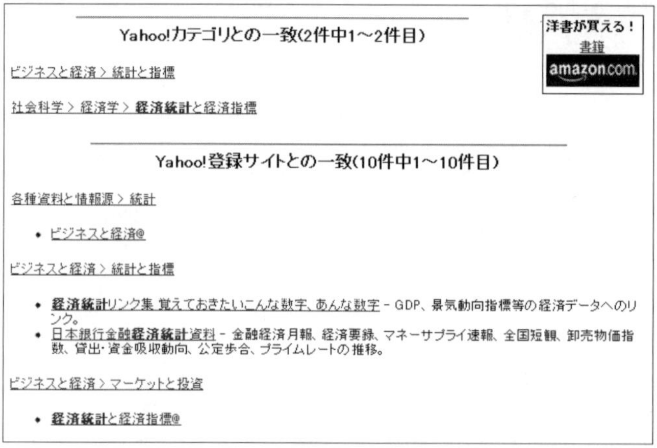

検索結果が表示されますので、探しているページがあればそれを表示します。目的のページが見つからないときは、キーワードを変えて再度検索してみましょう。

複数のキーワードを利用する

AND・OR・NOT検索をマスターしよう

キーワード検索をより効率的に行うには、複数のキーワードを組み合わせるのがベストです。そしてこのとき利用するのが「検索式」。検索式の記述方法は検索ページによって若干異なりますが、単語と単語の間に「AND」、「OR」、「NOT」を入れるのが一般的です。たとえば「ラーメン AND 博多」と指定すれば、ラーメンと博多の両方を含むページが検索対象となります。また、「AND」「OR」「NOT」を組み合わせて利用するとき、「()」でくくってグループ化することもできます。たとえば「CD NOT (CD-ROM OR VideoCD)」といった具合です。ちなみにこれは、「CD-ROMやVideoCDを含まないCDに関するページ」という意味となります。

このAND・OR・NOT検索さえマスターすれば情報収集は非常に楽になりますので、ぜひともマスターしておきましょう。

AND（=すべてを含む）
入力したキーワードのすべてを含む。複数の単語をANDでつなぐこともできます。ただし、指定する単語が多すぎるとページがヒットする確立が高くなりますので注意しましょう。

OR（=いずれかを含む）
入力したキーワードのいずれかを含む。同義語や類義語をORでつなぎ、より多くのページを検索したいときに利用すると効果的です。

NOT（=含まない）
NOTの後ろに入力するキーワードを含めない。検索結果が多いとき、関係のないページを検索対象から外すときに効果的です。

() グループ化
検索式を利用するとき、「AND」「OR」「NOT」の組み合わせをカッコでくくってグループ化します。特にANDとORの組み合わせでは、優先順位が決められています（ORよりもANDが優先されます）ので、優先順位を指定する必要があります。

ジャンルから探す

検索ページの多くは、登録しているページをカテゴリーに分類し、トップページにジャンル分けしてあります。キーワードが思いつかないときや、特定の分野の情報を広く集めたいときはこれを活用しましょう。

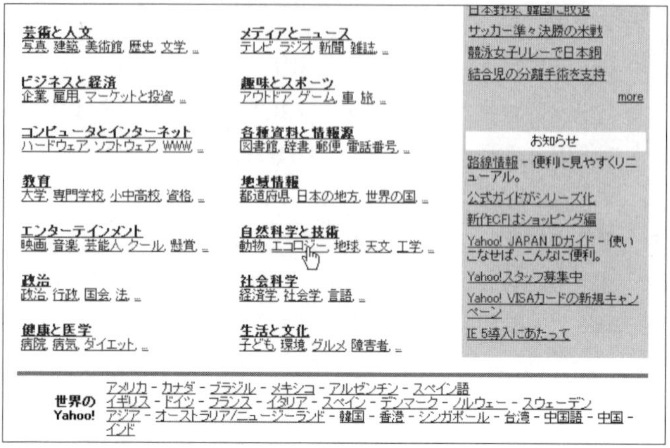

検索ページのトップページに分類されたカテゴリーから、目的の項目をクリックします。

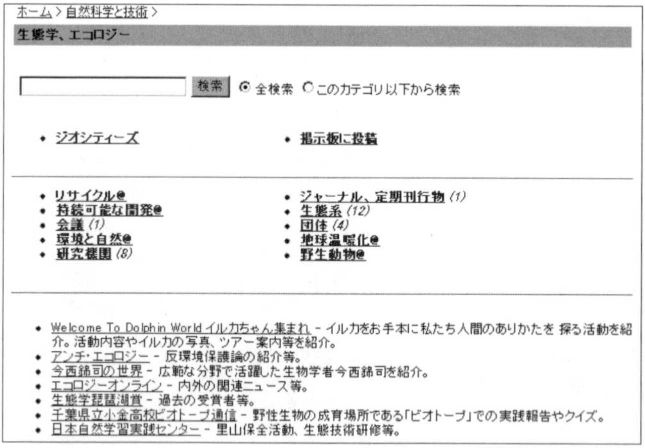

選択したカテゴリをさらに細分化したカテゴリーと、配当するホームページが一覧表示されます。ここで目的のページが見つかったら直接そのページを開き、さらにカテゴリーを辿りたいときは、カテゴリーの項目をクリックします。

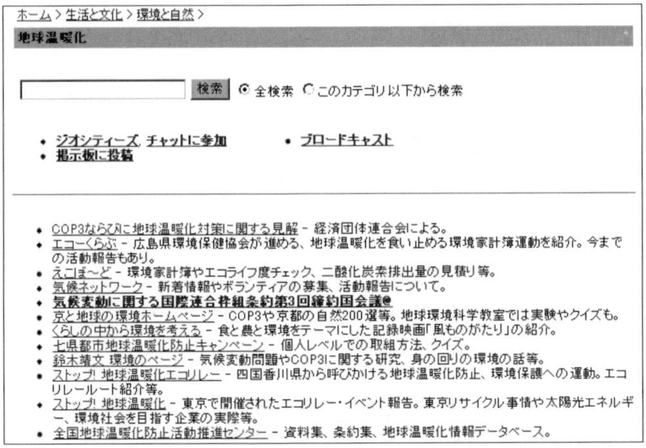

ホーム > 生活と文化 > 環境と自然 >

地球温暖化

検索 全検索 このカテゴリ以下から検索

- ジオシティーズ チャットに参加
- ブロードキャスト
- 掲示板に投稿

- COP3ならびに地球温暖化対策に関する見解 - 経済団体連合会による。
- エコーくらぶ - 広島県環境保健協会が進める、地球温暖化を食い止める環境家計簿運動を紹介。今までの活動報告もあり。
- えこぼ〜ど - 環境家計簿やエコライフ度チェック、二酸化炭素排出量の見積り等。
- 気候ネットワーク - 新着情報やボランティアの募集、活動報告について。
- **気候変動に関する国際連合枠組条約第3回締約国会議@**
- 京と地球の環境ホームページ - COP3や京都の自然200選等。地球環境科学教室では実験やクイズも。
- くらしの中から環境を考える - 食と農と環境をテーマにした記録映画「風ものがたり」の紹介。
- 七県都市地球温暖化防止キャンペーン - 個人レベルでの取組方法、クイズ。
- 鈴木靖文 環境のページ - 気候変動問題やCOP3に関する研究、身の回りの環境の話等。
- ストップ! 地球温暖化エコリレー - 四国香川県から呼びかける地球温暖化防止、環境保護への運動。エコリレールート紹介等。
- ストップ! 地球温暖化 - 東京で開催されたエコリレー・イベント報告。東京リサイクル事情や太陽光エネルギー、環境社会を目指す企業の実際等。
- 全国地球温暖化防止活動推進センター - 資料集、条約集、地球温暖化情報データベース。

ここでさらに、より細分化したカテゴリーが表示されることもありますし、図のように該当するホームページの一覧のみが表示されることがあります。カテゴリーがない場合は、それ以上細分化された分類はなされていないということです。

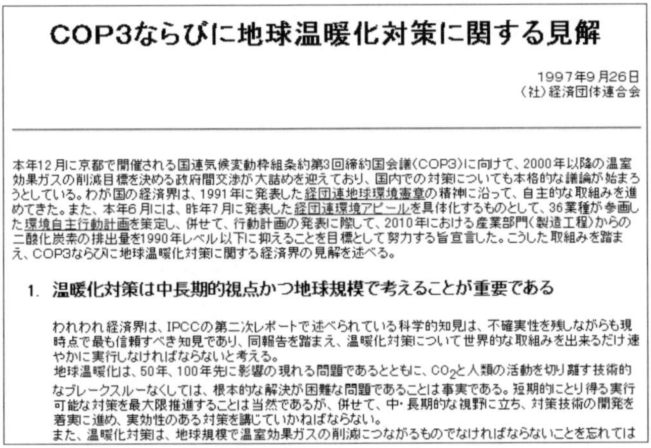

COP3ならびに地球温暖化対策に関する見解

1997年9月26日
(社)経済団体連合会

本年12月に京都で開催される国連気候変動枠組条約第3回締約国会議(COP3)に向けて、2000年以降の温室効果ガスの削減目標を決める政府間交渉が大詰めを迎えており、国内での対策についても本格的な議論が始まろうとしている。わが国の経済界は、1991年に発表した経団連地球環境憲章の精神に沿って、自主的な取組みを進めてきた。また、本年6月には、昨年7月に発表した経団連環境アピールを具体化するものとして、36業種が参画した環境自主行動計画を策定し、併せて、行動計画の発表に際して、2010年における産業部門(製造工程)からの二酸化炭素の排出量を1990年レベル以下に抑えることを目標として努力する旨宣言した。こうした取組みを踏まえ、COP3ならびに地球温暖化対策に関する経済界の見解を述べる。

1. 温暖化対策は中長期的視点かつ地球規模で考えることが重要である

われわれ経済界は、IPCCの第二次レポートで述べられている科学的知見は、不確実性を残しながらも現時点で最も信頼すべき知見であり、同報告を踏まえ、温暖化対策について世界的な取組みを出来るだけ速やかに実行しなければならないと考える。
地球温暖化は、50年、100年先に影響の現れる問題であるとともに、CO_2と人類の活動を切り離す技術的なブレークスルーなくしては、根本的な解決が困難な問題であることは事実である。短期的にとり得る実行可能な対策を最大限推進することは当然であるが、併せて、中・長期的な視野に立ち、対策技術の開発を着実に進め、実効性のある対策を講じていかねばならない。
また、温暖化対策は、地球規模で温室効果ガスの削減につながるものでなければならないことを忘れては

このように、カテゴリーを絞り込みながら、より細かく分類されたホームページを探します。

特殊な検索方法

検索ページには、キーワードやカテゴリーから検索するばかりでなく、特定の目的を指定して検索できるものもあります。

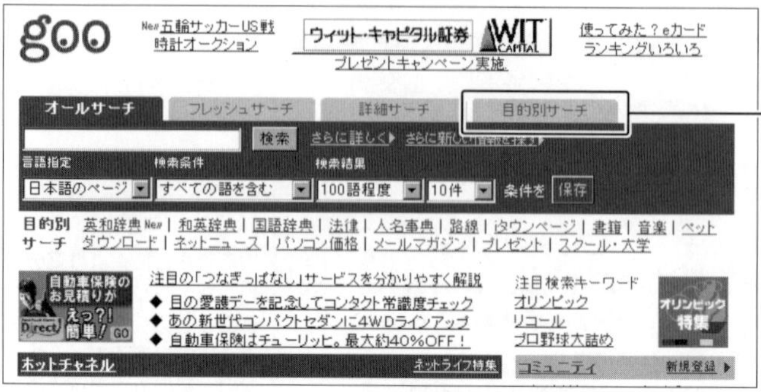

クリック

goo（http://www.goo.ne.jp/）へアクセスし、「目的別サーチ」のタブをクリックします。

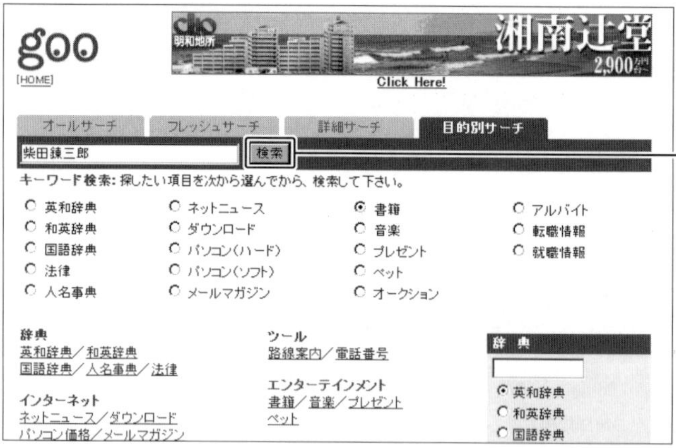

クリック

ここではじめに項目をクリックして選択し、さらにキーワードを入力して「検索」ボタンをクリックします。

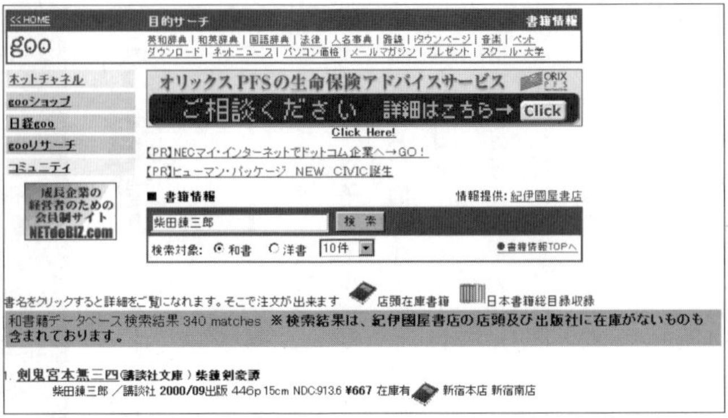

検索結果が表示されます。

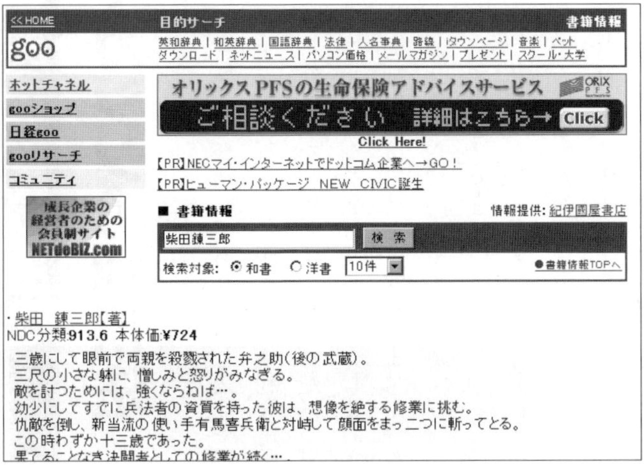

検索結果から、目的のホームページを見つけて表示します。

③電子メールマガジンの利用法

電子メールマガジンは、電子メール形式の雑誌のことです。今や貴重な情報源として購読している人も多く、発行されている数も膨大です。電子メールマガジンのジャンルはさまざまで、ビジネスに直結するデイリーニュースからパソコン、モバイル関連の最新ニュース、あるいは広範囲にわたる趣味の話題まで、それこそ「見当たらない話題がない」ほど充実しています。有料と無料のものがあり、ホームページ上で購読を申し込むと、それぞれの発行スケジュールに合わせて電子メールが届きます。ただし、中には個人で情報発信しているものも多く、そのすべての内容に信憑性があるわけではありませんので、それだけは理解しておきましょう。

なお電子メールマガジンはほとんどの場合、ホームページ上から購読の申し込みを行いますが、電子メールマガジンを発行しているホームページを探し出すのは容易ではありません。そこで、あらゆる電子メールマガジンが一括して登録してあり、申し込みや解除もこのホームページから行うことができる便利な電子メールマガジン発行サイトを利用しましょう。左ページに、有名な電子メールマガジン発行サイト紹介しておきますが、それぞれの利用法はほとんど変わりません。基本的にジャンルを辿りながら目的の電子メールマガジンを探し出し、その場で申し込みを行います。

電子メールマガジンを活用すると、自宅や会社に居ながらにして情報収集を行うことができます。日刊で発行されている電子メールマガジンも多く、インターネットの利点を活かした速報性も魅力です。

またインターネット上には、数億ともいわれるホームページが存在します。この中から必要な情報を探し出すのは、検索の鉄人でさえ難しいもの。そこで、ビジネスから趣味まで、幅広い分野をカバーする電子メールマガジンを徹底的に利用しましょう。

代表的な電子メールマガジン発行サイト

メールマガジン立ち読みスタンド
Macky!
http://macky.nifty. com/

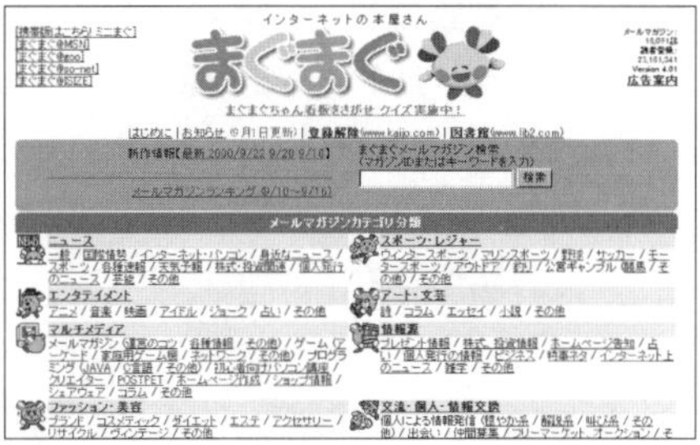

インターネットの本屋さん
まぐまぐ
http://rap.tegami.com/mag2/

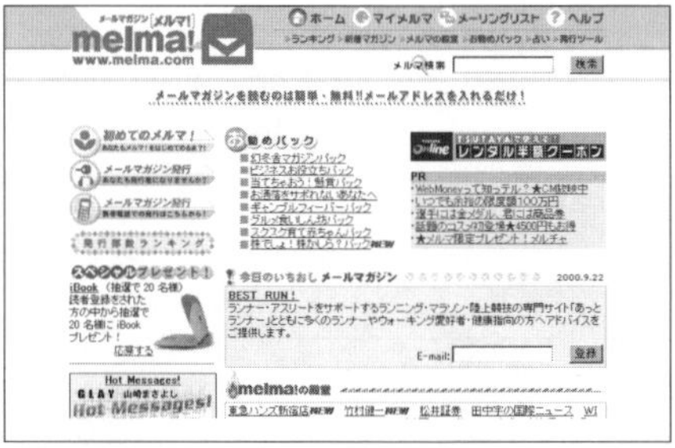

melma!
http://www.melma.com/

電子メール新聞・メールマガジンの総合情報ページ
めるる
http://www.tk.airnet.ne.jp/pakanya/

電子メールマガジンを購読する

電子メールマガジンを購読するには、電子メールマガジン発行サイトへアクセスし、カテゴリーから購読したいメールマガジンを探し出してホームページ上で申し込みます。申し込みが完了すると、発行スケジュールに合わせてメールマガジンが届きます。

melma!（http://www.melma.com/）へアクセスします。

画面をスクロールさせ、「melma!カテゴリ」から購読したい電子メールマガジンのジャンルを選択します。ここでは、「ビジネス&政治・経済」の「ビジネス一般」を選択してみます。

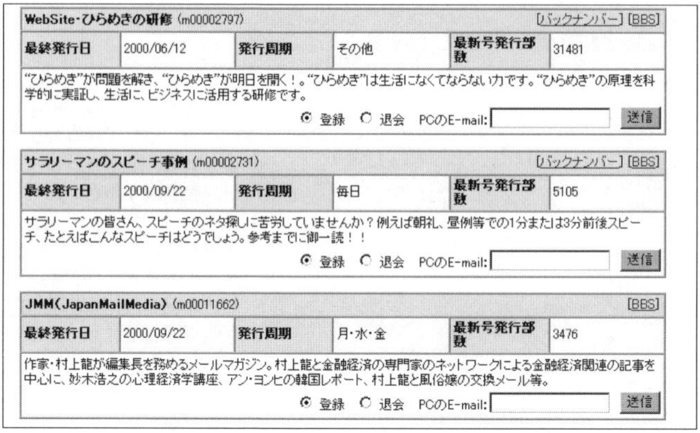

WebSite・ひらめきの研修 (m00002797) [バックナンバー] [BBS]

最終発行日	2000/06/12	発行周期	その他	最新号発行部数	31481

"ひらめき"が問題を解き、"ひらめき"が明日を開く！。"ひらめき"は生活になくてならない力です。"ひらめき"の原理を科学的に実証し、生活に、ビジネスに活用する研修です。

◉ 登録 ○ 退会 PCのE-mail: 送信

サラリーマンのスピーチ事例 (m00002731) [バックナンバー] [BBS]

最終発行日	2000/09/22	発行周期	毎日	最新号発行部数	5105

サラリーマンの皆さん、スピーチのネタ探しに苦労していませんか？例えば朝礼、昼例等での1分または3分前後スピーチ、たとえばこんなスピーチはどうでしょう。参考までに御一読！！

◉ 登録 ○ 退会 PCのE-mail: 送信

JMM〈JapanMailMedia〉 (m00011662) [BBS]

最終発行日	2000/09/22	発行周期	月・水・金	最新号発行部数	3476

作家・村上龍が編集長を務めるメールマガジン。村上龍と金融経済の専門家のネットワークによる金融経済関連の記事を中心に、妙木浩之の心理経済学講座、アン・ヨンヒの韓国レポート、村上龍と風俗嬢の交換メール等。

◉ 登録 ○ 退会 PCのE-mail: 送信

電子メールマガジンの一覧が表示されます。ここでは、各電子メールマガジンの簡単な内容や発行周期などを確認することができます。

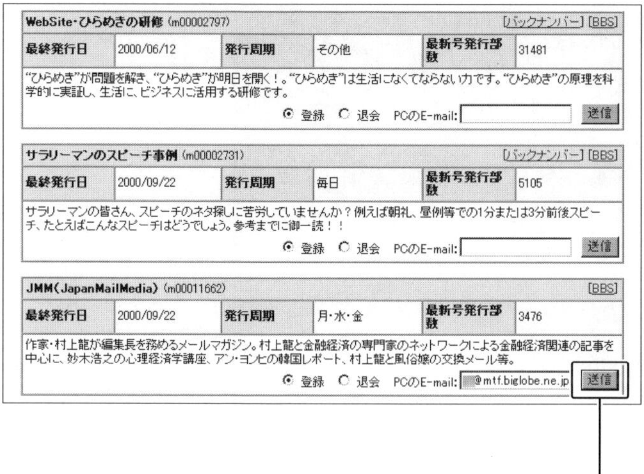

WebSite・ひらめきの研修 (m00002797) [バックナンバー] [BBS]

最終発行日	2000/06/12	発行周期	その他	最新号発行部数	31481

"ひらめき"が問題を解き、"ひらめき"が明日を開く！。"ひらめき"は生活になくてならない力です。"ひらめき"の原理を科学的に実証し、生活に、ビジネスに活用する研修です。

◉ 登録 ○ 退会 PCのE-mail: 送信

サラリーマンのスピーチ事例 (m00002731) [バックナンバー] [BBS]

最終発行日	2000/09/22	発行周期	毎日	最新号発行部数	5105

サラリーマンの皆さん、スピーチのネタ探しに苦労していませんか？例えば朝礼、昼例等での1分または3分前後スピーチ、たとえばこんなスピーチはどうでしょう。参考までに御一読！！

◉ 登録 ○ 退会 PCのE-mail: 送信

JMM〈JapanMailMedia〉 (m00011662) [BBS]

最終発行日	2000/09/22	発行周期	月・水・金	最新号発行部数	3476

作家・村上龍が編集長を務めるメールマガジン。村上龍と金融経済の専門家のネットワークによる金融経済関連の記事を中心に、妙木浩之の心理経済学講座、アン・ヨンヒの韓国レポート、村上龍と風俗嬢の交換メール等。

◉ 登録 ○ 退会 PCのE-mail: @mtf.biglobe.ne.jp 送信

購読したい電子メールマガジンが見つかったら、「登録」にチェックが入っていることを確認し、「PCのE-mail」欄に自分のメールアドレスを入力して「送信」ボタンをクリックします。

メールマガジン[メルマ!]
melma!
www.melma.com
ホーム
マイメルマ
メーリングリスト
ヘルプ
ランキング 新着マガジン メルマの殿堂 お勧めパック 占い 発行ツール
メルマ検索
検索
マガジンID [m00011662] [redacted]@mtf.biglobe.ne.jp を登録しました。
melma!をご利用の皆さんには、新着メルマガ情報満載のmelma!ニュース、毎日お勧めメールマガジンを紹介する今日のmelma!をお送りしております。マガジンがご不要の方は melma!ニュース解除 今日のmelma!解除 からお願いします。
戻る
メールマガジン簡単管理
my melma!
メールマガジンの管理には、my melma!が便利です。あなたの購読中のマガジンリストが一覧で見れ、ボタン一つで簡単に退会できます。お勧め melma! パックへの登録も簡単です。まだ使った事のない方は下のアイコンをクリック!
my melma!
● melma!からのお知らせ ●
melma!よりあなたにお得な情報をお届けします。普通のテキスト形式のメールで受信をご希望の方は「テキスト形式」のボタン、HTMLメールでの受信もOKという方は「HTML形式」のボタンをクリックしてください。(クリック後はmelma!のトップページに移動します)
テキスト形式
HTML形式

登録を完了した旨が表示されたら、登録作業は完了です。なお、電子メールマガジンを購読すると、自動的に「melma!ニュース」も送られてきます。このとき、メールの形式に「テキスト形式」と「HTML形式」を選択できますが、画像やイラスト入りのメールを受信するなら「HTML形式」ボタンをクリックします。

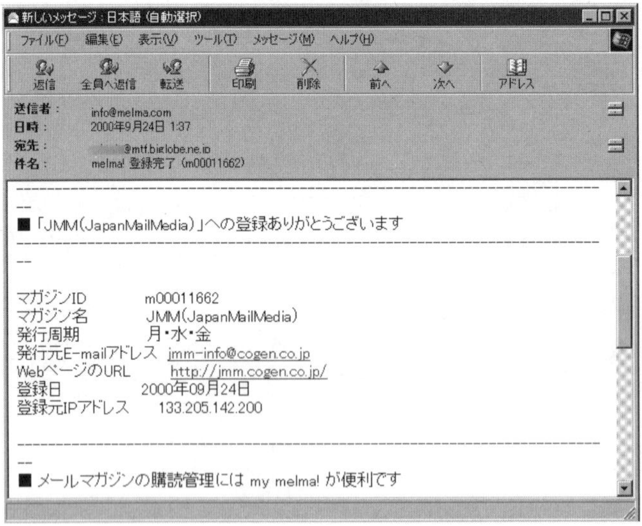
新しいメッセージ : 日本語 (自動選択)
ファイル(F) 編集(E) 表示(V) ツール(T) メッセージ(M) ヘルプ(H)
返信 全員へ返信 転送 印刷 削除 前へ 次へ アドレス
送信者 : info@melma.com
日時 : 2000年9月24日 1:37
宛先 : [redacted]@mtf.biglobe.ne.jp
件名 : melma! 登録完了 (m00011662)
■「JMM(JapanMailMedia)」への登録ありがとうございます
マガジンID m00011662
マガジン名 JMM(JapanMailMedia)
発行周期 月・水・金
発行元E-mailアドレス jmm-info@cogen.co.jp
Webページのurl http://jmm.cogen.co.jp/
登録日 2000年09月24日
登録元IPアドレス 133.205.142.200
■ メールマガジンの購読管理には my melma! が便利です

しばらくすると、登録が完了したことを知らせるメールが届きます。これ以降、発行周期に合わせて申し込んだ電子メールマガジンが送られてきます。

電子メールマガジンの購読を中止する

電子メールマガジンは、購読の中止も登録と同じ手順で簡単に行うことができます。

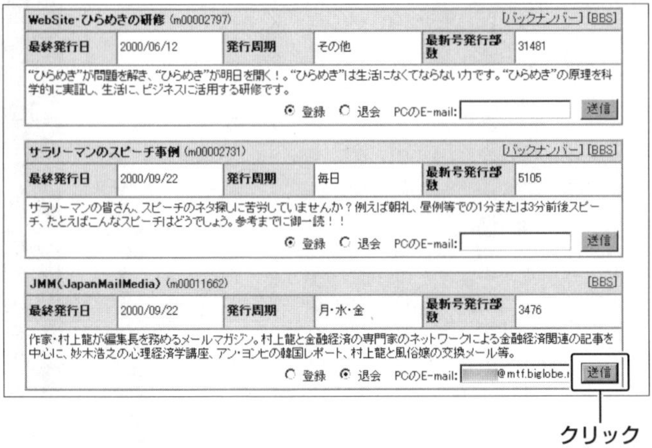
WebSite・ひらめきの研修 (m00002797)
[バックナンバー] [BBS]
最終発行日 2000/06/12 発行周期 その他 最新号発行部数 31481
"ひらめき"が問題を解き、"ひらめき"が明日を開く！。"ひらめき"は生活になくてならない力です。"ひらめき"の原理を科学的に実証し、生活に、ビジネスに活用する研修です。
登録 退会 PCのE-mail: 送信
サラリーマンのスピーチ事例 (m00002731)
[バックナンバー] [BBS]
最終発行日 2000/09/22 発行周期 毎日 最新号発行部数 5105
サラリーマンの皆さん、スピーチのネタ探しに苦労していませんか？例えば朝礼、昼例等での1分または3分前後スピーチ、たとえばこんなスピーチはどうでしょう。参考までに御一読！！
登録 退会 PCのE-mail: 送信
JMM(JapanMailMedia) (m00011662)
[BBS]
最終発行日 2000/09/22 発行周期 月・水・金 最新号発行部数 3476
作家・村上龍が編集長を務めるメールマガジン。村上龍と金融経済の専門家のネットワークによる金融経済関連の記事を中心に、妙木浩之の心理経済学講座、アン・ヨンヒの韓国レポート、村上龍と風俗嬢の交換メール等。
登録 退会 PCのE-mail: @mtf.biglobe.n 送信
クリック

購読を申し込んだ電子メールマガジンの一覧で「退会」にチェックを入れ、さらに「PCのE-mail」に自分の電子メールアドレスを入力して「送信」ボタンをクリックします。

メールマガジン[メルマ!]
melma!
www.melma.com
ホーム マイメルマ メーリングリスト ヘルプ
ランキング 新着マガジン メルマの殿堂 お勧めパック 占い 発行ツール
メルマ検索 検索
マガジンID [m00011662]
@mtf.biglobe.ne.jp を退会完了しました
戻る
メールマガジン簡単管理
my melma!
メールマガジンの管理には、my melma!が便利です。あなたの購読中のマガジンリストが一覧で見れ、ボタン一つで簡単に退会できます。お勧め melma! パックへの登録も簡単です。まだ使った事のない方は下のアイコンをクリック！
my melma!
melma!からのお知らせ
melma!よりあなたにお得な情報をお届けします。普通のテキスト形式のメールで受信をご希望の方は「テキスト形式」のボタン、HTMLメールでの受信もOKという方は「HTML形式」のボタンをクリックしてください。（クリック後はmelma!のトップページに移動します）
テキスト形式 HTML形式

購読の中止を完了した旨が表示されたら、作業は完了です。このあと、購読の申し込み時と同じように、退会の通知メールが送られてきます。

④データの保存と活用

インターネット上には膨大な量の情報があり、いつでも簡単にアクセスして閲覧することができます。しかし、多くのホームページは頻繁に新しい情報に更新され、場合によってはホームページ自体が無くなってしまうこともあります。そのため、必要な情報は自分で保存して整理することをお勧めします。また、電子メールマガジンも同じように、購読によってあらゆる情報を収集することは可能ですが、こちらも読み捨てではなく、必要な情報はしっかりと保管・整理しておきましょう。

まずホームページですが、インターネット・エクスプローラを利用すると、さまざまな保存方法が利用できます。その一つが、ホームページを丸ごと保存する方法です。これは、ホームページのテキストや画像、イラストなど、すべてのデータを一括してハードディスクに保存します。これにより、インターネットへアクセスすることなく、オリジナルのホームページとまったく同じ状態のページを閲覧することが可能となります。またこの方法により、インターネットへの接続を切った後にゆっくりとホームページを閲覧できることから、通信費節約のテクニックとしても有効なので、ぜひとも利用してください。また、ホームページ上のテキストのみ、あるいは画像のみといったように、必要な情報だけを保存することもできます。

一方、大切な電子メールも、テキストデータとして保存しておくことができます。重要な内容の電子メール、あるいは電子メールマガジンの必要な情報などはテキストデータとして保存しておくと、万が一メールデータが消失した場合のバックアップとしても活用できます。

なお、保存したホームページや電子メールの情報は、ただ保管するだけではあまり意味がありません。これらをしっかりと整理して、有効に活用するテクニックも覚えておきましょう。

ホームページを丸ごと保存する

ホームページのテキストや画像、イラストなど、すべてのデータは、そのままの状態で保存しておくことができます。

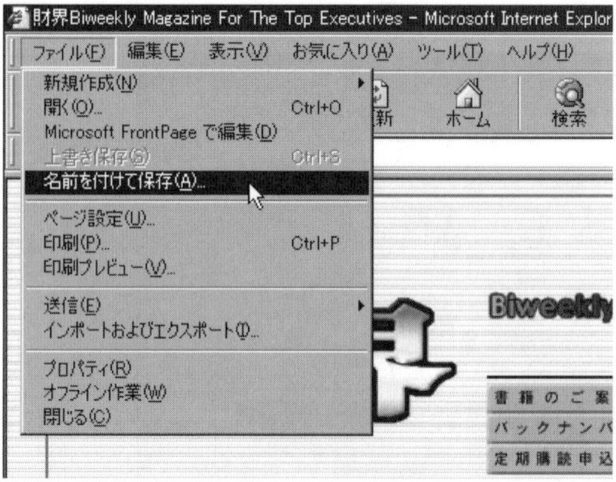

保存したいホームページを表示しておき、「ファイル」メニューから「名前を付けて保存」を選択します。

「Webページの保存」画面が表示されますので、保存する場所を指定してファイル名に名前を付けます。そしてここがポイントですが、ファイルの種類に「Webページ、完全(*.htm,*html)」を指定して「保存」ボタンをクリックします。

指定した場所に、HTMLデータとファイルフォルダがセットで保存されます。フォルダにはホームページに含まれる全データが保存されていますので、必ずこの2つのファイルとフォルダをセットで保存しておきます。画面では左側のHTMLデータをダブルクリックするとインターネット・エクスプローラが起動してホームページを表示します。

ホームページのテキストを保存する

ホームページの一部のテキストデータのみを保存するには、保存したいテキスト部分をマウスでドラッグして選択しコピーします。あとはメモ帳やワープロソフトなどに貼り付け、通常のテキストデータと同じ要領で保存します。

ドラッグして選択

ホームページ内の保存したいテキストデータをマウスでドラッグして選択し、「編集」メニューから「コピー」を選択します。

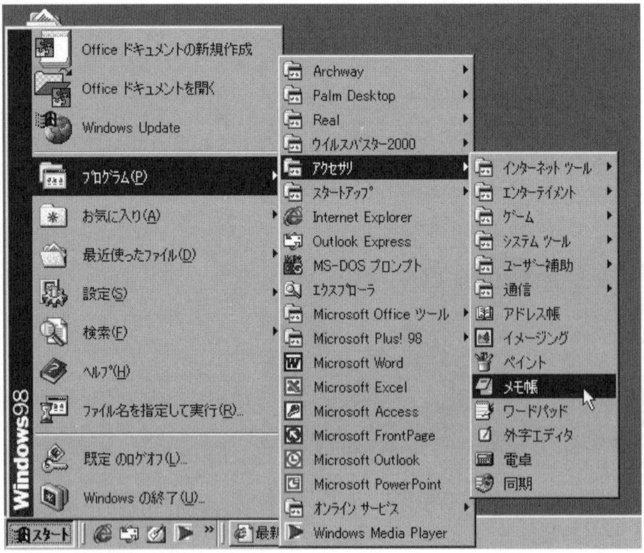

「スタート」メニューから「プログラム」→「アクセサリ」→「メモ帳」と選択してメモ帳を開きます。このとき利用するのは、通常利用しているワープロソフトでも構いません。

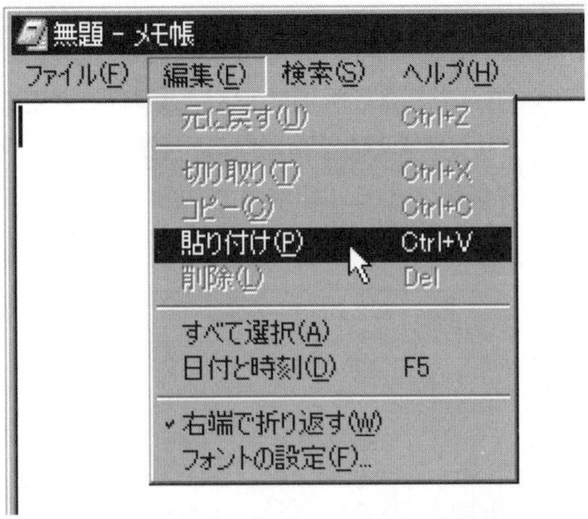

メモ帳が開いたら、「編集」メニューから「貼り付け」を選択します。

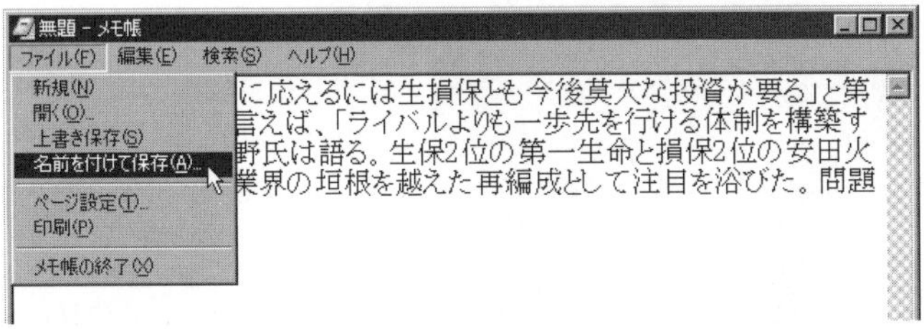

メモ帳にテキストデータが貼り付けられたら、「ファイル」メニューから「名前を付けて保存」を選択します。

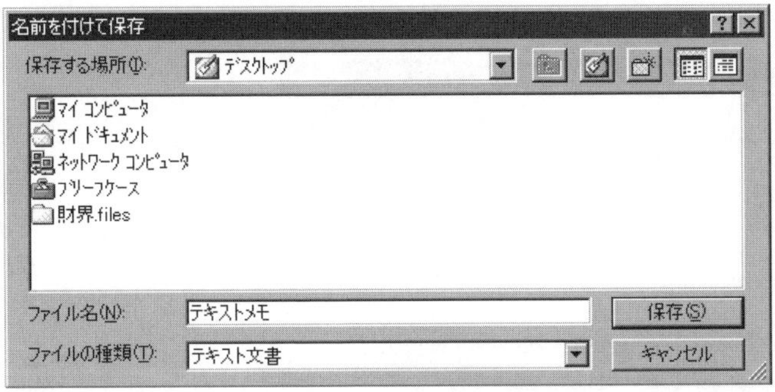

保存する場所を指定し、ファイル名を付けて「保存」ボタンをクリックします。このとき、ファイル名はなるべく内容がわかりやすいものにしておくと後の整理が楽になります。

指定した場所にテキストデータが保存されます。

ホームページの画像を保存する

ホームページ内の画像やイラストなどは、個別に保存しておくことができます。保存は、画像をマウスの右ボタンでクリックすると表示されるショートカットメニューから行います。

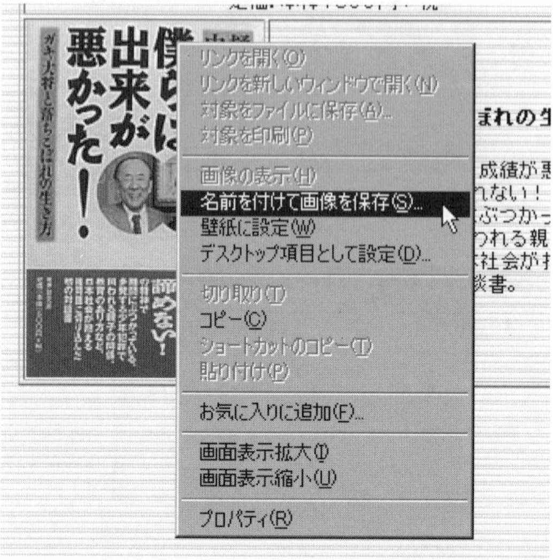

保存したい画像やイラストをマウスの右ボタンでクリックし、ショートカットメニューから「名前を付けて画像を保存」を選択します。

保存する場所を指定し、ファイル名を付けて「保存」ボタンをクリックします。このとき、ファイル名はなるべく内容がわかりやすいものにしておくと後の整理が楽になります。

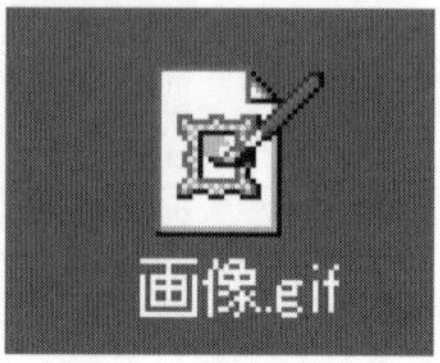

指定した場所に画像データが保存されます。

電子メールをテキストデータで保存する

送受信した電子メールは、テキストデータで保存しておくことができます。大切なメールや必要な情報は、テキストデータとして保管しておきましょう。

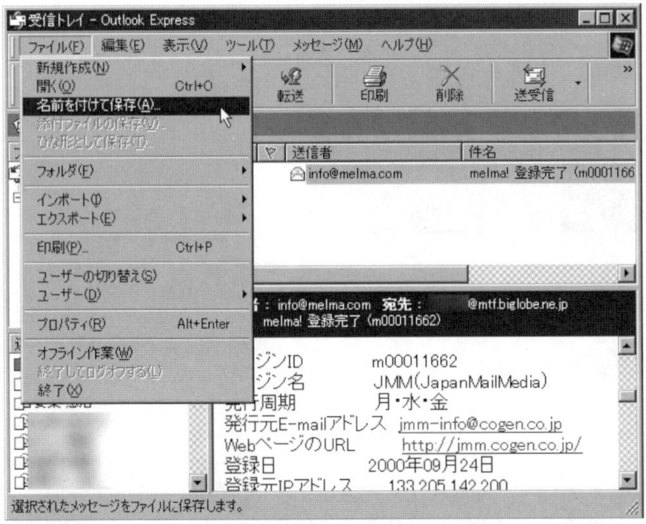

保存したいメールを選択しておき、「ファイル」メニューから「名前を付けて保存」を選択します。

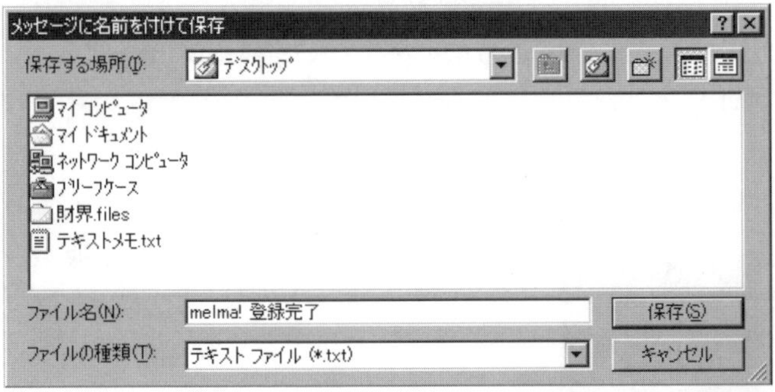

保存する場所を指定し、ファイル名を付けて「保存」ボタンをクリックします。このとき、ファイル名はなるべく内容がわかりやすいものにしておくと後の整理が楽になります。そしてここがポイントですが、ファイルの種類に「テキストファイル（*.txt)」を指定しておきます。

指定した場所にテキストデータが保存されます。

Webデータ管理ソフトの活用

ここまではインターネット・エクスプローラを使ったデータの保存方法でしたが、市販ソフトを利用することでさらに高度なデータ保存が可能となります。ここでは、「InternetNinja5」を紹介します。

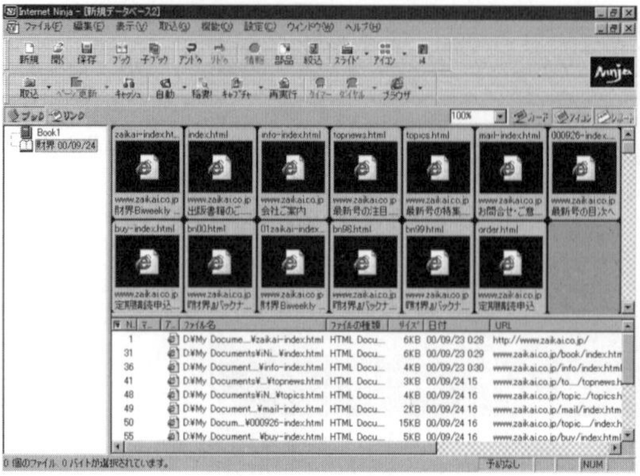

取り込んだデータはページごと、データごとに個別に管理されます。保管だけでなく、保管したデータをデータベース化することで、2次利用などを簡単に行うことができます。

これ1本でインターネット上のあらゆるデータを保存・管理する

URLを指定するだけでページ上のリンクをたどり、あらゆるデータを保存するソフトです。ホームページを構成するほとんどすべてのデータに対応し、音楽データのMP3や通常保存することができないストリーミングビデオまでも取り込むことができます。保存したデータはデータベース化され、利用も簡単なのが特徴です。

また、一度保存してデータベース登録したページは、更新チェックを行うことで、変更のあった部分のみ再度取り込むこともできます。このほか、必要な情報を自動的に複数の検索ページから検索し、それを取り込む機能なども搭載しています。

Internet Ninja5 for Windows
●発売：アイフォー●価格：¥9,800（税別）
●http://www.ifour.co.jp/

データを取り込む

「InternetNinja5」には、ホームページのデータを取り込む方法がいくつか用意されていますが、ここではウィザード（質問に答えながら操作を行う形式）を使った取り込み方法を紹介します。

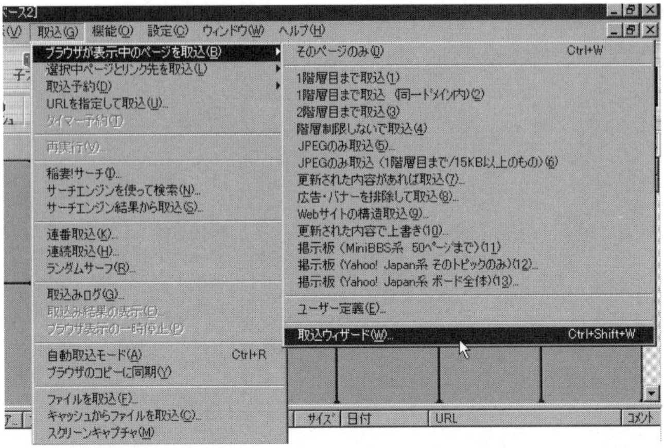

インターネット・エクスプローラで保存したいホームページを表示しておき、「取り込み」メニューから「ブラウザが表示中のページを取り込み」→「取込ウィザード」を選択します。

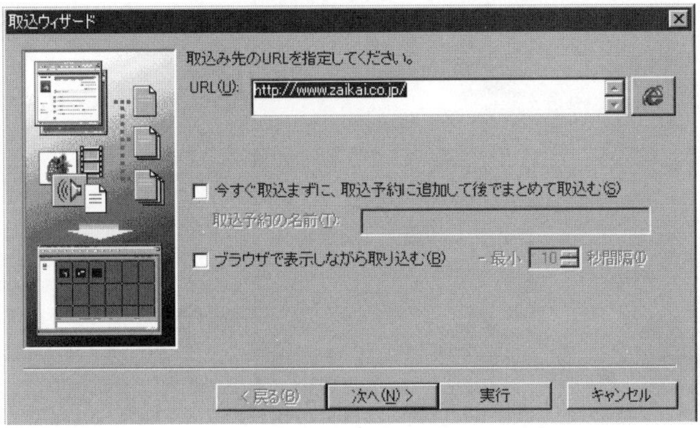

取込ウィザードが起動しますので、「次へ」ボタンをクリックします。なおここで、指定した時間に取り込む予約を設定することも可能です。

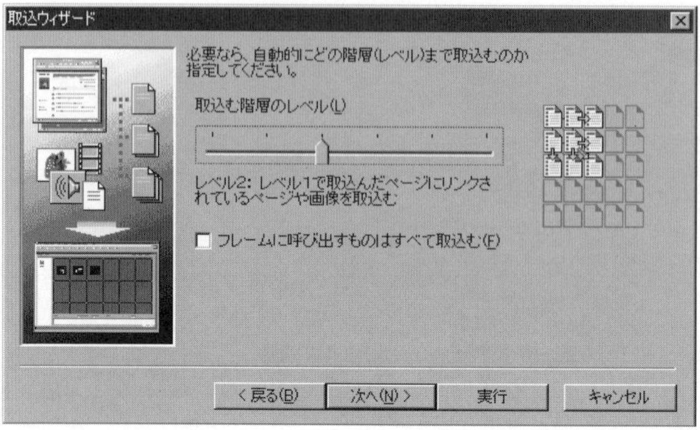

ここでは、取り込むトップページからのリンク先の階層を指定します。レベルのバーをマウスで左右にドラッグするとレベルの説明が表示されますので、必要に応じて設定してください。設定したら、「次へ」ボタンをクリックします。

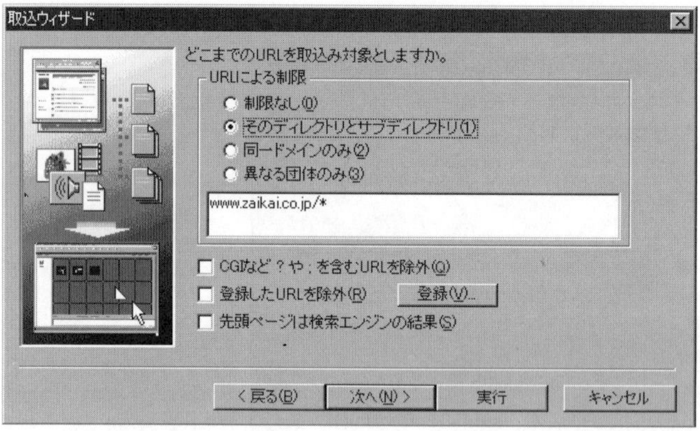

ここでは、読み込む対象とするURLなどの設定を行います。通常の取り込みなら、設定は変更せずそのまま「次へ」ボタンをクリックします。

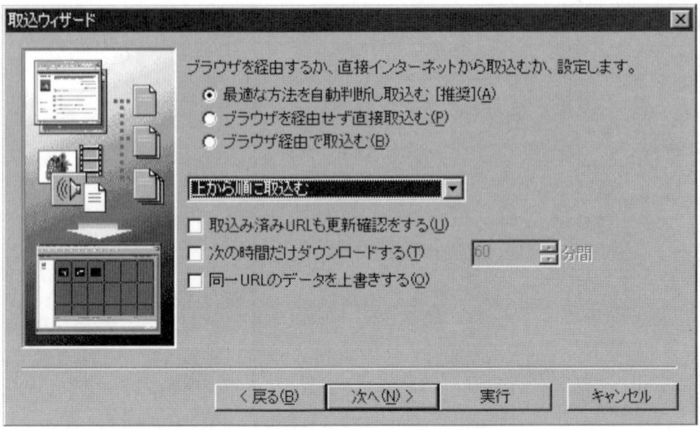

ここではデータを読み込む方法や、すでに読み込んだデータと同じページの場合、その処理方法などを指定して「次へ」ボタンをクリックします。

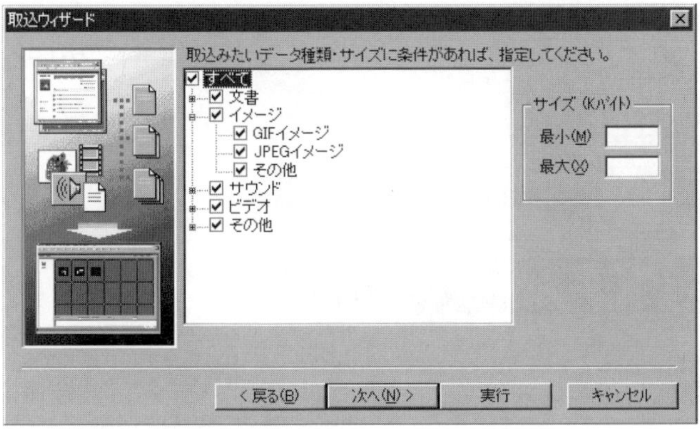

ここでは、読み込むデータの種類やサイズを指定して「次へ」ボタンをクリックします。

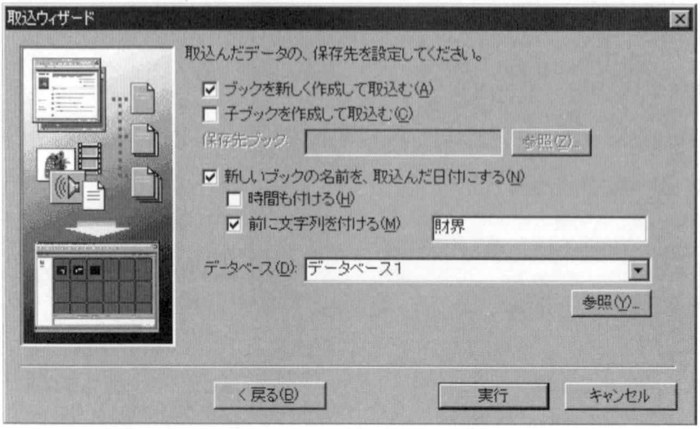

保存先を指定し、さらにデータベースの名前を付ければ準備は完了です。「実行」ボタンをクリックすると取り込みが始まります。

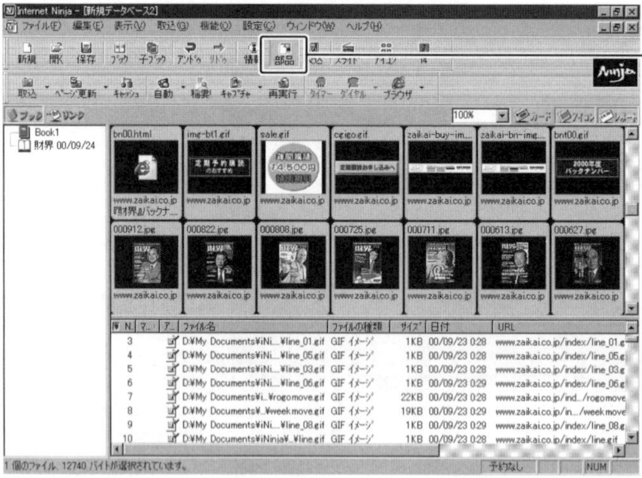

クリック

取り込みが完了すると、取り込んだデータが一覧表示されます。ここでツールバーの「部品」ボタンをクリックすると、ホームページを構成する全データを表示することができます。

検索機能を利用してデータを取り込む

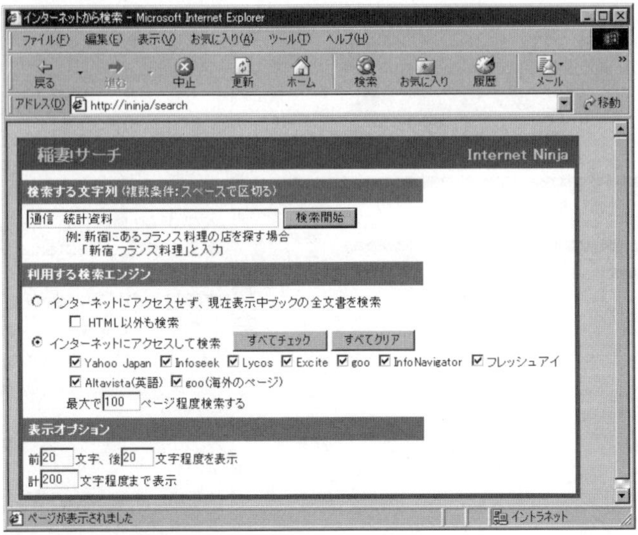

「InternetNinja5」には「稲妻！サーチ」という機能があり、ひとつのキーワードから複数の検索ページを一度に検索し、検索結果を取り込むこともできます。上手に利用すると、情報収集を効率的に行うことができます。

必要な情報を探し出す

取り込んだデータはデータベース化されていますので、ファイルの種類やファイル名など、さまざまな条件を指定して簡単に探し出すことができます。自分でデータベースを作成するのは大変ですが、これを自動で作成してくれるため、データの活用が非常に楽になります。

オンラインソフトで文書管理

インターネット上からは、個人あるいは企業が作成したオンラインソフトを入手することができます。市販製品にも劣らない便利なソフトがたくさんありますので、活用しましょう。ここでは、オンラインソフトを多数登録したダウンロードサイトの使い方と、実際にテキスト文書をデータベース化するソフトを紹介します。

ダウンロードサイトはたくさんありますが、ここでは「Vector（http://www.vector.co.jp/）」を利用します。まず、「Vector」へアクセスして「Softライブラリ」の「Windows」をクリックします。

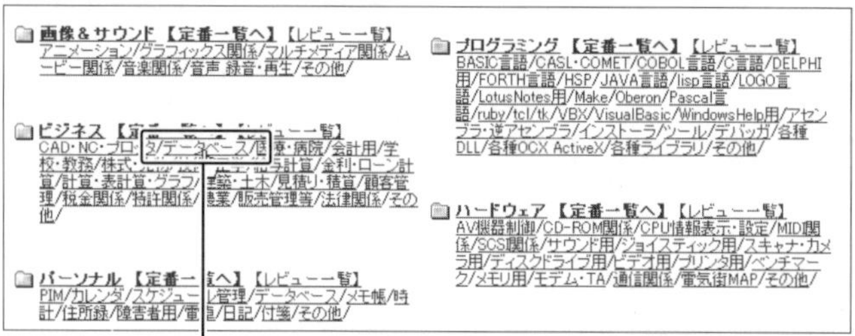

クリック

ここに、登録されているオンラインソフトがジャンル別に分類されています。「ビジネス」の中にある「データベース」をクリックします。

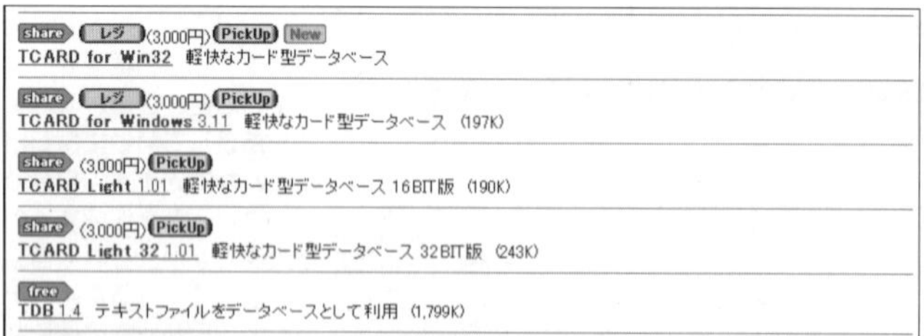

クリック

オンラインソフトの一覧が表示されますので、画面をスクロールして「TextClipper 7.62」をクリックします。

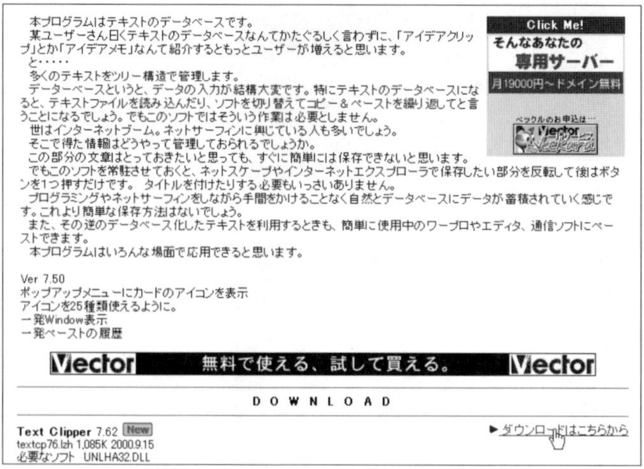
本プログラムはテキストのデータベースです。
某ユーザーさん曰くテキストのデータベースなんてかたぐるしく言わずに、「アイデアクリップ」とか「アイデアメモ」なんて紹介するともっとユーザーが増えると思います。
と・・・・・
多くのテキストをツリー構造で管理します。
データーベースというと、データの入力が結構大変です。特にテキストのデータベースになると、テキストファイルを読み込んだり、ソフトを切り替えてコピー＆ペーストを繰り返してと言うことになるでしょう。でもこのソフトではそういう作業は必要としません。
世はインターネットブーム。ネットサーフィンに興じている人も多いでしょう。
そこで得た情報はどうやって管理しておられるでしょうか。
この部分の文章はとっておきたいと思っても、すぐに簡単には保存できないと思います。
でもこのソフトを常駐させておくと、ネットスケープやインターネットエクスプローラで保存したい部分を反転して後はボタンを1つ押すだけです。タイトルを付けたりする必要もいっさいありません。
プログラミングやネットサーフィンをしながら手間をかけることなく自然とデータベースにデータが蓄積されていく感じです。これより簡単な保存方法はないでしょう。
また、その逆のデータベース化したテキストを利用するときも、簡単に使用中のワープロやエディタ、通信ソフトにペーストできます。
本プログラムはいろんな場面で応用できると思います。
Click Me!
そんなあなたの
専用サーバー
月19000円～ドメイン無料
Ver 7.50
ポップアップメニューにカードのアイコンを表示
アイコンを25種類使えるように。
一発Window表示
一発ペーストの履歴
Vector 無料で使える、試して買える。 Vector
DOWNLOAD
Text Clipper 7.62 New
textcp76.lzh 1,085K 2000.9.15
必要なソフト UNLHA32.DLL
▶ダウンロードはこちらから

「TextClipper 7.62」のページが表示されますので、画面右下にある「ダウンロードはこちらから」をクリックします。

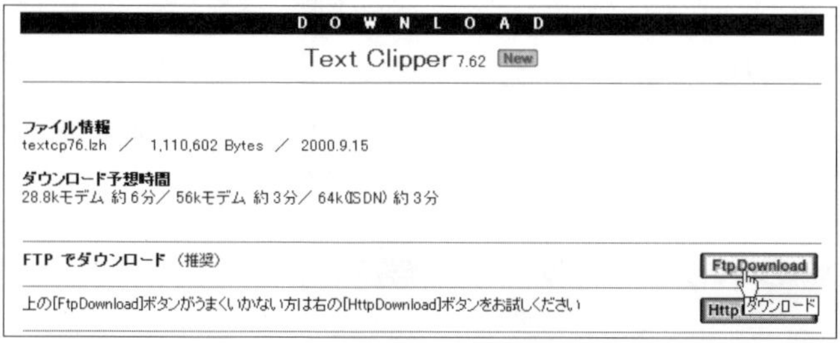
DOWNLOAD
Text Clipper 7.62 New
ファイル情報
textcp76.lzh ／ 1,110,602 Bytes ／ 2000.9.15
ダウンロード予想時間
28.8kモデム 約6分／ 56kモデム 約3分／ 64k(ISDN) 約3分
FTP でダウンロード（推奨）
FtpDownload
上の[FtpDownload]ボタンがうまくいかない方は右の[HttpDownload]ボタンをお試しください
Http
ダウンロード

ここで「FtpDownload」ボタンをクリックします。

名前を付けて保存
保存する場所(I):
デスクトップ
マイ コンピュータ
マイ ドキュメント
ネットワーク コンピュータ
ブリーフケース
財界.files
ファイル名(N):
textcp76.lzh
保存(S)
ファイルの種類(T):
Archive file (LZH)
キャンセル

ダウンロードが始まりますので、「ディスクに保存する」を選択後、保存先を指定して「保存」ボタンをクリックします。

圧縮ファイルの「Text-Clipper 7.62」が指定した保存場所に保存されます。

ダブルクリック

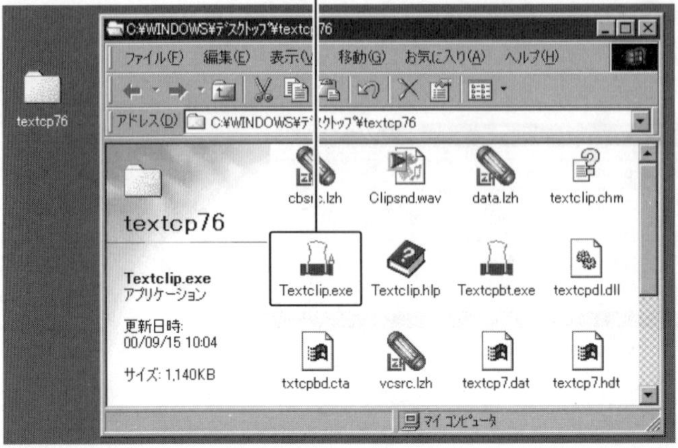

ファイルを解凍する（解凍に関しては「第４章　圧縮＆解凍をマスターする」を参照してください）とフォルダが作成され、そこに「TextClipper 7.62」があります。

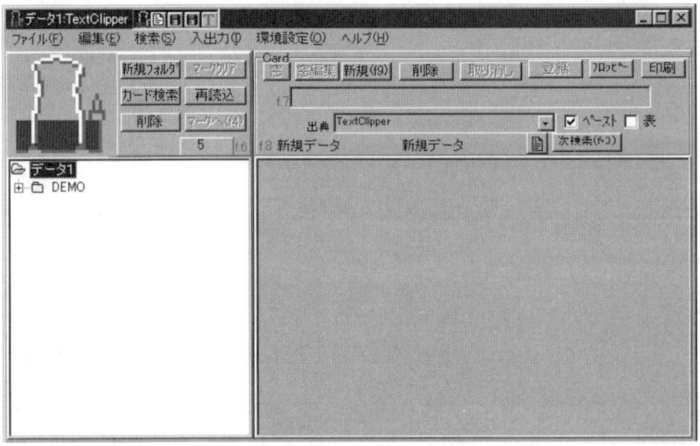

フォルダ内の「Textclip.exe」をダブルクリックすると「TextClipper」が起動します。

「TextClipper」を活用する

「TextClipper」は、簡単な操作でテキストデータをデータベース化するフリーソフト（無料）です。インターネット・エクスプローラで表示中のホームページから必要なテキストを選択してボタンをワンクリックすると、自動的に「TextClipper」に登録され、2次利用も簡単に行うことができます。

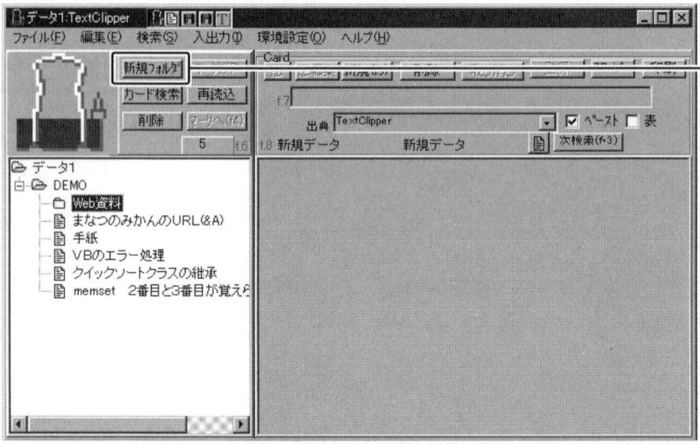

クリック

登録するテキストデータを分類するために、まずはフォルダを作成しておきましょう。TextClipperのウィンドウ左上にある「新規フォルダ」ボタンをクリックし、フォルダに適当な名前を付けておきます。ここでは「Web資料」というフォルダを作成しています。

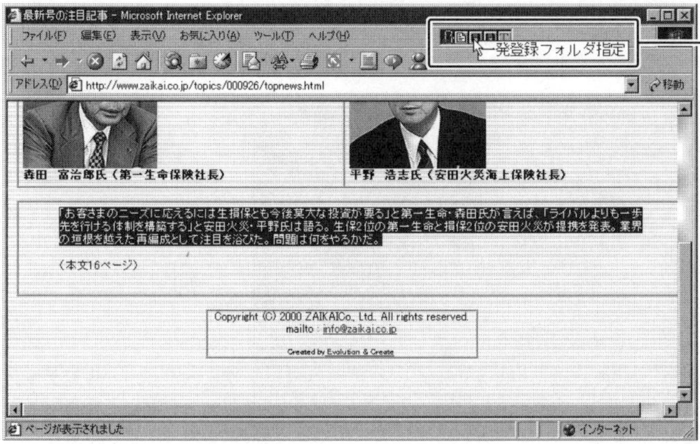

クリック

インターネット・エクスプローラで表示中のホームページから、保存しておきたいテキストを選択し、TextClipperのツールボタンから「一発登録フォルダ指定」ボタンをクリックします。ここで利用するツールバーは、TextClipperを起動中は常にデスクトップの最前面に表示され、ドラッグ操作で自由に場所を移動させることが可能です。

メニューが表示されますので、登録したいフォルダ（Web資料）を選択し、「ここに登録」を選択します。

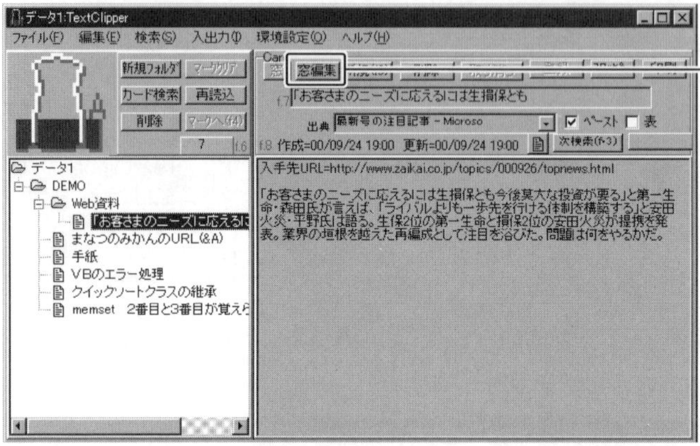

クリック

指定した場所にテキストデータが登録されます。「f.7」欄でテキストデータの名前を変更することもできますし、「窓編集」ボタンをクリックすると別ウィンドウにテキストデータが表示され、ここで編集作業を行うこともできます。

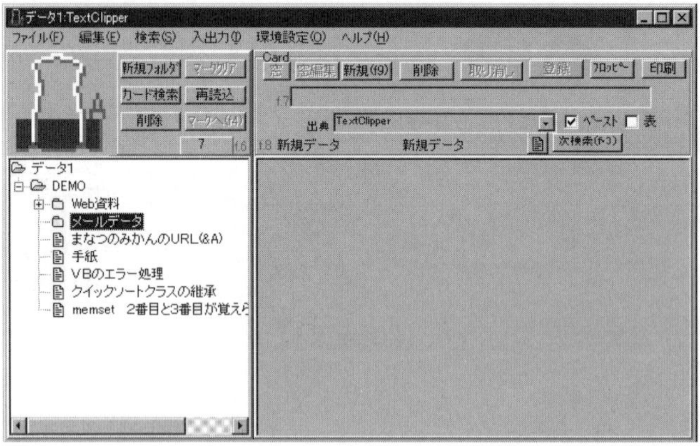

次に、電子メールをテキストデータとして保存してみましょう。手順はほとんど同じで、まずはフォルダ（メールデータ）を新しく作成しておきます。

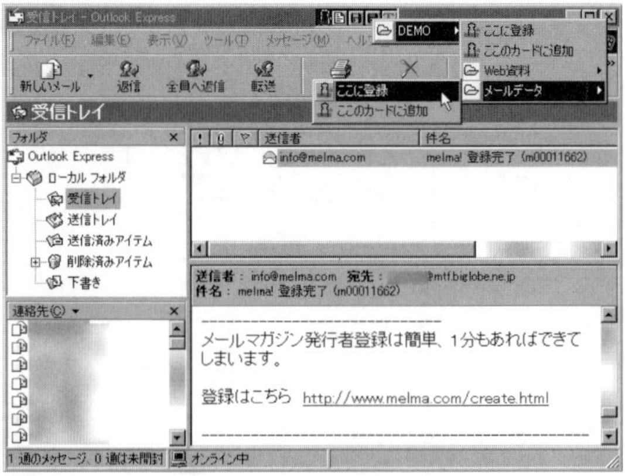

メールデータの保存したいテキスト部分を選択し、TextClipperのツールボタンから「一発登録フォルダ指定」ボタンをクリックして「DEMO」→「メールデータ」→「ここに登録」を選択します。

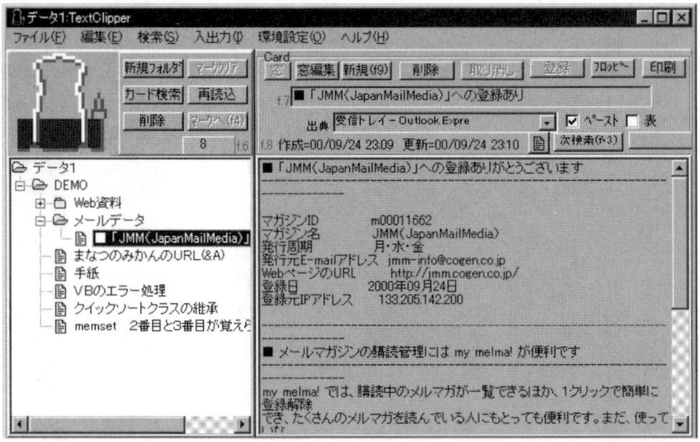

指定した場所にテキストデータが登録されます。

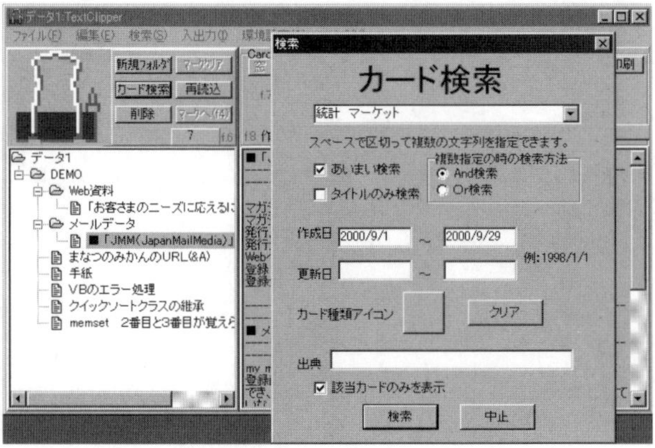

フォルダでジャンル分けしてテキストデータを登録しておくと、ウィンドウ左側のツリーから目的の情報を簡単に探し出すことができます。また、「カード検索」ボタンをクリックすると検索画面が表示され、ここでテキストに含まれる文字列や作成日などの条件を指定して検索することも可能です。

⑤PDF文書を活用する

ＰＤＦとは「Portable Document Format（ポータブル・ドキュメント・フォーマット）」の略で、アドビ社が開発した文書表示用のファイル形式のことです。これは、ウィンドウズやマッキントッシュなどのＯＳの種類に依存しないため、誰もが同じレイアウト、同じフォントで文書を見ることができるようにしたものです。通常、たとえばウィンドウズで作成した文書をマッキントッシュで表示すると、フォントの違いなどから忠実に文書を表示することが難しいのですが、ＰＤＦ文書を使用することで、これが無くなるというわけです。特にインターネット上で配布する文書の場合、ＯＳごとに文書を用意するのは手間がかかりますので、最近ではこのＰＤＦ文書が電子ドキュメントのスタンダードとして広く利用されています。

たとえば、パソコンのハードウェアやソフトウェアのマニュアル、あるいは公的機関が発表する資料などもＰＤＦ文書を利用しているケースが増えています。ホームページ上で「この文書を読むにはアクロバット・リーダーが必要です」という表示があれば、それはＰＤＦ文書だということです。ただ、こうした表示からもわかるように、ＰＤＦ文書を表示するには、専用のソフトが必要となります。ソフトが無ければ、文書をダウンロードしても開くことができませんので、まずはこのソフトを手に入れておきましょう。

ＰＤＦ文書を表示する「アクロバット・リーダー」は、アドビ社から無料で配布されています。アドビ社のホームページ（http://www.adobe.co.jp/products/acrobat/readstep.html）からもダウンロードできますし、ＰＤＦ文書を配布しているホームページからは、たいがいダウンロードできるようになっています。これをダウンロードしてインストールしておけば、ＰＤＦ文書が開けるようになります。

Adobe Acrobat Readerを入手する

PDF文書を表示するためのソフトが「Adobe Acrobat Reader」です。まずはこれをダウンロードしてインストールしておきましょう。

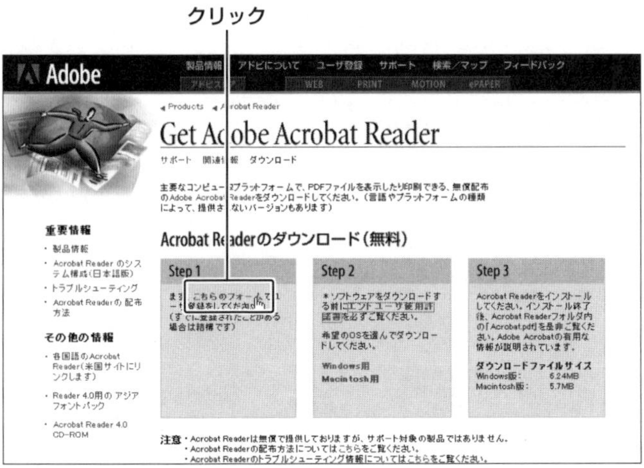

アドビ社のアクロバット・リーダーをダウンロードするページ（http://www.adobe.co.jp/products/acrobat/readstep.html）を表示し、Step1の「こちらのフォーム」をクリックします。

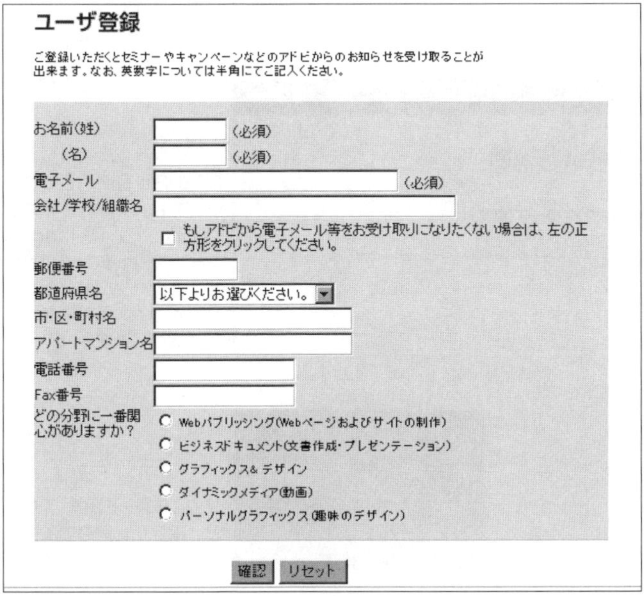

ユーザー登録画面が表示されますので、必要事項を記入して「確認ボタンをクリックします。次のページで内容を確認したら、さらに「確認」ボタンをクリックしてください。

Adobe Acrobat Reader
エレクトロニック エンドユーザ使用許諾契約書

アドビシステムズ社 Adobe Acrobat Readerのためのエレクトロニック エンドユーザ使用許諾契約書

お客様へのご注意：
本エンドユーザ使用許諾契約(以下「本契約」)はお客様と米国のAdobe Systems Incorporated(アドビ システムズ社)(以下「アドビ」)との間の契約書(以下「本契約」といいます)で、本契約に基づいてアドビが提供する本ソフトウェア(以下に定義)をお客様がインストールまたは使用いただく場合の条件を規定するものです。お客様がインストールを続けますと、お客様によって本契約のすべての条項が同意されたものとみなさせて頂きます。

下記の条項に同意されない場合は、末尾に指示された方法で「同意しない」を選択して下さい。「同意しない」を選択された場合には、本ソフトウェア(以下に定義)をインストールまたは使用することができません。

「本ソフトウェア」とは、本契約に基づいてインストールされるAdobe(R) Acrobat(R) Readerおよび関連するマニュアルなどの文書を含みます。また、「本ソフトウエア」にはアドビにより使用を許諾されたAdobe Acrobat Readerの修正版、アップグレード版、アップデート版を含むものとします。

お客様が以下の条項に合意されることを条件として、お客様に対しアドビは本ソフトウェアをご使用いただく非独占的な権利を許諾いたします。

1. 本ソフトウェアの使用
お客様は、
Adobe Acrobat Readerを単一のハードディスク又はその他の記憶装置にインストールして使用することができます。また、次のうちいずれか(両方ではありません)の目的のために単一ローカルエリアネットワーク用の単一ファイルサーバにインストールして使用することができます。

(1)複数のコンピュータのハードディスクまたはその他の記憶装置へインストールさせるため。
(2)そのネットワーク上で使用させるため。そして本ソフトウェアのバックアップコピーを作ることができます。

ダウンロードページに戻ったら、STEP2の「エンドユーザー使用許諾契約書」をクリックして内容をよく読み、ダウンロードページに戻ります。

クリック

STEP2から使用しているOSを選択するとこの画面が表示され、「Windowsフォーマット」をクリックするとダウンロードが始まりますので、保存先を指定して保存します。

ダウンロードが完了すると、指定した保存場所にファイルが保存されます。

Adobe Acrobat Readerをインストールする

Acrobat Readerがダウンロードできたら、インストールを行います。

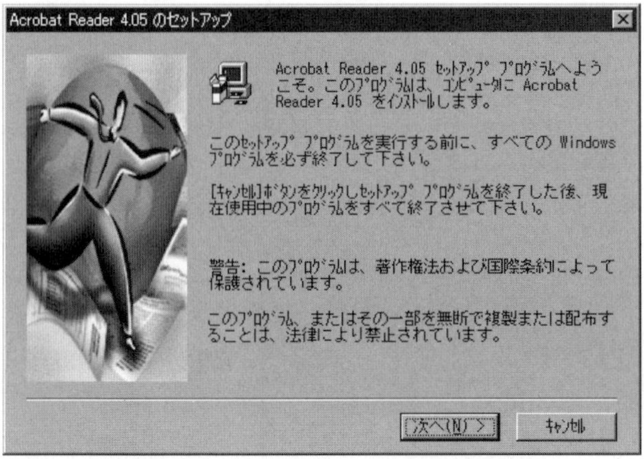
Acrobat Reader 4.05 のセットアップ
Acrobat Reader 4.05 セットアップ プログラムへようこそ。このプログラムは、コンピュータに Acrobat Reader 4.05 をインストールします。
このセットアップ プログラムを実行する前に、すべての Windows プログラムを必ず終了して下さい。
[キャンセル]ボタンをクリックしセットアップ プログラムを終了した後、現在使用中のプログラムをすべて終了させて下さい。
警告: このプログラムは、著作権法および国際条約によって保護されています。
このプログラム、またはその一部を無断で複製または配布することは、法律により禁止されています。
次へ(N) >
キャンセル

ダウンロードしたファイルをダブルクリックするとセットアップウィザードが起動しますので、「次へ」ボタンをクリックします。

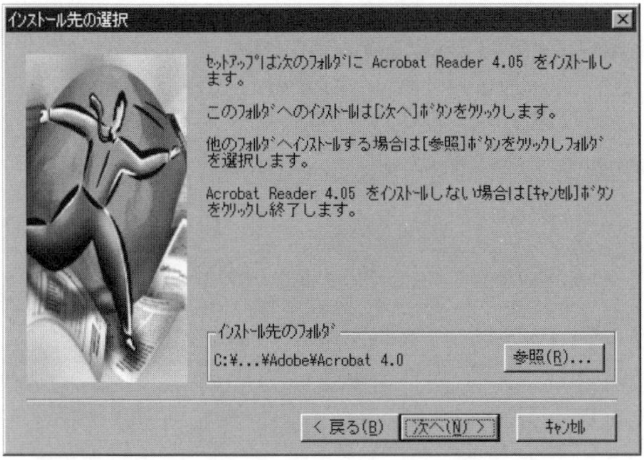
インストール先の選択
セットアップは次のフォルダに Acrobat Reader 4.05 をインストールします。
このフォルダへのインストールは[次へ]ボタンをクリックします。
他のフォルダへインストールする場合は[参照]ボタンをクリックしフォルダを選択します。
Acrobat Reader 4.05 をインストールしない場合は[キャンセル]ボタンをクリックし終了します。
インストール先のフォルダ
C:¥...¥Adobe¥Acrobat 4.0
参照(R)...
< 戻る(B)
次へ(N) >
キャンセル

インストール先を指定して「次へ」ボタンをクリックします。特に問題がなければ、インストール先はそのままで構いません。

情報
Acrobat Reader を御選択いただきありがとうございました。
OK

インストール作業が完了するとこの画面が表示されますので、「OK」ボタンをクリックします。

PDF文書を表示する

ホームページで「PDF形式」という表示があれば、それはPDF文書です。リンクをクリックすると、アクロバット・リーダーでPDF文書を表示します。

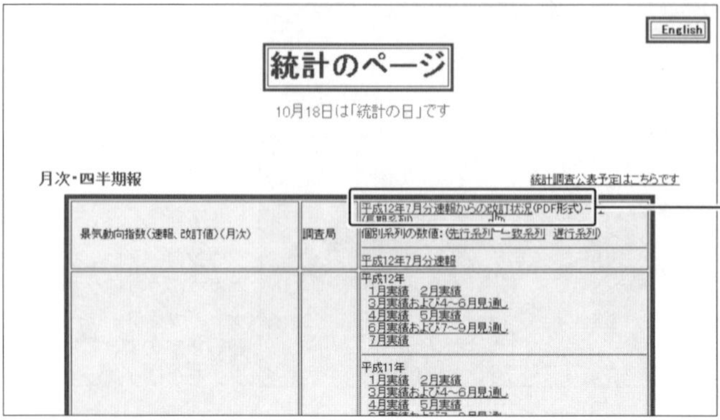
English
統計のページ
10月18日は「統計の日」です
月次・四半期報
統計調査公表予定はこちらです
平成12年7月分速報からの改訂状況(PDF形式)
景気動向指数(速報、改訂値)(月次)
調査局
個別系列の数値：(先行系列 一致系列 遅行系列)
平成12年7月分速報
平成12年
1月実績 2月実績
3月実績および4～6月見通し
4月実績 5月実績
6月実績および7～9月見通し
7月実績
平成11年
1月実績 2月実績
3月実績および4～6月見通し
4月実績 5月実績

クリック

PDF文書のリンクをクリックします。

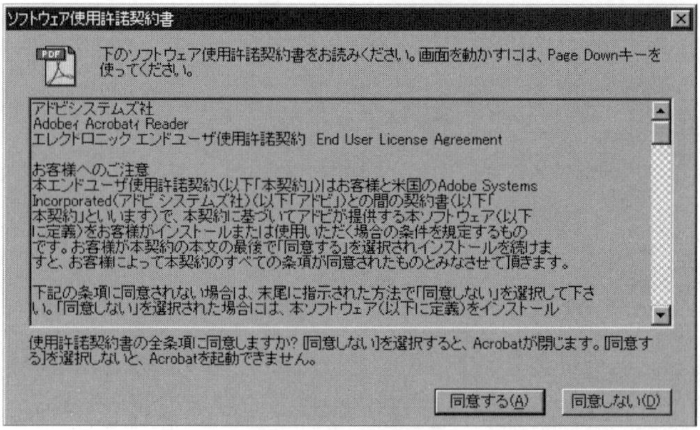
ソフトウェア使用許諾契約書
下のソフトウェア使用許諾契約書をお読みください。画面を動かすには、Page Downキーを使ってください。
アドビシステムズ社
Adobe Acrobat Reader
エレクトロニック エンドユーザ使用許諾契約 End User License Agreement
お客様へのご注意
本エンドユーザ使用許諾契約(以下「本契約」)はお客様と米国のAdobe Systems Incorporated(アドビ システムズ社)(以下「アドビ」)との間の契約書(以下「本契約」といいます)で、本契約に基づいてアドビが提供する本ソフトウェア(以下に定義)をお客様がインストールまたは使用いただく場合の条件を規定するものです。お客様が本契約の本文の最後で「同意する」を選択されインストールを続けますと、お客様によって本契約のすべての条項が同意されたものとみなさせて頂きます。
下記の条項に同意されない場合は、末尾に指示された方法で「同意しない」を選択して下さい。「同意しない」を選択された場合には、本ソフトウェア(以下に定義)をインストール
使用許諾契約書の全条項に同意しますか? [同意しない]を選択すると、Acrobatが閉じます。[同意する]を選択しないと、Acrobatを起動できません。
同意する(A)
同意しない(D)

インストール後はじめてアクロバット・リーダーを使用するときはこの画面が表示されますので、「同意する」ボタンをクリックします。

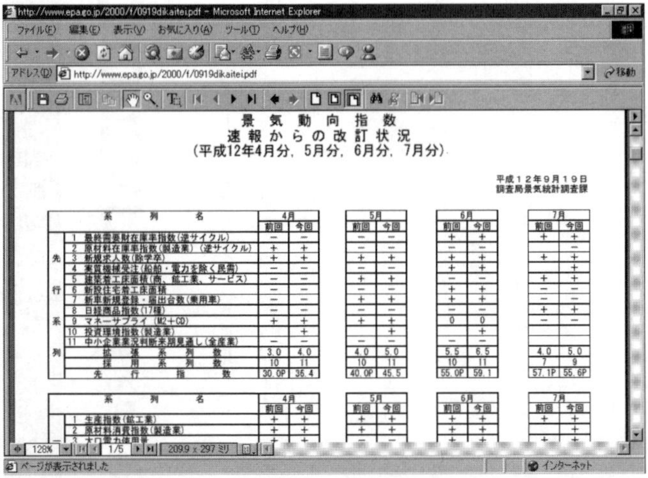

インターネット・エクスプローラ上でアクロバット・リーダーが起動し、PDF文書を表示します。このとき、アクロバット・リーダーのツールバーが表示されることに注目してください。ページの切り替えやファイルの保存など、PDF文書に関する操作はすべてここで行います。

PDF文書を保存するにはツールバーの左から2番目の「名前を付けて保存」ボタンをクリック。ここで保存場所を指定してファイル名を入力し、「保存」ボタンをクリックします。

2▶2 スキャナを使ったペーパーレス書斎の作り方

OCRソフト(読んde!!ココ)を使いこなす

IT化が加速し、多くのデータがデジタルで流通しているとはいえ、実際のビジネスシーンでは、契約の締結や、プレゼンテーション資料など、やはり紙は大切なキーとなるビジネスツールです。

しかし、紙には、「整理・管理に不向き」という欠点があります。大量の文書になれば、やはり保存場所が必要。またそのときに、しっかりとした分類・整理をしていかなければ、あとで必要になったときにその目的の文書を探し出すのに手間取ってしまいます。そこで提案したいのが、パソコンとスキャナを使った書類の「ペーパーレス化」です。スキャナで紙の書類をデジタル情報にし、パソコンでそのデータを管理するのです。パソコンなら、書棚数個分の「紙」をそのハードディスクに格納してしまうことも夢ではありません。また、パソコンが最も得意とする「探し出す」(検索)能力も遺憾なく発揮されます。目的の文書に特定のキーワードを付与しておけば、必要なときに探し出すのも瞬時にできてしまうのです。

また、「読んde!!ココ」を代表とするOCRソフトを使えば紙に書かれた重要な文字をパソコンで使えるデジタル文字(=テキスト)へ変換してくれます。紙を単にスキャナで画像データに変換し「見る」だけよりも、汎用性のあるテキストにすることで検索がグッと楽になり、かつハードディスクへ保存するための容量が少なくて済むなどいいことずくめです。「読んde!!ココ」は、日本語だけでなく英語との混じり文も自動的に認識して忠実にテキストへ変換を行います。また、紙と同様のレイアウトでワードなどのワープロソフトへ貼り付ける機能や、表組を崩さずにエクセルなどの表計算ソフトへデジタルデータとして移行させる機能など多彩です。現在のOCRソフトの認識率は95%以上といわれています。上手に使って自分なりの「ペーパーレス書斎」を作り上げてみましょう。

スキャナで「紙」を画像データにする

まずはパソコンに保存したい紙（＝書類）をスキャナで読みとります。ここでは、文字認識に適したスキャンの仕方がありますので注意が必要です。ただ、読みとりは「読んde!!ココ」から直接行えるので難しい操作もなく安心です。

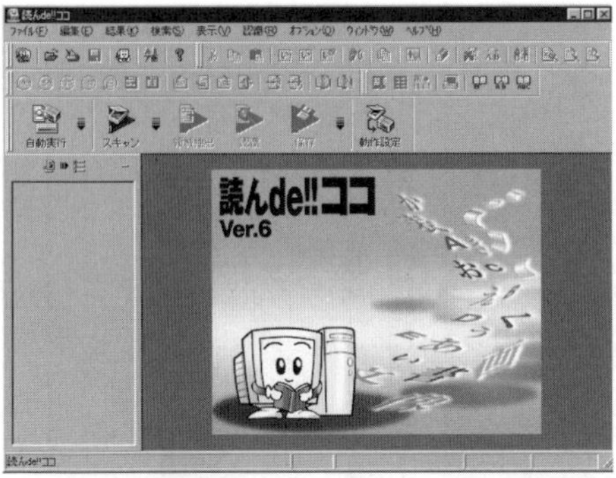

「読んde!!ココ」を起動した画面。上部にある大きなツールボタンを押すことで、ほとんどの操作を自動化することができますが、多少の修正が必要なこともあり、これが重要な要素なので以下解説していきます。

スキャナに紙の原稿を正しくセットした後、「ファイル」メニューから「スキャナから読み込む」を選択します。今回は『財界』のモノクロページを原稿に使っています。

読んde!!ココ
with 名刺OCR Ver.6
●エー・アイ・ソフト
●価格:19,800円
●http://www.aisoft.co.jp

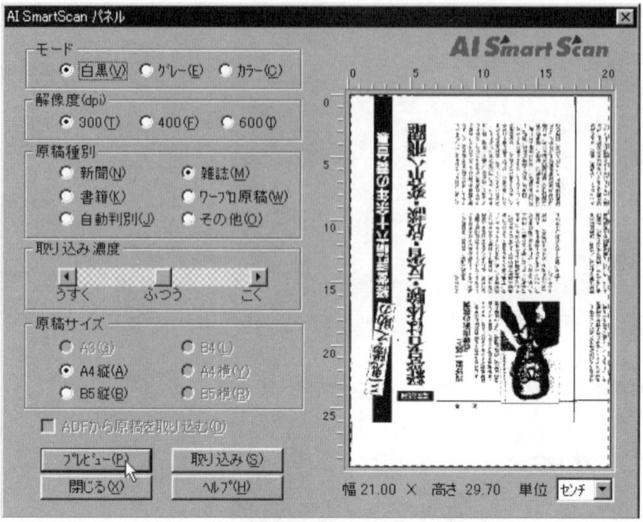

「AI SmartScan パネル」が開きます。まず「プレビュー」ボタンをクリックします。すると、スキャナが動作し、紙を仮読みして右のプレビュー画面にイメージを表示します。上下逆になっていてもここでは気にしなくてもいいでしょう。

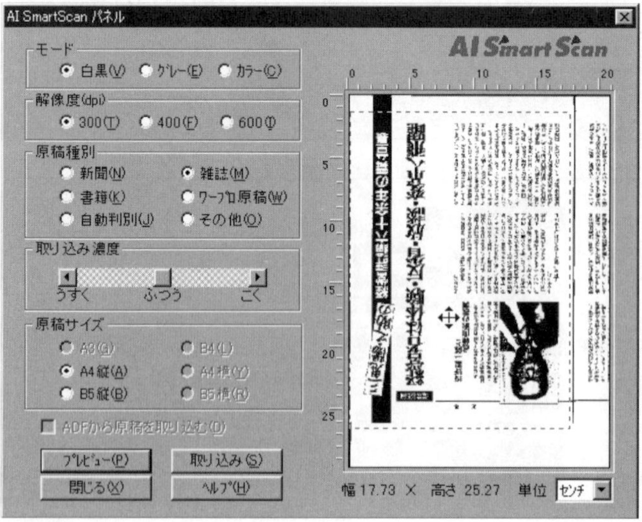

プレビュー画面のどこか適当な場所にマウスを合わせてクリックします。すると、十字に矢印のついたポインタに変わります。ここで、プレビューを見ながら、縦横に表示されたラインを内側に移動させ、不必要な部分を削っていきましょう。こうすることで、画像データとしての容量を節約することができます。

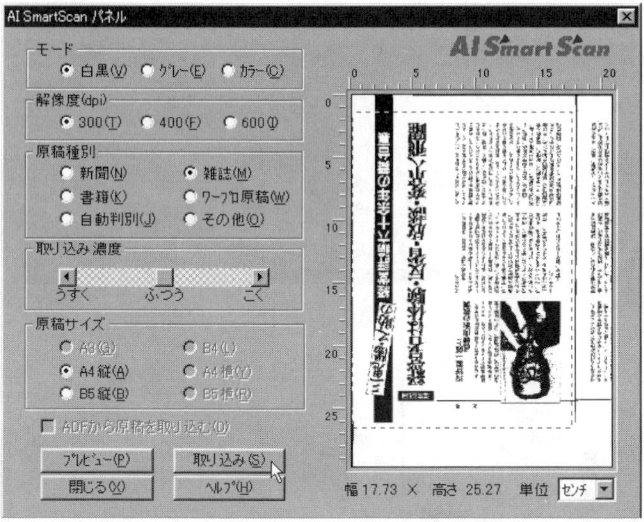

スキャナで取り込む前に設定を確認しておきます。この場合、「モード」は白黒(カラーページでもOCRを使うときは白黒の方が認識率が高い場合が多いようです)。解像度は300dpiが適当でしょう。400dpi以上にしてもOCRの認識率はそれほど向上しません。また、それ以上に画像のデータ容量が数MB単位で大きくなり実際的ではありません。その他、原稿の種類や雑誌のサイズなどの設定をする項目があります。設定が終わったら「取り込み」をクリックします。

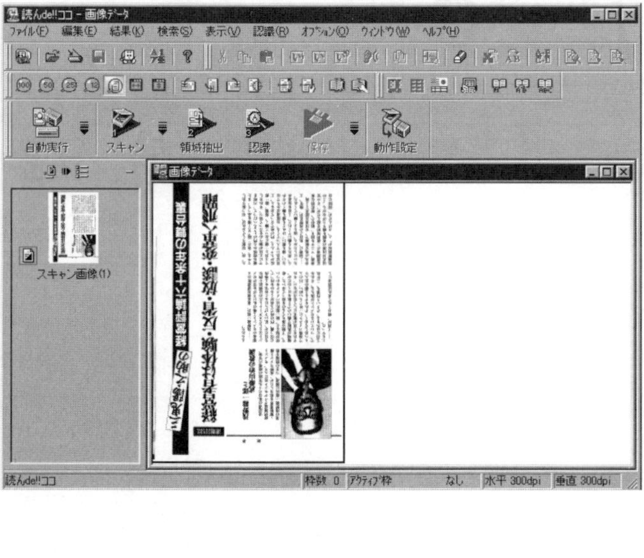

スキャナの取り込みは、この原稿の場合、30秒程度かかりました(パソコンやスキャナの性能などによって変わります)。取り込まれた画像は、左画面にサムネイル(縮小された画像)として表示されるので、これをクリックします。すると、右のプレビュー画面に大きく表示されます。表示サイズは「表示」メニューから「ズーム」を選択することによって変えることができます。

文字認識をする前に準備すること

いよいよ、スキャナで取り込んだ画像データから、テキストを抽出する文字認識を行います。「読ん de!!ココ」では、ボタンひとつで自動的に文字のある領域とそれが書かれている順番を指定し、文字認識をはじめる機能があります。ただ、複雑なレイアウトの場合、少々修正が必要です。

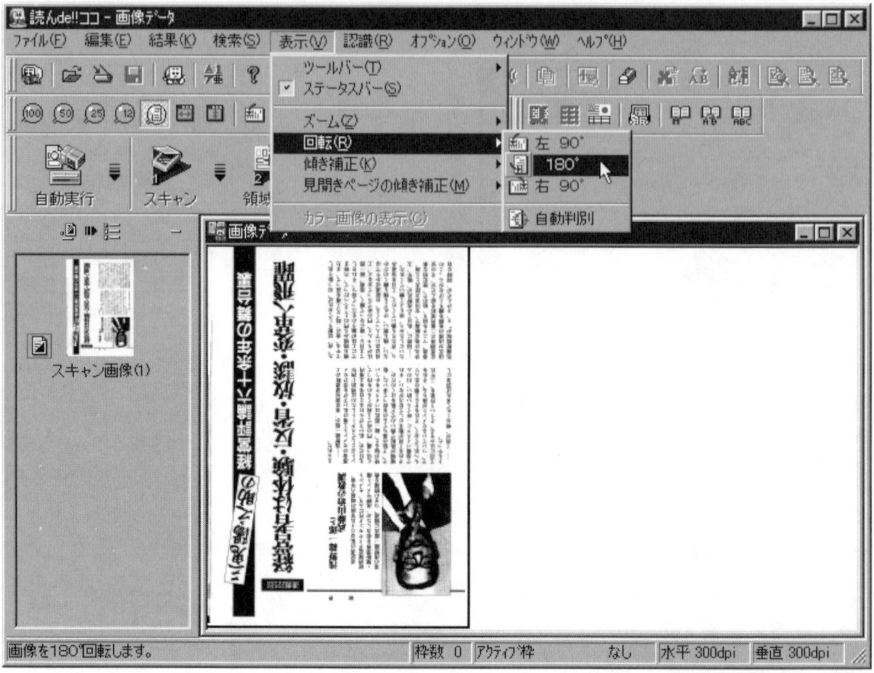

スキャナのセットの仕方によっては、このように画像が上下逆になってしまいます。ここで、正しく修正をしてみましょう。メニューの「表示」から「回転」にマウスを合わせて現れるメニューから「180度」を選択すればOKです。

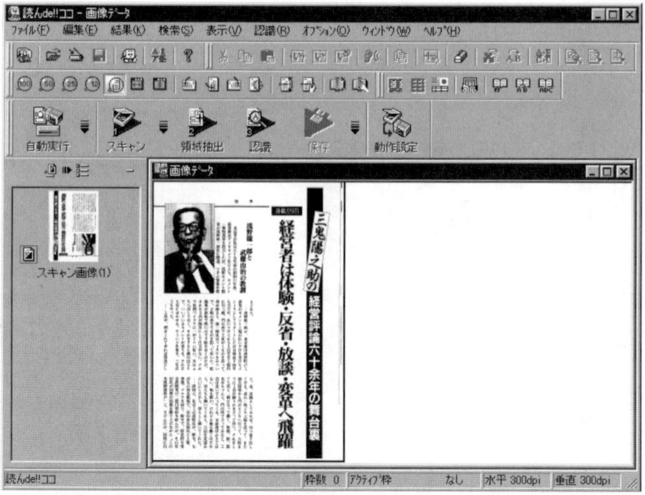

上下が正しく修正されました。もし、画像が斜めに曲がって見えるようでしたら、先ほどと同じ「表示」メニューから「傾き補正」を選択してみましょう。ソフトが自動的に傾きを直してくれます。

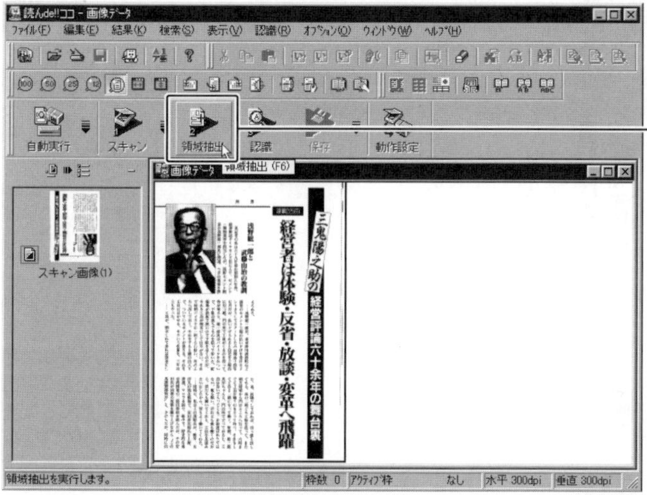

クリック

文字認識をするための領域を指定します。上部の大きなツールボタンに「領域抽出」がありますので、これをクリックします。

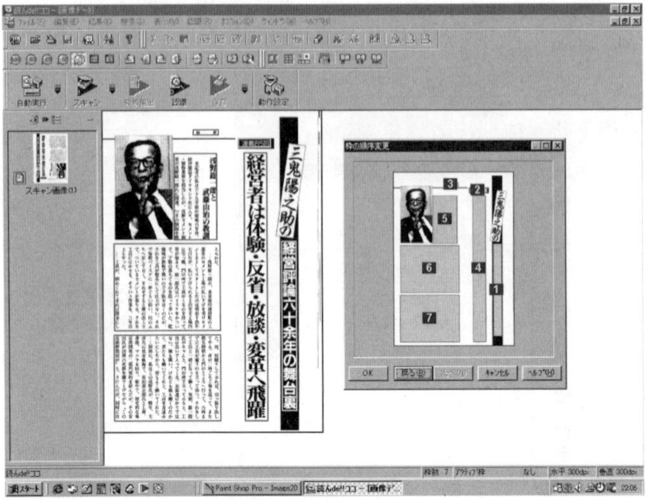

文字認識をする領域が自動的に色の枠線で囲まれました。ただ、大きさや書体が違う文字が複数あるレイアウトのものはすべて正しく指定されるとは限りません。間違った指定がある場合は、枠線をクリックし、ドラッグしながら、文字をすべて囲むように指定し直します。また、同時に任意の枠線を右クリックしたメニューで「枠の順序変更」を選んで画面を表示し、文字認識する順番を確認します。

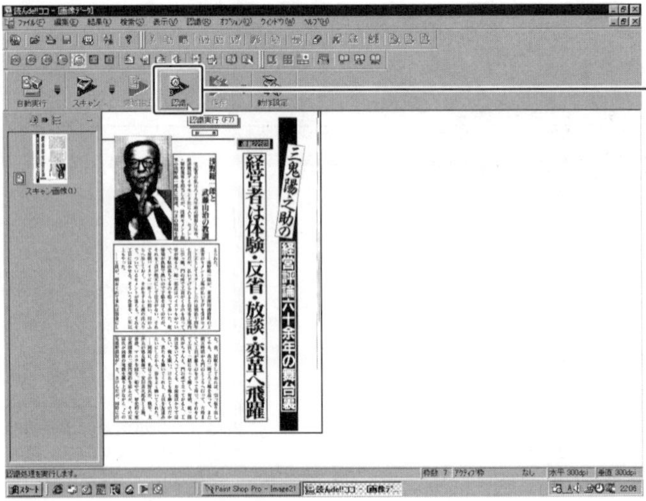

文字部分が正しく枠線で囲われたら、いよいよ文字認識をします。これも、大きなツールボタンの「認識」をクリックするだけで開始されます。

文字認識の結果と誤認識の修正

最近のOCRソフトは、文字認識率が高く大変優秀なのですが、やはり文字の書体や大きさ、スキャンされた画像の状態などの要因で認識を誤ってしまうものがあります。誤認識された文字でも、「読んde!!ココ」がより簡単に修正できるように手助けをしてくれます。

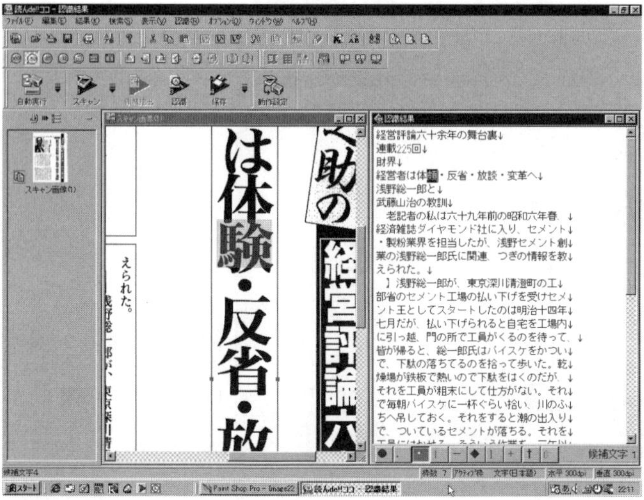

読んde!!ココ - 認識結果
自動実行
スキャン
認識
保存
動作設定
スキャン画像(1)
認識結果
経営評論六十余年の舞台裏↓
連載225回↓
財界↓
浅野総一郎と↓
武藤山治の教訓↓
老記者の私は六十九年前の昭和六年春、↓
経済雑誌ダイヤモンド社に入り、セメント↓
・製粉業界を担当したが、浅野セメント創↓
業の浅野総一郎氏に関連、つぎの情報を教↓
えられた。↓
】浅野総一郎が、東京深川清澄町の工↓
部省のセメント工場の払い下げを受けセメ↓
ント王としてスタートしたのは明治十四年↓
七月だが、払い下げられると自宅を工場内↓
に引っ越、門の所で工員がくるのを待って、↓
皆が帰ると、総一郎氏はバイスケをかつい↓
で、下駄の落ちてるのを拾って歩いた。乾↓
燥場が鉄板で熱いので下駄をはくのだが、↓
それを工員が粗末にして仕方がない。それ↓
で毎朝バイスケに一杯ぐらい拾い、川のふ↓
ちへ吊しておく。それをすると潮の出入り↓
で、ついているセメントが落ちる。それを↓
候補文字 1
候補文字4

文字認識が終わると、プレビュー画面がふたつに分かれ、右に認識結果（＝テキスト）が表示されます。ざっと目を通して、間違っていそうな文字にマウスを合わせると、プレビュー画面では、その元の文字を拡大して見ることができます。

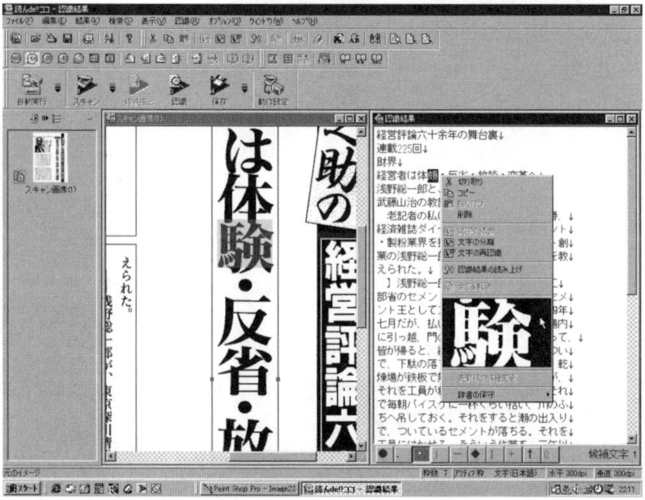

読んde!!ココ - 認識結果
切り取り
コピー
削除
文字の分離
文字の再認識
認識結果の読み上げ
辞書の保守
候補文字 1
元のイメージ

「験」の字が明らかに間違っていますので、これを修正してみます。間違っている文字を選択しておいてから、右クリックするとメニューが現れます。そこで「文字の再認識」をクリックします。するとソフトがもう一度認識し直します。

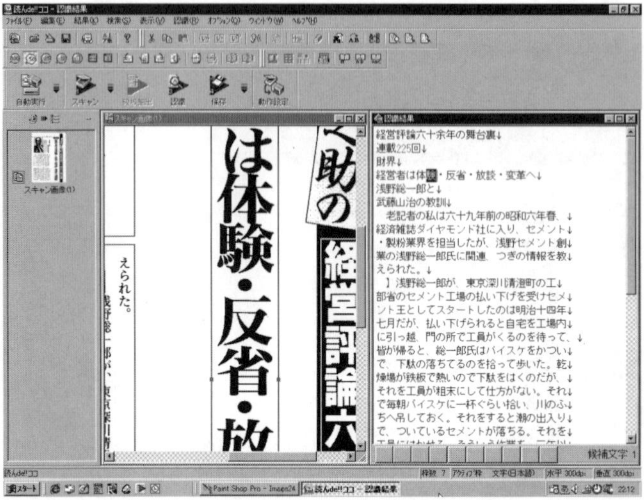

読んde!!ココ - 認識結果
認識結果
経営評論六十余年の舞台裏↓
連載225回↓
財界↓
経営者は体験・反省・放談・変革へ↓
浅野総一郎と↓
武藤山治の教訓↓
老記者の私は六十九年前の昭和六年春、↓
経済雑誌ダイヤモンド社に入り、セメント↓
・製粉業界を担当したが、浅野セメント創↓
業の浅野総一郎氏に関連、つぎの情報を教↓
えられた。↓
候補文字 1

再認識でも正しい文字にならなかった場合は、ワープロの文字入力の容量で、間違った文字を消し、正しい文字を入力してください。

読み上げ中
夜の二時ごろ工場を巡って、また朝五時頃から門のところへ行って、六時までに工員が揃うのを立って待つ。
中止
停止

文字認識をした原稿が長文の場合は、どこが間違っているのかなかなか判別がつかないものです。そう言った場合、「読んde!!ココ」の読み上げ機能を使うと便利です。読み上げる音声の種類や速さは、「ファイル」メニューから「オプション」→「環境設定」を選択し、「読み上げ」のタブで設定の変更ができます。

認識した結果を有効利用する

OCRソフトで文字認識をした結果は、「メモ帳」やワープロソフトの「ワード」などへ転送して保存します。例えばワードへ認識結果を転送すると、紙と同様のレイアウトに整えて保存することもできます。

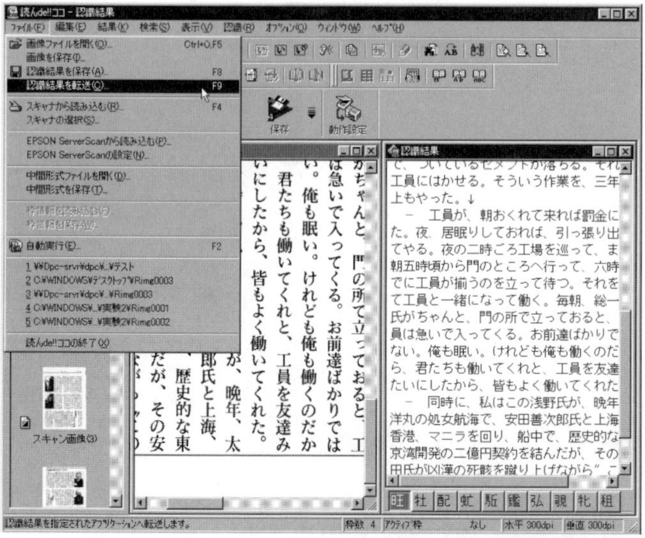

認識結果が正しく整えられたら、まずワープロソフトの「ワード」へ転送してみましょう。「ファイル」メニューから「認識結果を転送」を選択します。

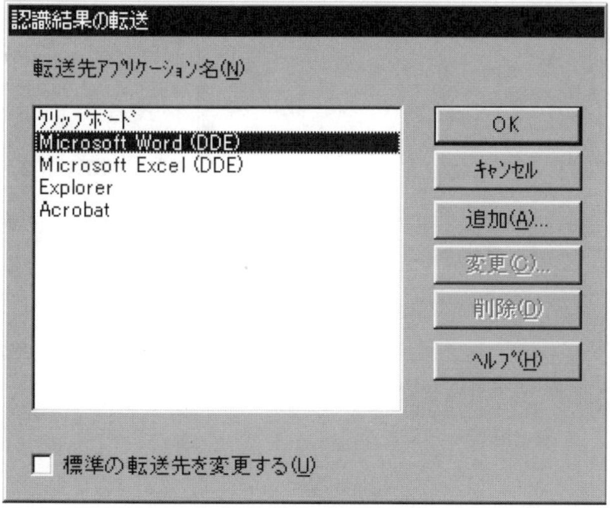

「認識結果を転送」の画面が開きます。「Microsoft Word (DDE)」をクリックして、「OK」を押します。

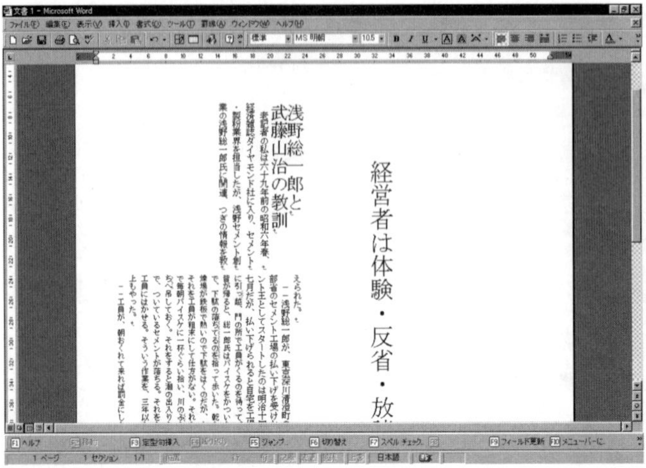
文書 1 - Microsoft Word
経営者は体験・反省・放
浅野総一郎と
武藤山治の教訓

紙のレイアウトと同様の位置に文字が貼り付けられました。文字の書体や大きさも原稿とほぼ同じように揃えられます。このあと、文字を書き換えたり、書体や色などを変更するのも自由自在です。

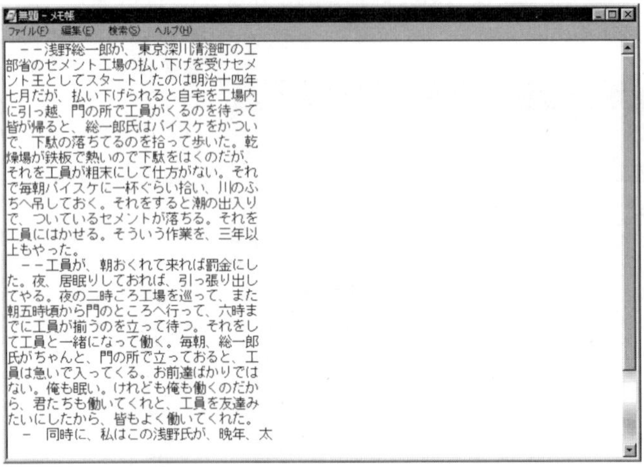
無題 - メモ帳
ファイル(F) 編集(E) 検索(S) ヘルプ(H)
――浅野総一郎が、東京深川清澄町の工
部省のセメント工場の払い下げを受けセメ
ント王としてスタートしたのは明治十四年
七月だが、払い下げられると自宅を工場内
に引っ越、門の所で工員がくるのを待って
皆が帰ると、総一郎氏はバイスケをかつい
で、下駄の落ちてるのを拾って歩いた。乾
燥場が鉄板で熱いので下駄をはくのだが、
それを工員が粗末にして仕方がない。それ
で毎朝バイスケに一杯ぐらい拾い、川のふ
ちへ吊しておく。それをすると潮の出入り
で、ついているセメントが落ちる。それを
工員にはかせる。そういう作業を、三年以
上もやった。
――工員が、朝おくれて来れば罰金にし
た。夜、居眠りしておれば、引っ張り出し
てやる。夜の二時ごろ工場を巡って、また
朝五時頃から門のところへ行って、六時ま
でに工員が揃うのを立って待つ。それをし
て工員と一緒になって働く。毎朝、総一郎
氏がちゃんと、門の所で立っておると、工
員は急いで入ってくる。お前達ばかりでは
ない。俺も眠い。けれども俺も働くのだか
ら、君たちも働いてくれと、工員を友達み
たいにしたから、皆もよく働いてくれた。
― 同時に、私はこの浅野氏が、晩年、太

認識結果のテキスト（=文字）だけを、他のソフトで保存することもできます。その場合は、「ファイル」メニューから「認識結果を保存」を選択します。保存形式と保存場所を指定する画面がでますので、適当なファイル名を入力したあと、「*.txt」を選択して「保存」を押してください。左の画面は保存されたファイルを「メモ帳」で開いたところです。

写真も認識して、イメージどおりのデジタルデータにする

先ほど「ワード」へ転送した認識結果では文字の部分だけを原稿のレイアウトどおりに再現しました。ここでは、さらに画像も「読んde!!ココ」で認識し、原稿に忠実なデジタルデータにしてみましょう。ただし、画像を含む場合は、データサイズがかなり大きくなり、処理時間も長くかかる場合がありますので注意が必要です。

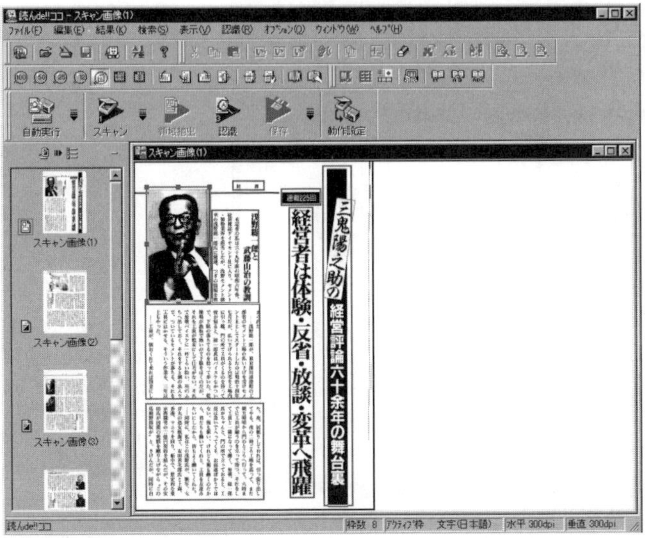

「読んde!!ココ」で原稿をスキャナで取り込み、文字だけでなく写真部分にも領域を設定します。

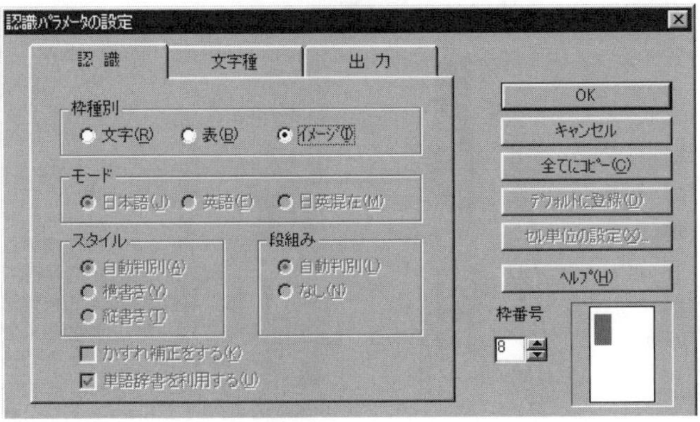

写真の領域を一度クリックし、右クリックをして出たメニューで「認識パラメーターの設定」を開きます。ここの「認識」のタブの「枠種別」を「イメージ」に設定して、「OK」を押します。

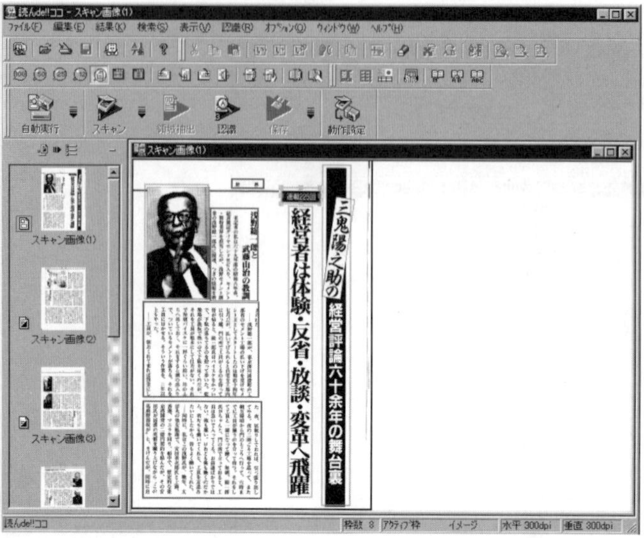

イメージとして取り込むものは、写真の他にも、文字認識しにくい飾り文字や、大きなタイトルなどです。これらもイメージにしておけば確実に、原稿通りの再現ができます。

「ワード」で写真を含めた認識結果を転送した画面です。写真は原稿ほどに鮮明に写し出すことはできませんが、これはソフト側の処理の問題でもありますので、スキャナの取り込み時に解像度を400dpiにあげても無理なところです。

スキャナで取り込んだ画像の保存

「読んde!!ココ」では、スキャナで取り込んだ画像を保存しないまま終了してしまうと、再度起動したときには、画像は消えてしまいます。特に、文字認識の作業を行っていないものは、画像データとしてパソコンへ保存する必要があります。

保存されていない画像は「スキャン画像…」と仮のファイル名が付けられています。左のウィンドウでサムネイルを選択してから、「ファイル」メニューから「画像を保存」を選択します。

保存の方法を選択する画面が現れたら、ファイル名を入力し、適当なフォルダへ保存先を選択して「保存」をしましょう。保存された画像は「TIFF」という形式で保存されています。再度、「読んde!!ココ」で作業するときは、この画像を呼び出せばいいわけです。

イメージ オフィスで大量の画像ファイルを管理する

「イメージオフィス(Image OFFICE)」は、パソコンで大量の画像を管理するためのファイリング専用ソフトです。このソフトの基本機能をご紹介しましょう。まず、大量の紙資料を整理したいときには、それが同じような種類(サイズとか、色数とか)であれば、「自動登録」という機能が便利です。これは、ボタンひとつで次々とスキャナで取り込むことができるものです。取り込まれた画像は、独自の圧縮技術でファイルサイズを小さくして保存します。このため、大量の画像でもハードディスクへの負担を軽くすることができるわけです。

また、画像整理の仕方にも特徴があります。一般的には、数十ページに渡る書類を画像にしたとき、同数の数十枚もの画像ファイルができることになりますが、イメージオフィスを使えば、一枚のファイルとして画像を結合する機能があります。その画像ファイルを表示するときには、あたかもページをめくるように見ることができて大変便利です。また、画像ひとつひとつにキーワードを付与しておけば、必要なときに素早く検索して見つけだすことができます。さらに、資料となる画像の大切な部分に色を付けたり、塗りつぶしたり、スタンプを付けることや、文字を入力することもできます。画像ファイルの移動やコピーもフォルダの階層構造がわかるエクスプローラーが常に表示されていますので、とても簡単に行えます。

もちろん、OCR機能もありますので、必要なときに文字認識してテキストに変換することができるほか、認識結果を「読んde!!ココ」のように、ワードやエクセルなどのソフトへ転送して活用することも可能です。また、同社製の翻訳ソフト「アトラス(ATLAS)」があれば、文字認識をしながら、日本語を英語へ、英語を日本語へ直接翻訳をすることができて便利です。

イメージ オフィスV.4.0
●富士通ミドルウェア●価格:3万5000円
●http://www.fmw.co.jp/

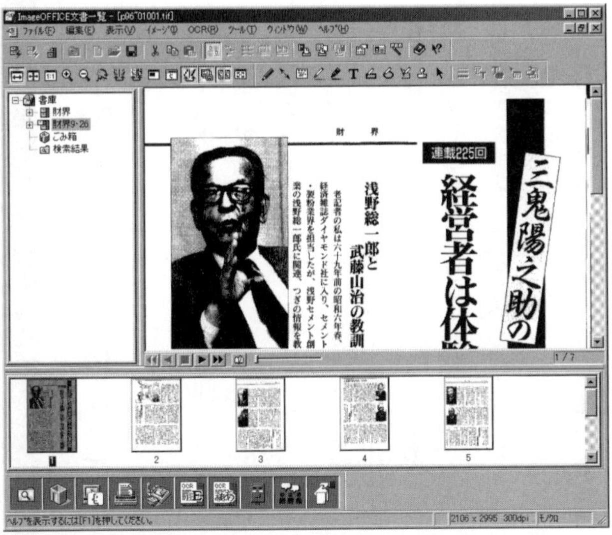

数ページにもわたる画像データを一枚の画像ファイルとして管理できます。表示するときには、プレビュー画面の◀▶ボタンで次ページなどへ移動したり、下のサムネイルウィンドウで目的のページを選択するなど自由度が高くなっています。

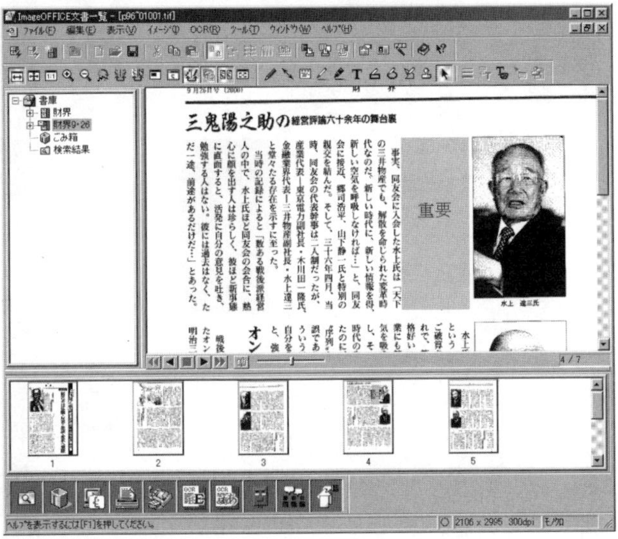

重要な箇所には、色でマーキングをしたり、塗りつぶして部外秘の部分を作るなどの操作が簡単にできます。また、文字入力もできるので、例えば原稿の校正もこれで行えます。

エクセル(Excel)で住所録を作成する

住所録はビジネス上の人脈を管理する意味でも、最も重要なパーソナル・アイテムです。パソコンを使う上でも頻繁に見る機会が多いことでしょう。それでは、住所録をどのソフトで作成しておくといいのでしょうか。

パソコンのソフトには、メールソフトやハガキ作成ソフトなど、住所録を管理できるものが多数あります。ただし、これらのソフトの場合、あらゆる端末（パソコンやモバイル機器など）で表示するための互換性（どこでも見ることができる）が低いものが多いのも現実です。

例えば、パソコンで管理している自分の住所録をモバイルの小型端末にデータ転送できなければ、モバイル側では一から作成しなおさなければなりません。そこでおすすめしたいのが、マイクロソフトの表計算ソフト「エクセル（Exel）」です。エクセルは、単純な集計から高度な計算までこなすビジネスで最も役立つツール。本来的には住所録ソフトとは言えないのですが、エクセルの基本機能である表作成を使えば、簡単に作成できることも事実です。それに、エクセルで保存できるCSVというファイル形式は、汎用性が高く、ほとんどのモバイル機器はもちろん、他の住所録機能を持ったソフトへ作成したデータを転送することができます。これがエクセルで住所録を作成しておく最大の強みなのです。また、住所録というものは、個人個人で記入したい項目が違ってくるものですが、エクセルではそういった項目の増減の操作も手軽に行うことができます。

エクセルでは、何十万件ものアドレスを管理することができます。五十音順など必要に応じての「並べ替え」や「検索」もお手のもの。すぐに目的のアドレスを探し出すことができます。

それではまず、簡単な住所録の作成方法から解説していきます。そして、自分がビジネスでもパーソナルでも使いやすい住所録を作ってみてください。

住所録の基本的な作り方

表計算ソフトとはいえ、エクセルは文字の入力もワープロソフトのように楽にできます。ただ、エクセルの場合、マス目に区切られた「セル」という領域が基本になっています。そこで入力方法も独自なものがありますので早めに慣れてしまいましょう。

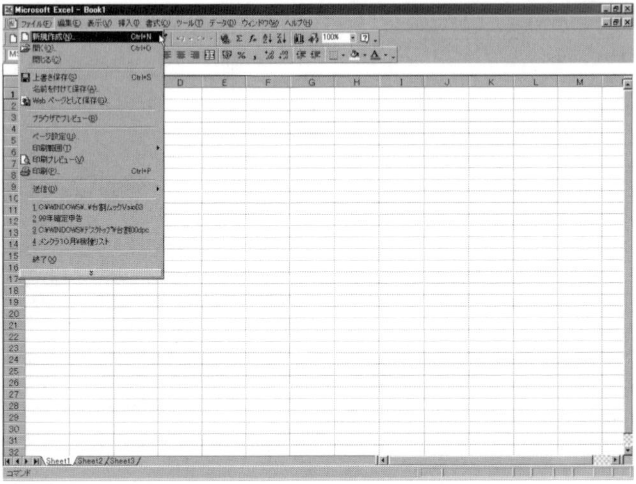

エクセルを起動すると、何も入力されていない「Book1」が開きます。「ファイル」メニューから「新規作成」を選択します。

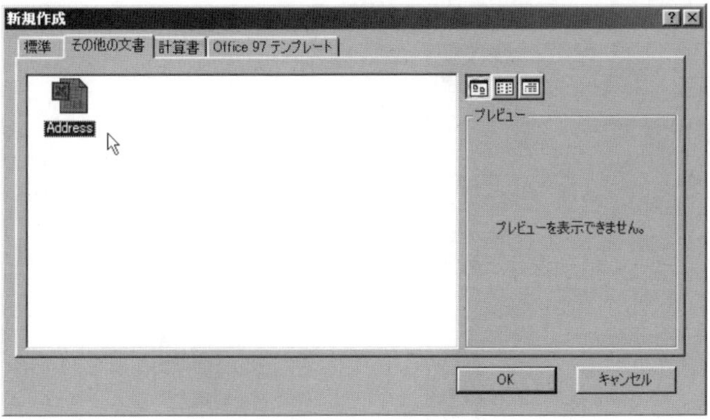

「新規作成」のウィンドウが開きます。これは、エクセルで使えるテンプレート（ひな形）を選択する画面です。作業の手間を省くために住所録のテンプレートを使ってみましょう。「その他の文書」のタブを選び、「Address.xls」というファイルをクリックして開きます。

※テンプレートとは文書のひな型のことです。よく利用する文書をテンプレートとして保存すると、必要なときに必要な箇所だけを書き直して利用することができます。

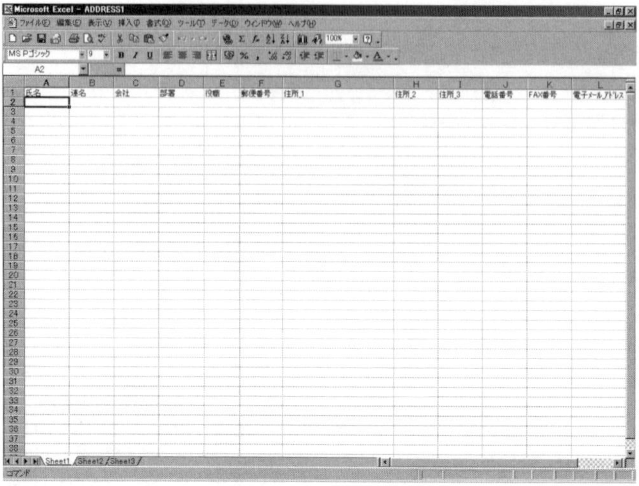

住所録のテンプレートが開きました。縦の「1」の行に入力する項目が書かれています。(1、2、3……の縦の数字ラインを行といい、A、B、C……の横に並んだ英字のラインを列といいます)

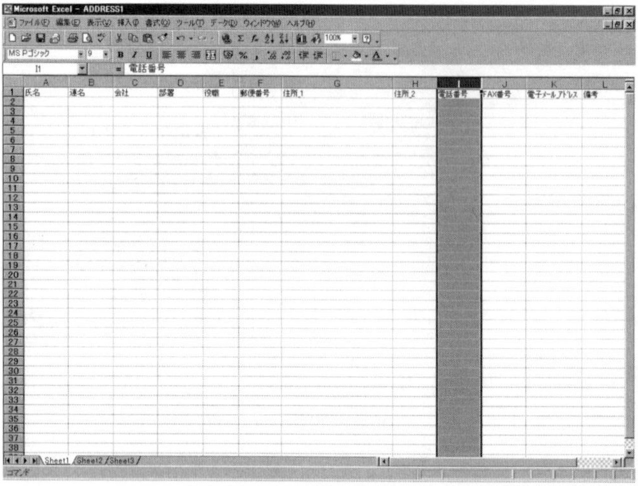

テンプレートの項目の中には、不要なものもあるでしょう。そこで、不要な項目を削除します。ここでは、「住所3」の項目を消します。まず、「住所3」のある「I」をクリックして、Iの列を選択します。そして、「編集」メニューから「削除」を選択すればOKです。図のように、Iの列には「電話番号」がきました。

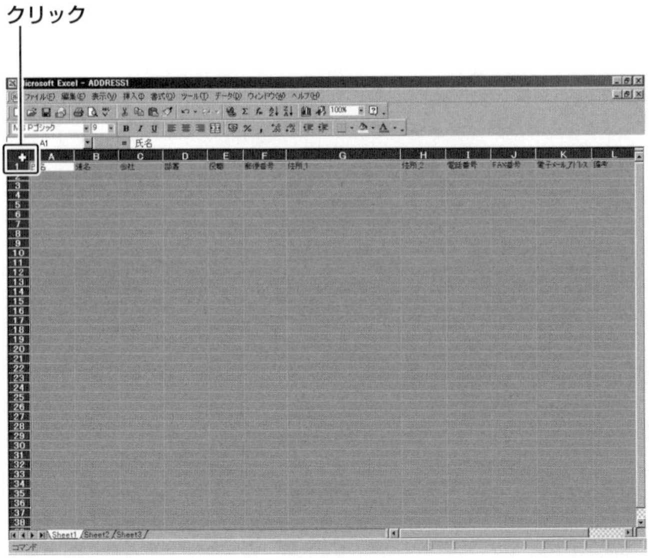

表示されている文字の大きさが小さいのが気になります。全体的に文字の大きさを整えるために。エクセルの表画面の左上の隅をクリックして、画面全体を選択します。

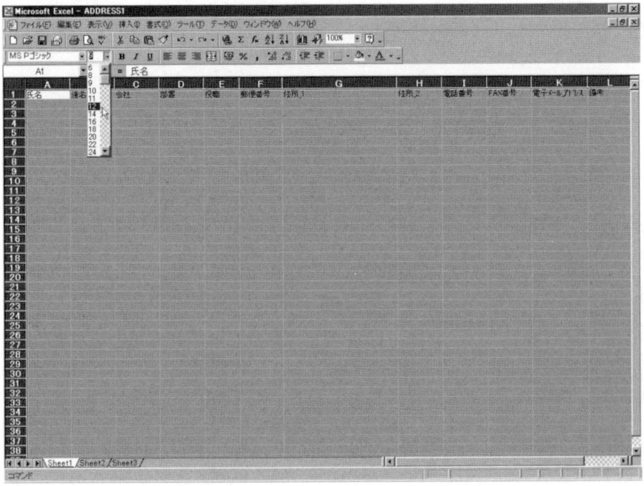

図にあるように、文字の書体が表示されている横が、文字の大きさを決めるメニューバーになっています。数字の横の▼をクリックして、プルダウンメニューが表示されたところで、適当な大きさを選びます。

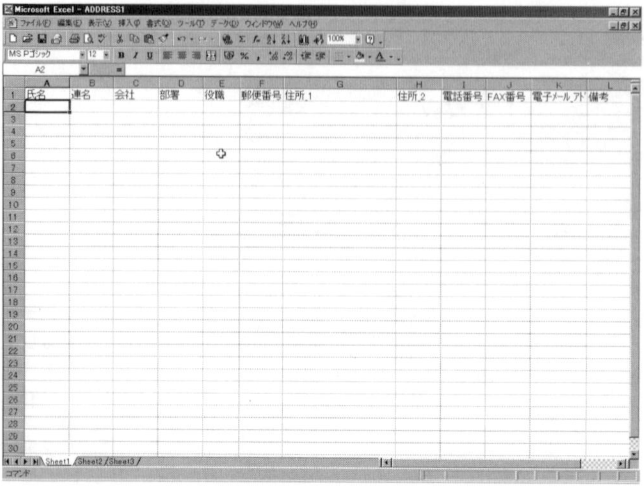

項目の文字が「12」の大きさになりました。以下、入力される文字も同じ大きさに揃います。

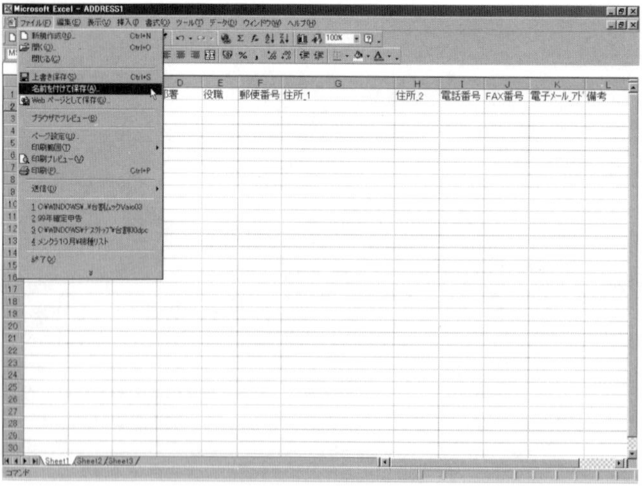

本格的な入力をする前に、ここまでの作業状態を保存しておきましょう。「ファイル」メニューから「名前を付けて保存」を選択します。

「名前を付けて保存」のダイアログが現れます。「ファイル名」にわかりやすい名前を付けます。「ファイルの種類」は「Microsoft Excelブック」のままにして、「保存」をクリックします。

まず、「1」の行の「A」の列をクリックして入力をはじめます。氏名はあとでデータを整理しやすいように、「姓」と「名」の間は半角開けておきます。終わったら、「Tab」キーで横に移動します。変換後に「Enter（改行）」キーを押すと、下の「2」の「A」に移動してしまいます。また、文字の訂正をするときは、セルではなく、画面上部の「入力エリア」で行います。

ダブルクリック

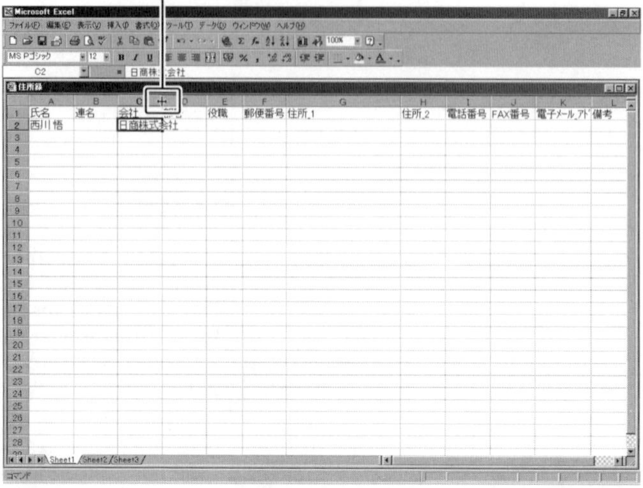

入力の途中で、セルをはみ出してしまうものがある場合は、以下の手順で揃えます。たとえば、図のように2のCがはみ出していた場合、「C」と「D」の間にカーソルを合わせ、ダブルクリックします。

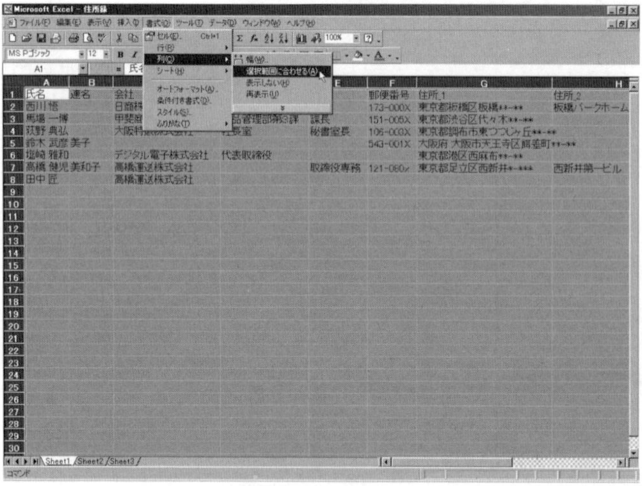

また、全体的にはみ出しを揃えたいときは、表の左上の隅をクリックして全体を選択した上で、「書式」メニューから「列」→「選択範囲を合わせる」を選択します。すると、列のもっとも長いデータに合わせて、幅が調節されます。

住所録の表が横長のため、画面を右に移動すると氏名が隠れてしまい入力しづらくなります。そこで、氏名が常に見えるように、ウィンドウを適当なところで固定します。ここでは、会社と部署の間に固定するための区切りを入れます。Dの部分をクリックして、Dの列を選択し、「ウィンドウ」メニューから「ウィンドウ枠を固定」をクリックします。

これで、ウィンドウを右へ移動しても、氏名から会社の項目は表示されたままになります。

入力する項目が決まっているものなら、「フォーム」を使うと楽です。1の行の、Aの列、氏名のところを一度クリックしてから、メニューの「データ」を選択し、「フォーム」をクリックします。

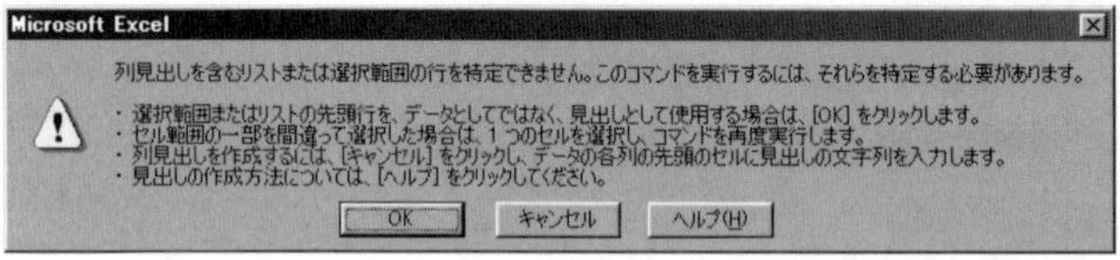

「列見出しを含むまたは……」と書かれた警告ウィンドウがひょうじされますが、「OK」をクリックします。

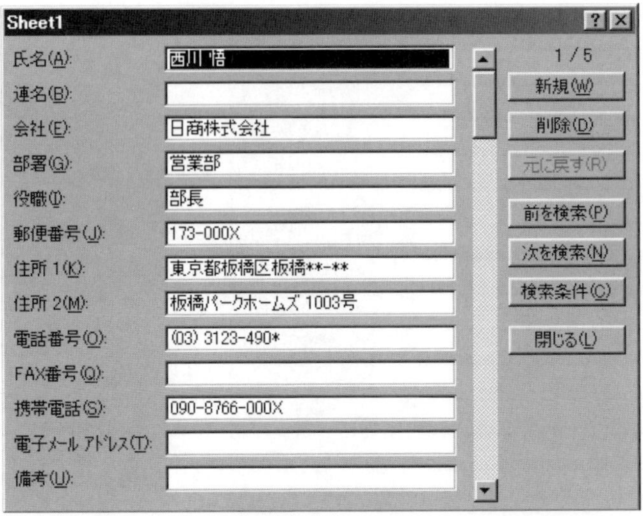

一番目に入力したアドレスが表示されました。新しく入力をするには、右に並んだボタンから「新規」をクリックします。

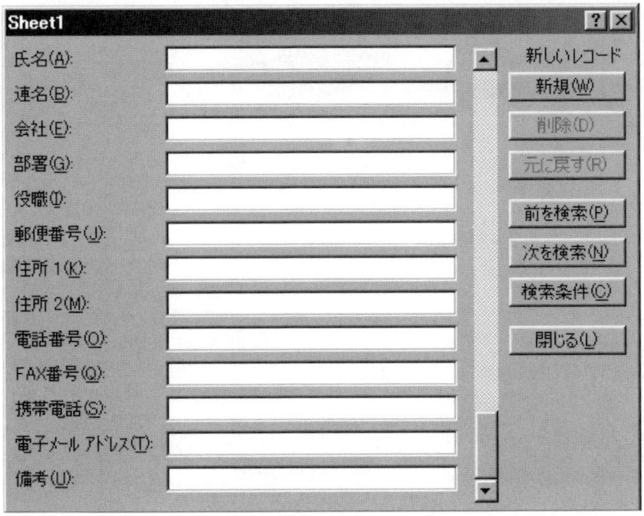

何も入力されていないウィンドウが表示されます。入力方法はセルの場合と同じです。項目間を移動するときには、「Tab」キーを押します。変換確定後に「Enter（改行）」キーを押すと、フォームが終了してしまいますので注意してください。

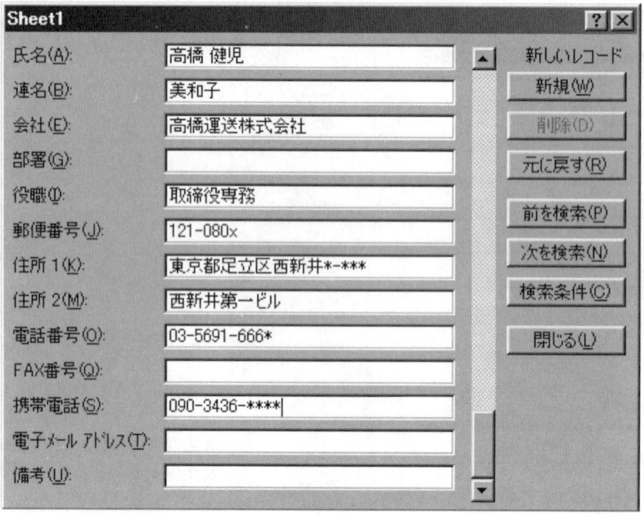

ひとり分のアドレスの入力を終え、次のアドレスを入力したいときは、もう一度「新規」ではじめます。フォームを終了するときは、「閉じる」をクリックします。

フォームで入力した状態が、きちんと加えられていることがわかります。作業中はこまめに、「ファイル」メニューから「上書き保存」か、キーボードで「Ctrl」キー＋「S」キーを押し、作業状態を保存しておくようにしましょう。

エクセルのオートコンプリート機能を使えば、同じ列に入力した項目を他のセルで使う場合には便利です。たとえば、「た」と入力すると、以前に入力した「た」ではじまる「高橋…」などが現れて入力する手間を省いてくれます。

また、キーボードで「Alt」キー＋「↓」キーを押すと、図のように以前に入力した項目がプルダウンメニューで表示されますから、目的のものがあったら矢印キーで選択して「Enter」キーを押します。

あとで、「検索」や「並べ替え」がしやすいように、氏名にフリガナを付けておきましょう。そのために、項目を追加します。「連名」の列、「B」のところを選択した上で、「挿入」メニューから「列」を選択します。

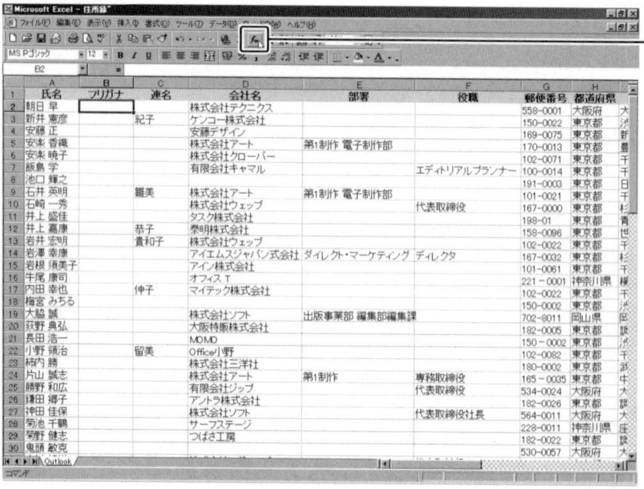

B列の「1」にフリガナと入力します。その下、B列の「2」を選択し、メニューバーの下、ツールアイコンの「fx（＝関数の貼り付け）」ボタンを押します。

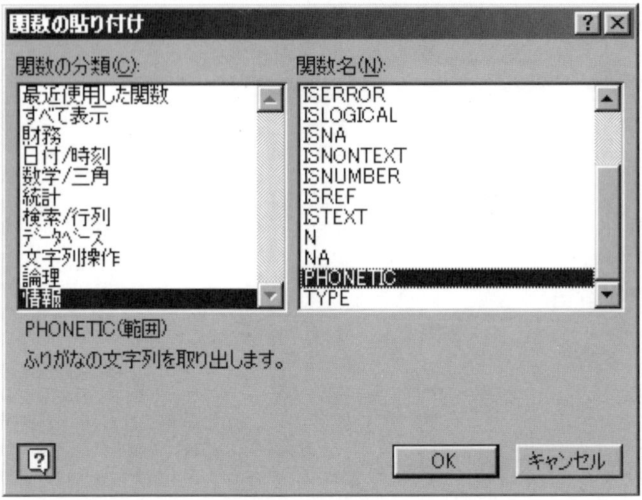

「関数の貼り付け」の画面が現れたら、「関数の分類」は「情報」にして、「関数名」は「PHONETIC」を選択して、「OK」をクリックします。

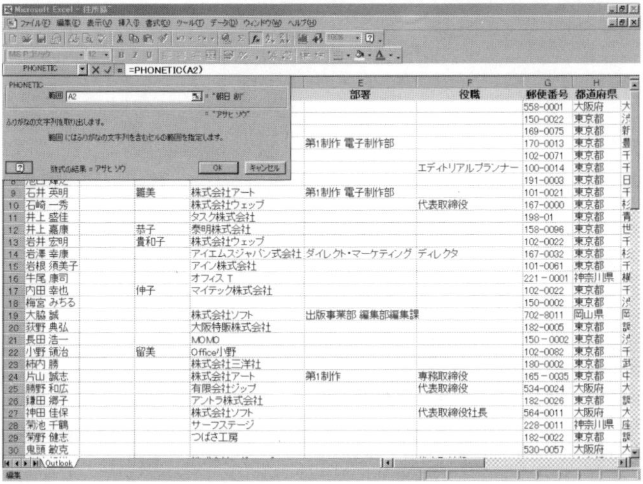

「PHONETIC」は参照するセルの漢字の読みを表示する関数です。ここで、参照するセルを指定します。「範囲」のところに「A2」と入力します。すると、「=朝日 創」の下に「=アサヒ ソウ」と表示されるのがわかります。よければ、「OK」をクリックします。

フリガナの関数を列全体にコピーします。B2のセルの右下にマウスポインタを合わせ、左ボタンを押したまま下へドラッグします。

特殊な読みをするものなどは、間違っている場合があるので、一通りチェックして、間違い箇所を直しておきましょう。

データの「並べ替え」と「検索」

住所録のデータは入力した順に並んでいます、これを使いやすいように並べ替えてみましょう。また、目的のデータを素早く探し出す検索の方法も覚えておきましょう。エクセルには、簡単な操作で検索ができる「オートフィルタ」という機能もあるので合わせて紹介します。

	A	B	C	D	E	F	G
1	氏名	フリガナ	連名	会社名	部署	役職	郵便番号
2	土井 徹	ドイトオル					206-0812
3	牛尾 康司	ウシオ コウジ		オフィスＴ			221－0001
4	伏島 聖一	フシジマ セイイチ					230-0074
5	大脇 誠	オオワキ マコト		株式会社ソフト	出版事業部 編集部編集課		702-8011
6	五代 健太郎	ゴダイ ケンタロウ					247-0072
7	後藤 百合子	ゴトウ ユリコ		三信有限会社			105-0003
8	高橋 武文	タカハシ タケフミ					105-0003
9	中田 稔	ナカダ ミノル		アート企画	企画部		105-0003
10	塩崎 雅和	シオザキ マサカズ		デジタル電子株式会社			106-0031
11	堤 典	ツツミ テン		株式会社宝社	ネットワーク局		107-0052
12	牧野 敏明	マキノトシアキ					107-0062
13	菊池 千鶴	キクチ チズル		サーフステージ			228-0011
14	瀬戸嶋 覚	セトシマ サトル					181-0012
15	新井 憲彦	アライ ノリヒコ	紀子	ケンコー株式会社			150-0022
16	藤野 省吾	フジノ ショウゴ		協和株式会社			150-0022
17	山本 美穂	ヤマモト ミホ		株式会社遊び塾	営業本部	第一営業部 部長	150-0022
18	小泉 豊	コイズミ ユタカ		有限会社テクニカルスタッフ			151-0073
19	梅宮 みちる	ウメミヤ ミチル					150-0002
20	長田 浩一	オサダ コウイチ		MOMO			150－0002
21	馬場 一博	ババ カズヒロ		甲斐商事株式会社			151-0053
22	松島 敏郎	マツシマ トシアキ		有限会社スタジオメッド			359-1143
23	安藤 正	アンドウ タダシ		安藤デザイン			169-0075
24	中島 健二	ナカジマ ケンジ		ダイヤモンド株式会社	総務部		167-0051
25	須藤 千税	スドウ チハル		有限会社ジェイト			168-0081
26	岩澤 幸康	イシザワ ユキヤス		アイエムスジャパン式会社	ダイレクト・マーケティング	ディレクタ	167-0032
27	中村 理央	ナカムラ リオ		株式会社エイ・ビー		代表取締役	167-0053
28	福田 博美	フクダ ヒロミ		NEURON			167-0042

入力順に並んだデータをフリガナの五十音順に並べ替えてみましょう。

「データ」メニューの「並べ替え」を選択します。

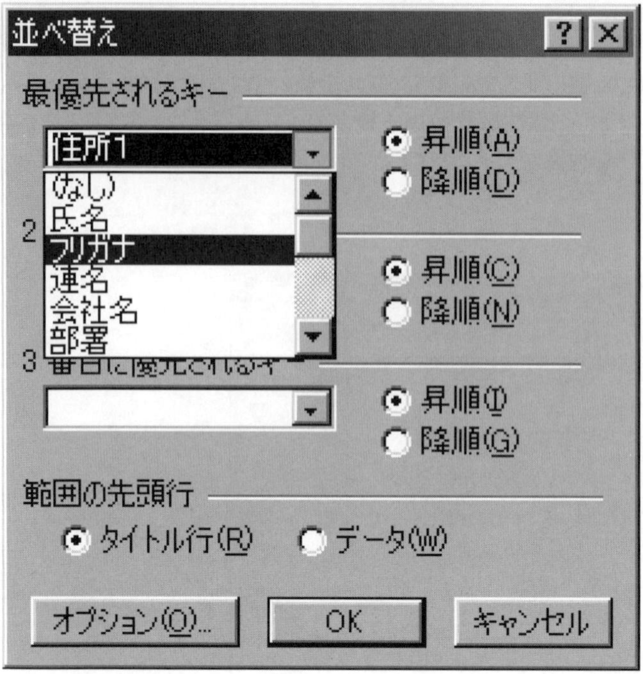

「並べ替え」のウィンドウが開きます。「優先されるキー」の1のところで、▼をクリックすると、プルダウンメニューが表示されます。そこで「フリガナ」を選択します。その右は「昇順」(＝あいうえお順。降順はその逆)のままにして、「OK」をクリックします。

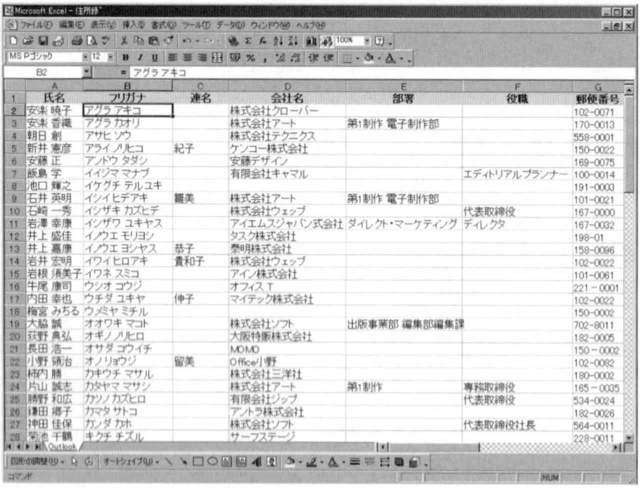

	A	B	C	D	E	F	G
1	氏名	フリガナ	連名	会社名	部署	役職	郵便番号
2	安楽 暁子	アグラ アキコ		株式会社クローバー			102-0071
3	安楽 香織	アグラ カオリ		株式会社アート	第1制作 電子制作部		170-0013
4	朝日 創	アサヒ ソウ		株式会社テクニクス			558-0001
5	新井 憲彦	アライ ノリヒコ	紀子	ケンコー株式会社			150-0022
6	安藤 正	アンドウ タダシ		安藤デザイン			169-0075
7	飯島 学	イイジマ マナブ		有限会社キャマル		エディトリアルプランナー	100-0014
8	池口 輝之	イケグチ テルユキ					191-0003
9	石井 英明	イシイ ヒデアキ	雛美	株式会社アート	第1制作 電子制作部		101-0021
10	石崎 一秀	イシザキ カズヒデ		株式会社ウェッブ		代表取締役	167-0000
11	岩澤 幸康	イシザワ ユキヤス		アイエムスジャパン式会社	ダイレクト・マーケティング	ディレクタ	167-0032
12	井上 盛佳	イノウエ モリヨシ		タスク株式会社			198-01
13	井上 嘉康	イノウエ ヨシヤス	恭子	泰明株式会社			158-0096
14	岩井 宏明	イワイ ヒロアキ	貴和子	株式会社ウェッブ			102-0022
15	岩根 須美子	イワネ スミコ		アイン株式会社			101-0061
16	牛尾 康司	ウシオ コウジ		オフィス T			221－0001
17	内田 幸也	ウチダ ユキヤ	伸子	マイテック株式会社			102-0022
18	梅宮 みちる	ウメミヤ ミチル					150-0002
19	大脇 誠	オオワキ マコト		株式会社ソフト	出版事業部 編集部編集課		702-8011
20	荻野 典弘	オギノ ノリヒロ		大阪特販株式会社			182-0005
21	長田 浩一	オサダ コウイチ		MOMO			150－0002
22	小野 領治	オノ リョウジ	留美	Office小野			102-0082
23	柿内 勝	カキウチ マサル		株式会社三洋社			180-0002
24	片山 誠志	カタヤマ マサシ		株式会社アート	第1制作	専務取締役	165－0035
25	勝野 和広	カツノ カズヒロ		有限会社ジップ		代表取締役	534-0024
26	鎌田 郷子	カマタ サトコ		アントラ株式会社			182-0026
27	神田 佳保	カンダ カホ		株式会社ソフト		代表取締役社長	564-0011
28	菊池 千鶴	キクチ チズル		サーフステージ			228-0011

フリガナの五十音順にデータが並び替わりました。

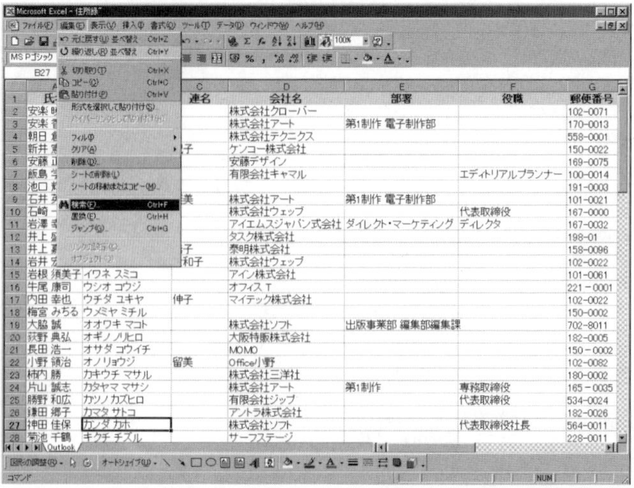

次は「検索」の方法を紹介します。まずは一般的な方法です。「編集」メニューから、「検索」を選択します。

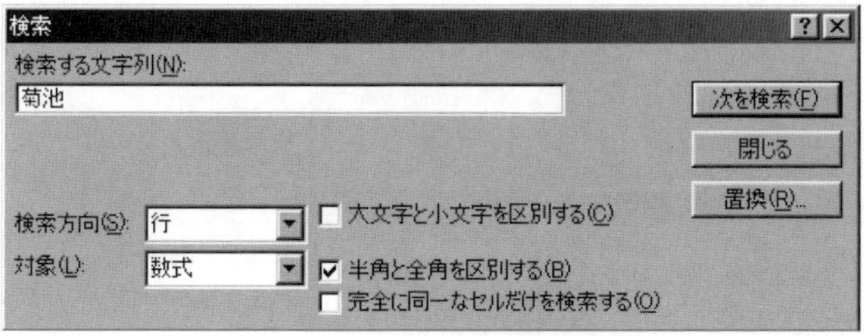

ここでは「菊池」さんを探してみます。「検索する文字列」に「菊池」と入力。「検索方向」を「列」にして、「次を検索」をクリックします。

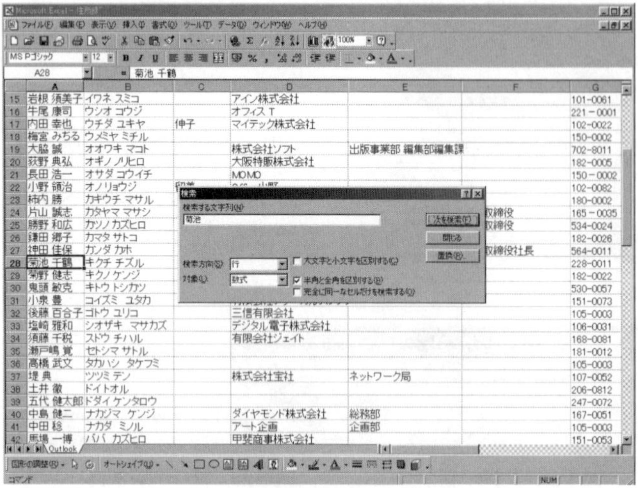

検索結果が黒い線で囲まれ、選択された状態で表示されます。

これは、数字で検索してみた結果です。たとえば、郵便番号や電話番号の一部しか覚えていなくても、エクセルが的確にデータを探し出してくれます。

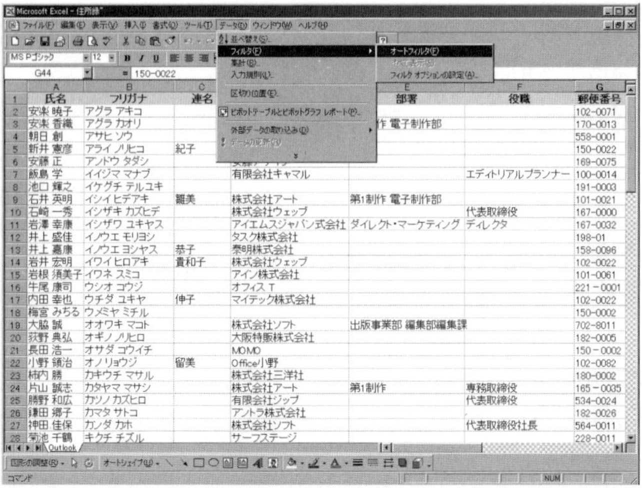

オートフィルタ機能は、項目内の特定のデータが入っているものを抽出して表示させる機能です。まず、「データ」メニューから「フィルタ」→「オートフィルタ」を選択してクリックします。

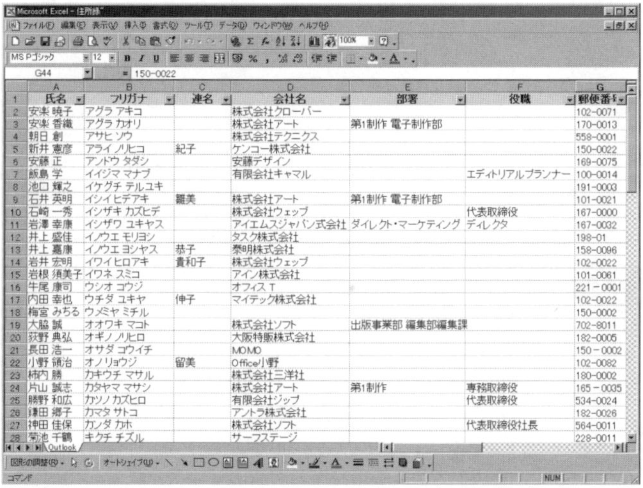

すると、各項目名の右端に▼マークが表示されたのがわかります。

ここでは、「会社名」のところの▼マークをクリックして、プルダウンメニューを表示させます。たとえば、「甲斐商事株式会社」を選択してみましょう。

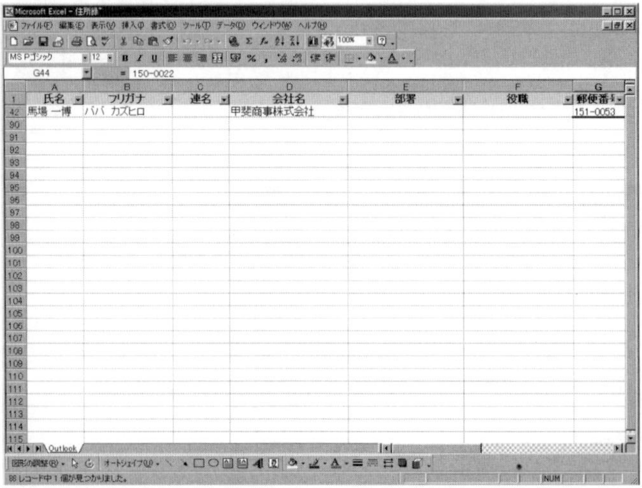

「甲斐商事株式会社」に所属する人物だけが抽出され、表示されました。複数人いる場合は、その数だけ表示されることになります。

アウトルック・エクスプレスからアドレス帳を移す

エクセルでは、他のソフトで作ったアドレス帳をCSVというファイル形式を仲介にして、データを開くことができます。ここでは、メールソフトのアウトルック・エクスプレス(Outlook Express)を使って簡単にその操作を紹介していきます。

アウトルック・エクスプレスを開いた状態で、「ファイル」メニューから「エクスポート」→「アドレス帳」をクリックします。すると「アドレス帳エクスポートツール」が開きます。

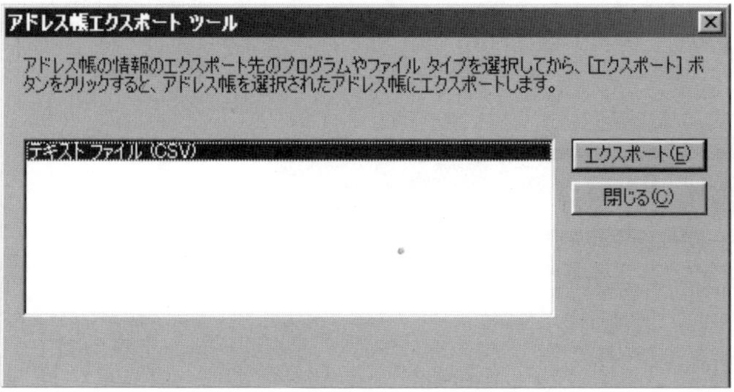

「アドレス帳エクスポートツール」の中央の「ウィンドウでテキストファイル(CSV)」を選択し、「次へ」をクリックして、以下画面の指示に従います。

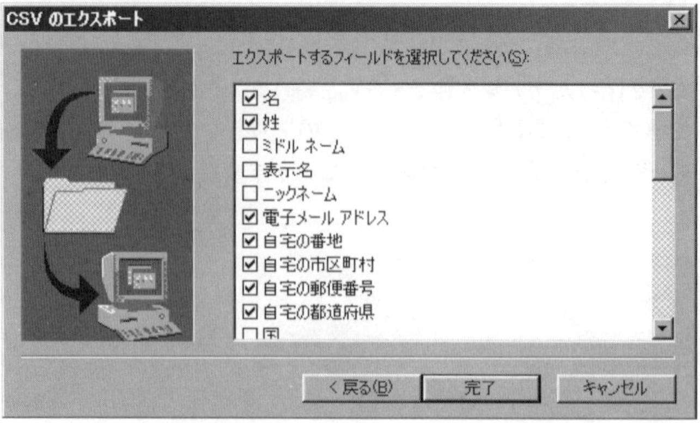

エクスポートするフィールドを選択する画面です。アウトルック・エクスプレスでは、扱う項目が多数ありすぎるので、必要なものだけにチェックを入れて、「完了」をクリックします。

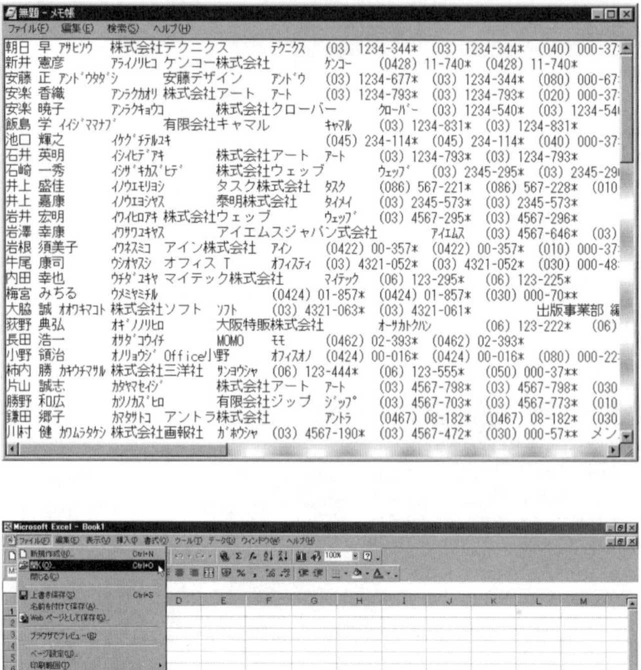

エクスポートされたテキストファイル（CSV）をメモ帳で開いてみたところです。各項目の区切りが「,」（カンマ）になっているところが特徴です。

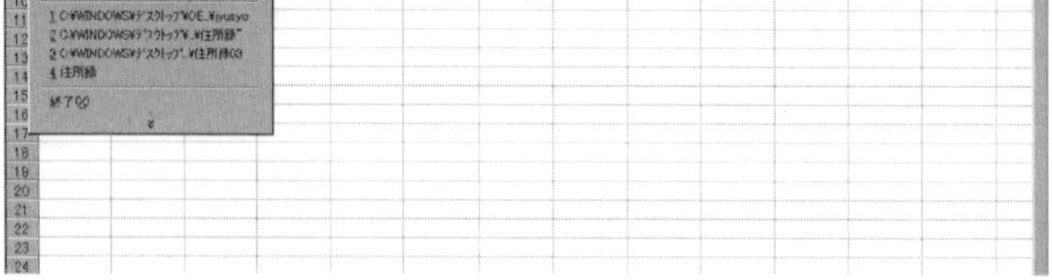

エクセルを開き、「ファイル」メニューから「開く」を選択します。

開くファイルを選択する画面が出ます。先ほど保存しておいたテキストファイル（CSV）を指定して、「開く」をクリックします。

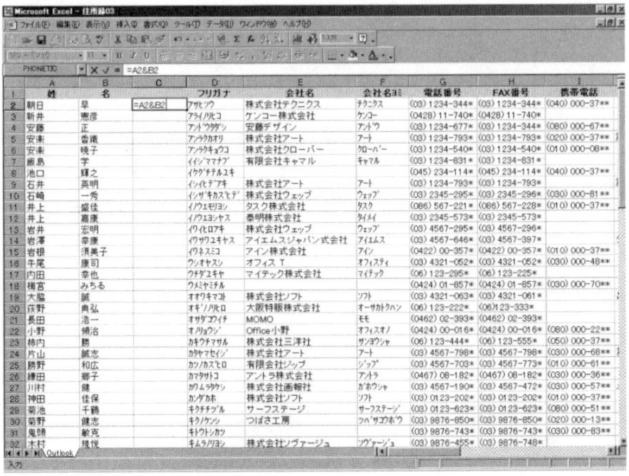

アウトルック・エクスプレスの場合、姓と名が別々のセルで表示されることになります。これだと不便なこともあるので、ここでその修正方法を紹介します。まず、「名」の列を選択し、メニューの「挿入」から「列」をクリックして、ひとつ列を加えます。そして、「2」の行の「C」の列のセルに「＝A2&B2」という関数を入力してください。

姓と名が一緒に表示されます。この関数を、フリガナのときに行った要領で列全体にコピーすれば、全体的に氏名が表示されます。

さて、元の「姓」と「名」の項目が不要になったので、これを消すためにまず「氏名」の列を選択し、右クリックしたメニューで「コピー」を選択します。

その後、同じく「氏名」の列全体を選択した上で、右クリックし、メニューから「形式を選択して貼り付け」を選択します。

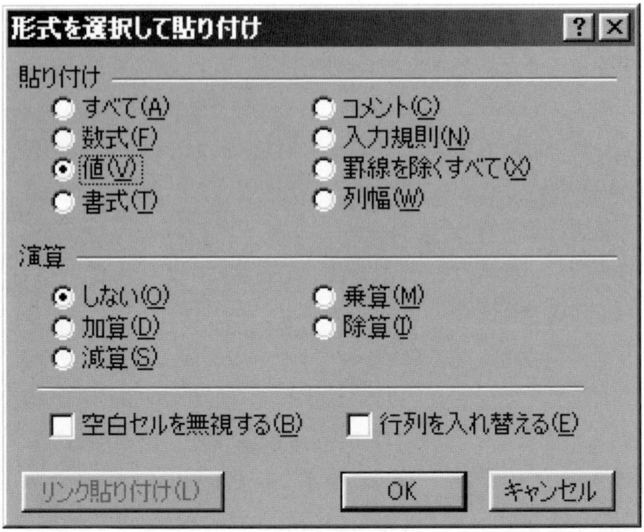

ここで「貼り付け」を「値」、「演算」を「しない」にして、「OK」をクリックします。

	A	B	C	D	E	F	G	H
1	氏名	フリガナ	会社名	会社名ﾖﾐ	電話番号	FAX番号	携帯電話	部署
2	朝日早	ｱｻﾋｿｳ	株式会社テクニクス	ﾃｸﾆｸｽ	(03) 1234-344*	(03) 1234-344*	(040) 000-37**	
3	新井憲彦	ｱﾗｲﾉﾘﾋｺ	ケンコー株式会社	ｹﾝｺｰ	(0428) 11-740*	(0428) 11-740*		
4	安藤正	ｱﾝﾄﾞｳﾀﾀﾞｼ	安藤デザイン	ｱﾝﾄﾞｳ	(03) 1234-677*	(03) 1234-344*	(080) 000-67**	
5	安楽香織	ｱﾝﾗｸｶｵﾘ	株式会社アート	ｱｰﾄ	(03) 1234-793*	(03) 1234-793*	(020) 000-37**	第1制作 電子制作部
6	安楽暁子	ｱﾝﾗｸｷｮｳｺ	株式会社クローバー	ｸﾛｰﾊﾞｰ	(03) 1234-540*	(03) 1234-540*	(010) 000-08**	
7	飯島学	ｲｲｼﾞﾏﾏﾅﾌﾞ	有限会社キャマル	ｷｬﾏﾙ	(03) 1234-831*	(03) 1234-831*		
8	池口輝之	ｲｹｸﾞﾁﾃﾙﾕｷ			(045) 234-114*	(045) 234-114*	(040) 000-37**	
9	石井英明	ｲｼｲﾋﾃﾞｱｷ	株式会社アート	ｱｰﾄ	(03) 1234-793*	(03) 1234-793*		第1制作 電子制作部
10	石崎一秀	ｲｼｻﾞｷｶｽﾞﾋﾃﾞ	株式会社ウェッブ	ｳｪｯﾌﾞ	(03) 2345-295*	(03) 2345-296*	(030) 000-81**	
11	井上盛佳	ｲﾉｳｴﾓﾘﾖｼ	タスク株式会社	ﾀｽｸ	(086) 567-221*	(086) 567-228*	(010) 000-37**	
12	井上嘉康	ｲﾉｳｴﾖｼﾔｽ	泰明株式会社	ﾀｲﾒｲ	(03) 2345-573*	(03) 2345-573*		
13	岩井宏明	ｲﾜｲﾋﾛｱｷ	株式会社ウェッブ	ｳｪｯﾌﾞ	(03) 4567-295*	(03) 4567-296*		
14	岩澤幸康	ｲﾜｻﾜﾕｷﾔｽ	アイエムスジャパン式会社	ｱｲｴﾑｽ	(03) 4567-646*	(03) 4567-397*		ダイレクト・マーケティング
15	岩根須美子	ｲﾜﾈｽﾐｺ	アイン株式会社	ｱｲﾝ	(0422) 00-357*	(0422) 00-357*	(010) 000-37**	
16	牛尾康司	ｳｼｵﾔｽｼ	オフィス T	ｵﾌｨｽﾃｨ	(03) 4321-052*	(03) 4321-052*	(030) 000-48**	
17	内田幸也	ｳﾁﾀﾞﾕｷﾔ	マイテック株式会社	ﾏｲﾃｯｸ	(06) 123-295*	(06) 123-225*		
18	梅宮みちる	ｳﾒﾐﾔﾐﾁﾙ			(0424) 01-857*	(0424) 01-857*	(030) 000-70**	
19	大脇誠	ｵｵﾜｷﾏｺﾄ	株式会社ソフト	ｿﾌﾄ	(03) 4321-063*	(03) 4321-061*		出版事業部 編集部編集課
20	荻野典弘	ｵｷﾞﾉﾉﾘﾋﾛ	大阪特販株式会社	ｵｰｻｶﾄｸﾊﾝ	(06) 123-222*	(06)123-333*		
21	長田浩一	ｵｻﾀﾞｺｳｲﾁ	MOMO	ﾓﾓ	(0462) 02-393*	(0462) 02-393*		
22	小野傾治	ｵﾉﾘｮｳｼﾞ	Office小野	ｵﾌｨｽｵﾉ	(0424) 00-016*	(0424) 00-016*	(080) 000-22**	
23	柿内勝	ｶｷｳﾁﾏｻﾙ	株式会社三洋社	ｻﾝﾖｳｼｬ	(06) 123-444*	(06) 123-555*	(050) 000-37**	
24	片山誠志	ｶﾀﾔﾏｾｲｼﾞ	株式会社アート	ｱｰﾄ	(03) 4567-798*	(03) 4567-798*	(030) 000-68**	第1制作.
25	勝野和広	ｶﾂﾉｶｽﾞﾋﾛ	有限会社ジップ	ｼﾞｯﾌﾟ	(03) 4567-703*	(03) 4567-773*	(010) 000-61**	
26	鎌田郷子	ｶﾏﾀｻﾄｺ	アントラ株式会社	ｱﾝﾄﾗ	(0467) 08-182*	(0467) 08-182*	(030) 000-36**	
27	川村健	ｶﾜﾑﾗﾀｹｼ	株式会社画報社	ｶﾞﾎｳｼｬ	(03) 4567-190*	(03) 4567-472*	(030) 000-57**	メンズ編集部
28	神田佳保	ｶﾝﾀﾞｶﾎ	株式会社ソフト	ｿﾌﾄ	(03) 0123-202*	(03) 0123-202*	(010) 000-37**	
29	菊池千鶴	ｷｸﾁﾁﾂﾞﾙ	サーフステージ	ｻｰﾌｽﾃｰｼﾞ	(03) 0123-623*	(03) 0123-623*	(080) 000-51**	
30	菊野健志	ｷｸﾉｹﾝｼ	つばさ工房	ﾂﾊﾞｻｺｳﾎﾞｳ	(03) 9876-850*	(03) 9876-850*	(020) 000-13**	
31	鬼頭敏克	ｷﾄｳﾄｼｶﾂ			(03) 9876-743*	(03) 9876-743*	(030) 000-83**	
32	木村規悦	ｷﾑﾗﾉﾘﾖｼ	株式会社ソヴァージュ	ｿｳﾞｧｰｼﾞｭ	(03) 9876-455*	(03) 9876-748*		

実は、このような操作をしないと、元のデータで計算しているため、「姓」と「名」を消すと、「氏名」の列が表示できなくなるのです。「形式を選択して貼り付け」ができたら、「姓」と「名」の列全体を削除すれば終了です。

インターネット詐欺に注意!!

勝手にダイヤルQ2や国際電話を利用させられる

インターネットの世界は、まだまだ安全とは言い難いものです。いやむしろ、利用者が増えるにつれ、危険も増大していると言った方がいいでしょう。中でも、ウイルス被害は最も有名で悪質なものです。日々新しい種類のウイルスが悪意を持って作成さればらまかれていますので、ウイルスチェックソフトを利用するなどして十分に注意する必要があります。

また特に最近被害が増えているのが、ダイヤルＱ２や国際電話を知らずに利用させられ、請求書が届いて初めてそれに気付くといったケースです。これは特にアダルトページに多いのですが、ホームページ上の特定のボタンをクリックすることで、パソコンの通信の設定が自動的に書き換えられてしまうという、こちらも非常に悪質なものです。設定が書き換えられると、インターネットへ接続するたびにダイヤルＱ２や国際電話を利用することになります。国際電話の場合、半分は通信先の国の通信費となりますので、国際電話をかけさせることで、ホームページの管理者はどこかからリベートを受け取っているという仕組みです。ダイヤルＱ２も同じように、ユーザーが利用すると利用料を手に入れることができます。

甘い誘いの言葉にのせられて、ついついそのボタンをクリックしてしまうとこういったことが起こりますので、十分に注意してください。途中で気付けばまだいいのですが、ほとんどの場合は気付かないまま利用していることが多く、請求書を見てはじめておかしいことに気付くことになります。ダイヤルＱ２や国際電話の請求書は、その結果なのです。

すべては自業自得なので、ほとんどの場合は泣き寝入りになることが多いようです。最近やっと郵政省が対策に乗り出してはきましたが、インターネットはどこに落とし穴があるかわからないので、少なくともメッセージをしっかりと読んでからボタンを押すようにしましょう。自分の心がけ次第で、多くの危険は回避することが可能なのです。

第3章
差をつける企画書の作り方

ワード(Word)を使った文書作成の基本テクニック

今や、会社や自宅において、パソコンを使った文書作成は一般的です。しかも、最近のワープロソフトは大変多機能なので、かなり凝ったレイアウトの文書を作成することも可能です。そこで、見栄えの良いワープロ文書を作成するために役立つ、基本テクニックをマスターしておきましょう。

まず文書のヘッダーですが、ここには文書を作成した日時や自分の名前を登録することができます。ヘッダーに表示する内容は、メニューから選択するだけで簡単に入力することができ、日時などは文書を作成する時点に合わせて自動的に入力されるので非常に便利です。なお日時や名前のほか、ファイル名やページ番号などさまざまな情報を入力することも可能です。

またデザイン的には、業務用ということを考慮すれば、あまり華美である必要はないでしょう。タイトル文字の「フォント」と「フォントサイズ」、「書式」を変更する程度で十分だと思います。本文は、必要事項を簡略にわかりやすく伝えるとともに、イラストを挿入することでインパクトの強いものとします。イラストは設定を変更することで、本文中に自由に配置できますので、設定方法をしっかり覚えておいてください。

さらに、要点を簡潔にまとめるには、箇条書きを利用してみましょう。ワードには、自動的に段落番号を入力するための「段落番号」機能も備わっていますので、これを利用すると簡単です。

なお会社の業務では、同じような文面の文書を何度も利用することが多いでしょう。そうした場合、その都度いちから文書を作成していては非効率的です。あらかじめ統一のフォーマットで文面を作成しておき、いつでも簡単に利用できるようにしておきましょう。そのためには、作成した文書をテンプレート（132ページを参照して下さい）として保存します。

ワードで見栄えの良い企画書を作成するテクニック

今や、ビジネスシーンにおけるデファクトスタンダードとなった感のある「Microsoft Word」ですが、非常に便利な機能をたくさん備えています。各機能の使い方を、以下で確認していきましょう。

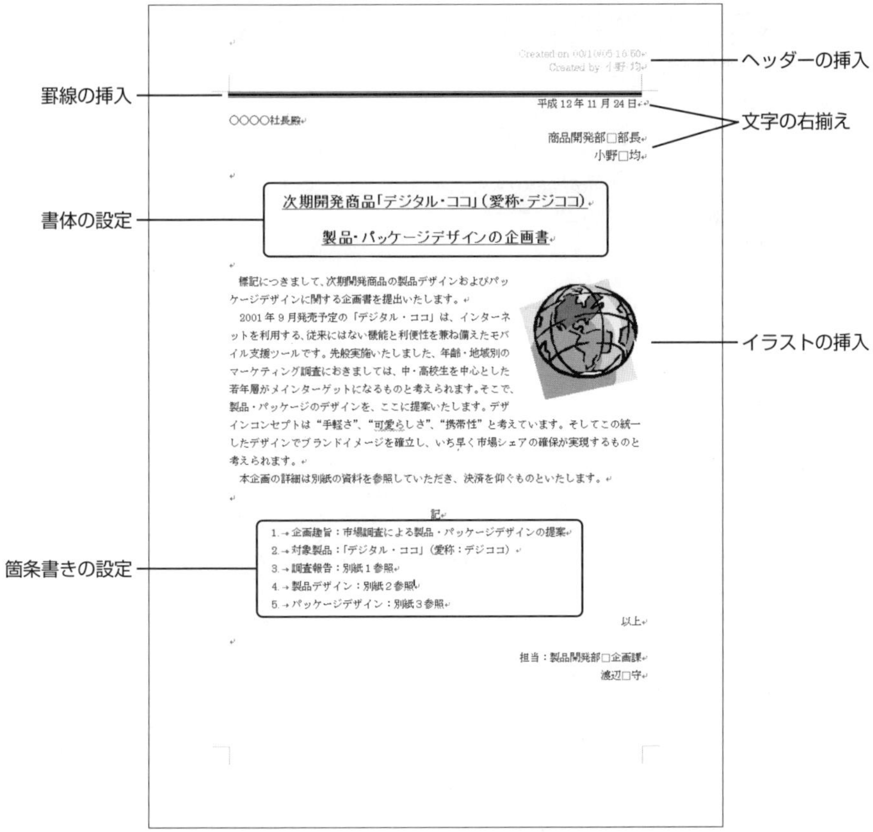

Created on 00/10/05 16:50
Created by 小野 均

平成12年11月24日

○○○○社長殿

商品開発部□部長
小野□均

次期開発商品「デジタル・ココ」(愛称・デジココ)

製品・パッケージデザインの企画書

標記につきまして、次期開発商品の製品デザインおよびパッケージデザインに関する企画書を提出いたします。

2001年9月発売予定の「デジタル・ココ」は、インターネットを利用する、従来にはない機能と利便性を兼ね備えたモバイル支援ツールです。先般実施いたしました、年齢・地域別のマーケティング調査におきましては、中・高校生を中心とした若年層がメインターゲットになるものと考えられます。そこで、製品・パッケージのデザインを、ここに提案いたします。デザインコンセプトは“手軽さ”、“可愛らしさ”、“携帯性”と考えています。そしてこの統一したデザインでブランドイメージを確立し、いち早く市場シェアの確保が実現するものと考えられます。

本企画の詳細は別紙の資料を参照していただき、決済を仰ぐものといたします。

記

1. 企画趣旨：市場調査による製品・パッケージデザインの提案
2. 対象製品：「デジタル・ココ」(愛称：デジココ)
3. 調査報告：別紙1参照
4. 製品デザイン：別紙2参照
5. パッケージデザイン：別紙3参照

以上

担当：製品開発部□企画課
渡辺□守

ヘッダーの挿入

ヘッダーとは、文書の先頭に入力しておく日時やページ数などの情報です。ヘッダーに登録できる種類はさまざまで、メニューから選択するだけで設定することができます。

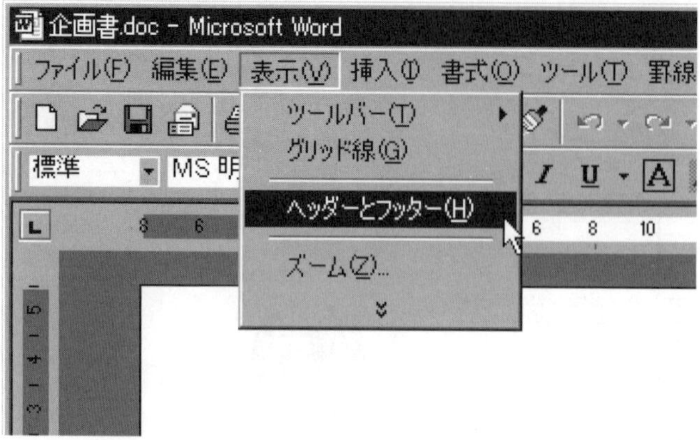

Wordを起動して新しい文書を開き、「表示」メニューから「ヘッダーとフッター」を選択します。

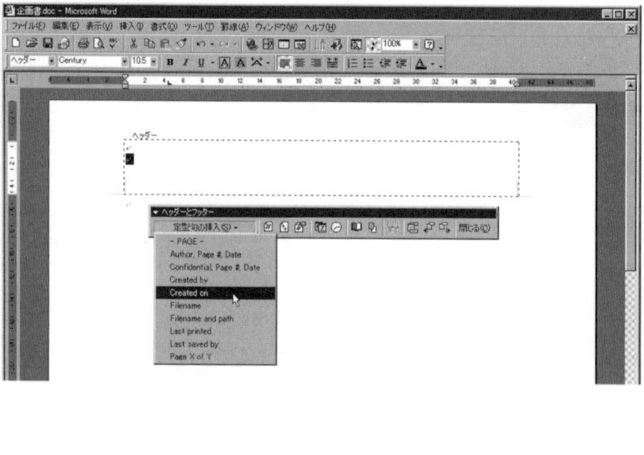

文書のヘッダ領域(通常は入力できない)が点線で囲われ、「ヘッダーとフッター」ツールバーが表示されます。「定型句の挿入」ボタンをクリックするとメニューが表示されますので、ここから入力したいヘッダー情報を選択します。

※「定型句の挿入」メニューに表示される文字は、ワードのバージョンによって異なります。

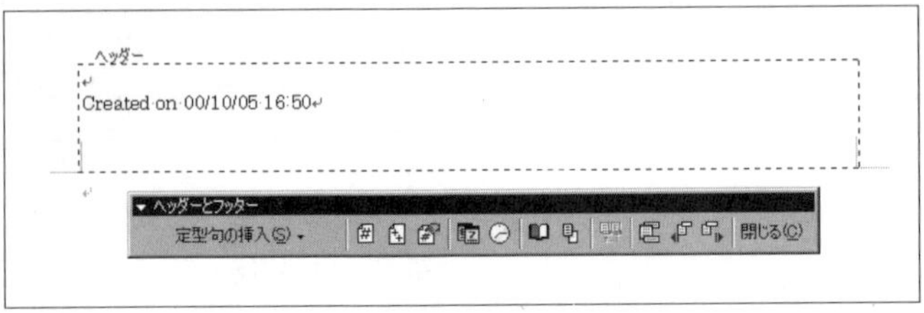

「Created on」を選択すると、文書を作成する日時が表示されます。別の日に文書に修正を加えるなどすると、日時は自動的に変更されます。

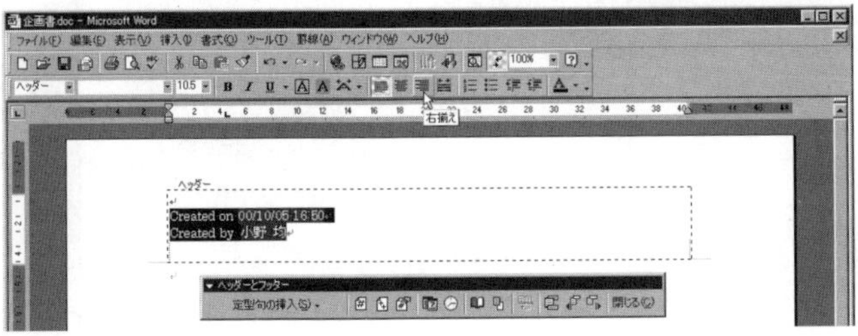

同様に「Created by（作成者）」を選択し、ヘッダー情報を文書右側に表示するために、文字を選択して「右揃え」ボタンをクリックします。

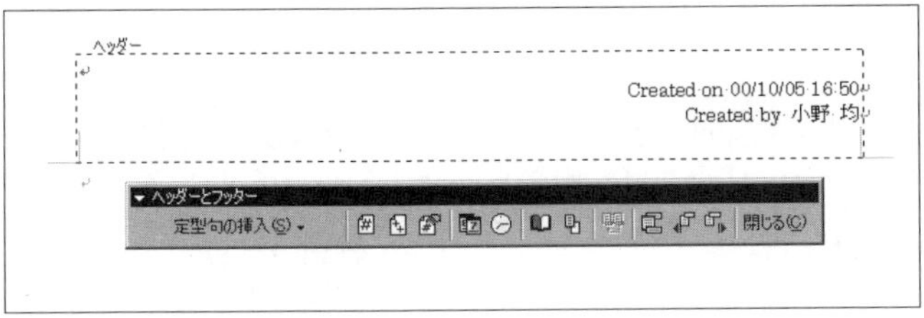

これで、ヘッダー情報が設定できました。「閉じる」ボタンで「ヘッダーとフッター」ツールバーを閉じておきます。このとき、ヘッダー情報は半透明に表示が変わりますが、印刷時にはきちんと表示されます。

罫線を挿入する

Wordには、罫線を挿入する機能があります。罫線に関する操作は「罫線」ツールバーで行い。罫線の種類や太さ、色などの設定を変更することもできます。

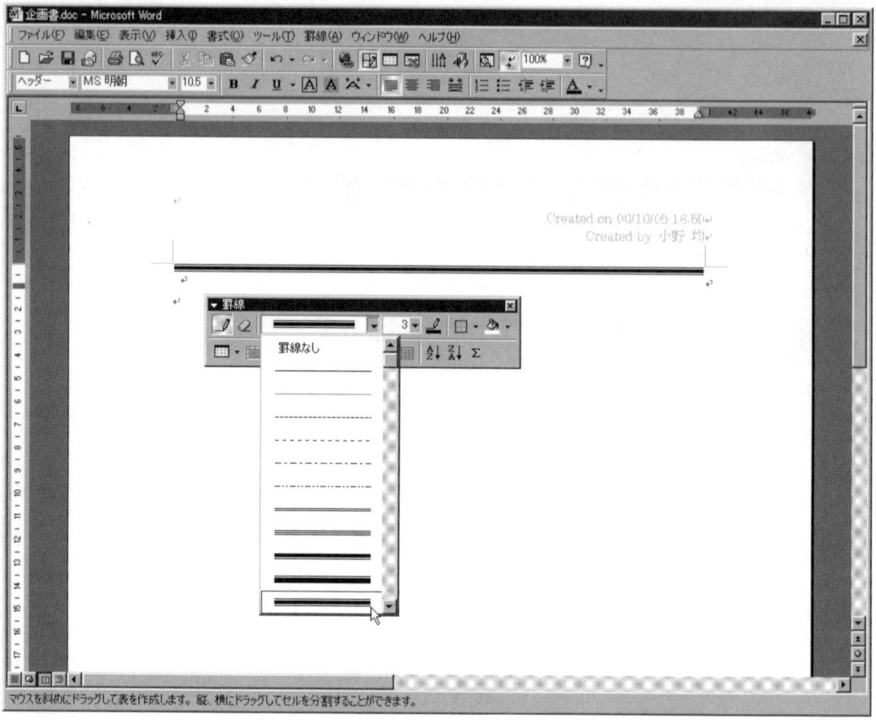

ツールバーから「罫線」ボタンをクリックすると、「罫線」ツールバーが表示されます。まず、罫線の種類や太さをメニューから選択し、線を引きたい部分をマウスでドラッグ（右ボタンを押したままカーソル移動させて、終点で指を離す）します。なおこのとき、マウス操作がうまくいかず囲み線になってしまう場合は、図形描画ツールバーの直線ツールを利用してかまいません。図形描画ツールバーの表示方法と使い方は、152ページを参照して下さい。これで、罫線が引かれました。なお、後から罫線の種類や太さを変更することも可能です。

文字を入力する

まず、デザインを始める前に、文字を入力してしまいましょう。このとき、ある程度仕上がりをイメージしながら作業を進めると、後からの作業はスムーズです。

Created on 00/10/05 16:50
Created by 小野 均

平成12年11月24日
○○○○社長殿
商品開発部□部長
小野□均

次期開発商品「デジタル・ココ」（愛称・デジココ）
製品・パッケージデザインの企画書

標記につきまして、次期開発商品の製品デザインおよびパッケージデザインに関する企画書を提出いたします。
2001年9月発売予定の「デジタル・ココ」は、インターネットを利用する、従来にはない機能と利便性を兼ね備えたモバイル支援ツールです。先般実施いたしました、年齢・地域別のマーケティング調査におきましては、中・高校生を中心とした若年層がメインターゲットになるものと考えられます。そこで、製品・パッケージのデザインを、ここに提案いたします。デザインコンセプトは“手軽さ”、“可愛らしさ”、“携帯性”と考えています。そしてこの統一したデザインでブランドイメージを確立し、いち早く市場シェアの確保が実現するものと考えられます。
本企画の詳細は別紙の資料を参照していただき、決済を仰ぐものといたします。

必要な文字情報を、まずは入力してしまいましょう。

文字を右揃えしてサイズを変更する

文字を文書の右側に配置したり、中央に配置するときに利用するのが、ツールバーにある「右揃え」「中央揃え」ボタンです。文字の配置を調整するときに利用します。

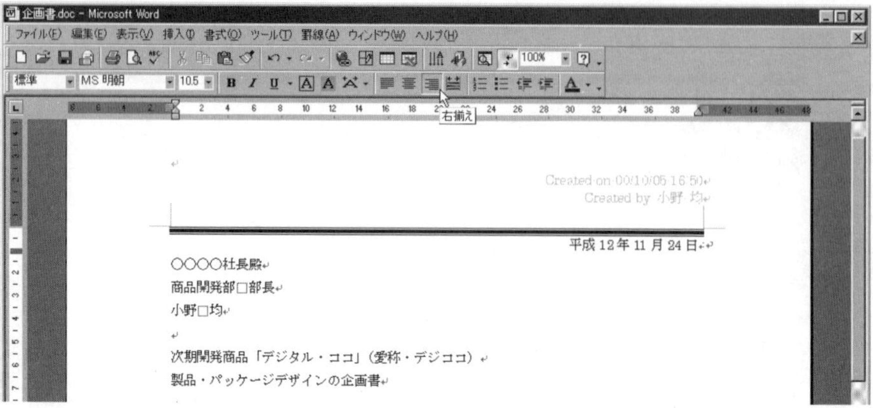

右側に移動したい文字の列をクリック（その行にマウスポインタを移動させる）し、ツールバーの「右揃え」ボタンをクリックすると、文字が右端に配置されます。

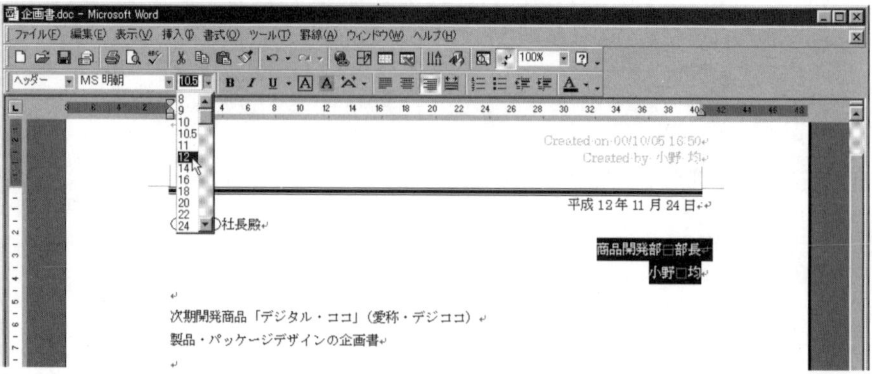

同じ要領で名前を右端に配置し、さらに文字のサイズを大きくしてみましょう。文字のサイズを変更するには、文字を選択しておき「サイズ」メニューからサイズを選びます。何度でもやり直しはできますので、全体のバランスを確認しながら作業を進めましょう。

書体を変更して文字を修飾する

文字の書体やサイズは、メニューから簡単に設定することが可能です。また、文字を太くしたり、文字に下線を引いたり、あるいは文字を斜体にするなど、ツールバーから簡単に文字を修飾することもできます。

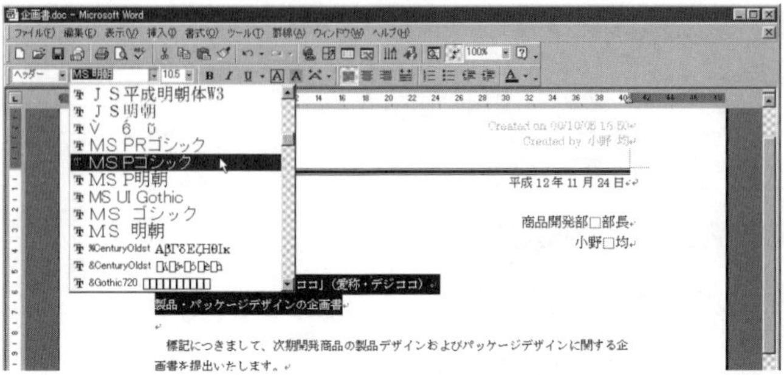

「フォント」メニューを開くと、実際のフォントのイメージを確認しながら選択することができます。

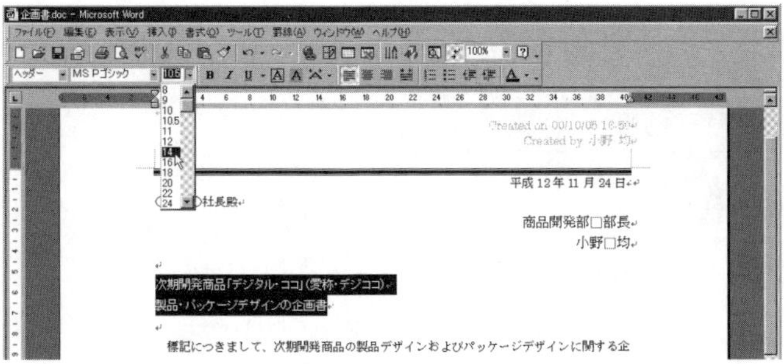

サイズの変更も、「サイズ」メニューから行います。

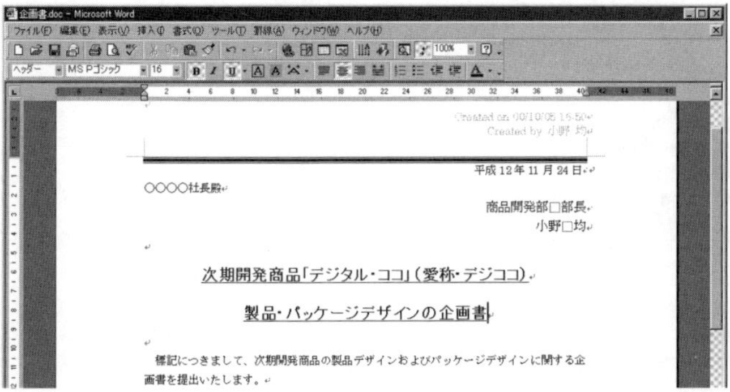

タイトルとなる部分なので、ここではツールバーの「中央揃え」をクリックして文字を中央に配置し、さらにツールバーから、文字を太くしたり、文字に下線をつけるなどして、文字を修飾してみましょう。

イラスト(画像)を挿入する

Wordの文書には、イラストやデジカメで撮影した画像などを取り込み、自由に配置することができます。またWordには「クリップアート」というイラスト集が付属していますので、これを利用すると簡単にイラスト入りの文書が作成できます。

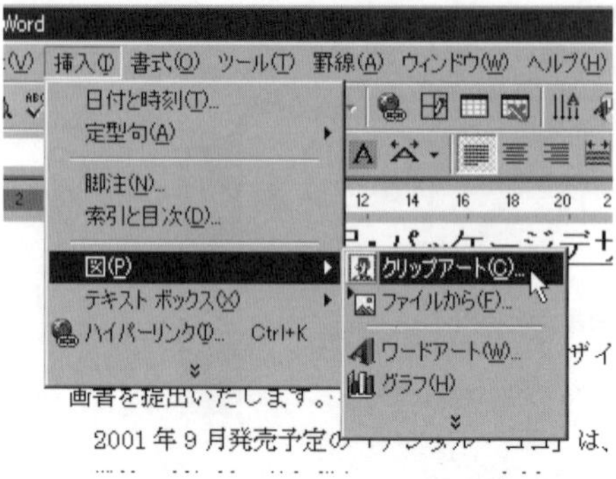

クリップアートを利用するには、「挿入」メニューから「図」→「クリップアート」と選択します。

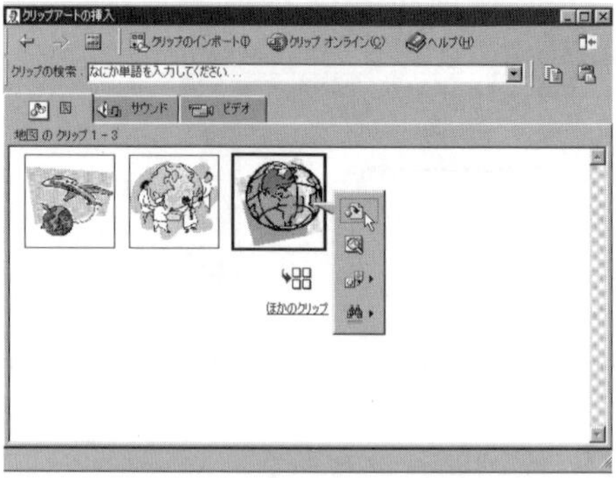

「クリップアート」の挿入画面が表示されますので、「図」タブのカテゴリから図を選び、クリックします。するとメニューが表示されますので、一番上の「挿入」ボタンをクリックします。

これで、イラストが文書中に取り込まれます。ただ、読み込まれるイラストはサイズが大きいので、「■」(ハンドル)をドラッグしてある程度サイズを調整しましょう。そして、イラストを右クリックし、「図の書式設定」を選択します。

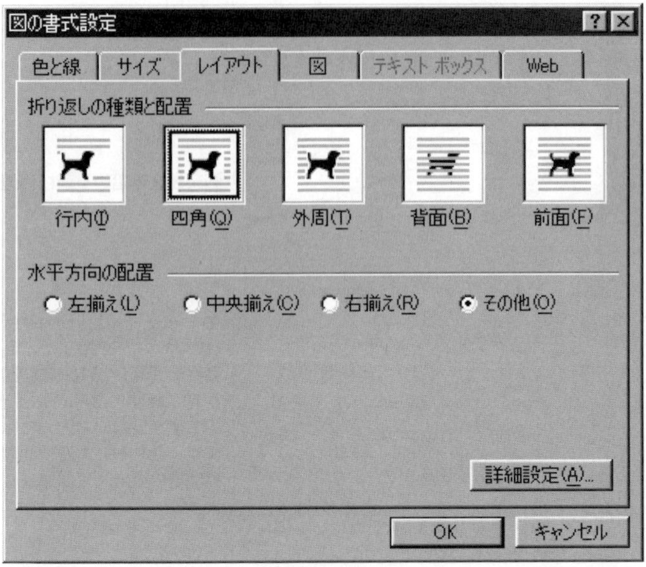
図の書式設定
色と線
サイズ
レイアウト
図
テキスト ボックス
Web
折り返しの種類と配置
行内(I)
四角(Q)
外周(T)
背面(B)
前面(F)
水平方向の配置
左揃え(L)
中央揃え(C)
右揃え(R)
その他(O)
詳細設定(A)...
OK
キャンセル

「図の書式設定」画面が表示されたら、「レイアウト」タブで折り返しの種類と配置に「四角」を指定して「OK」ボタンをクリックします。これは、イラストの周囲にテキストを回り込ませるための設定です。

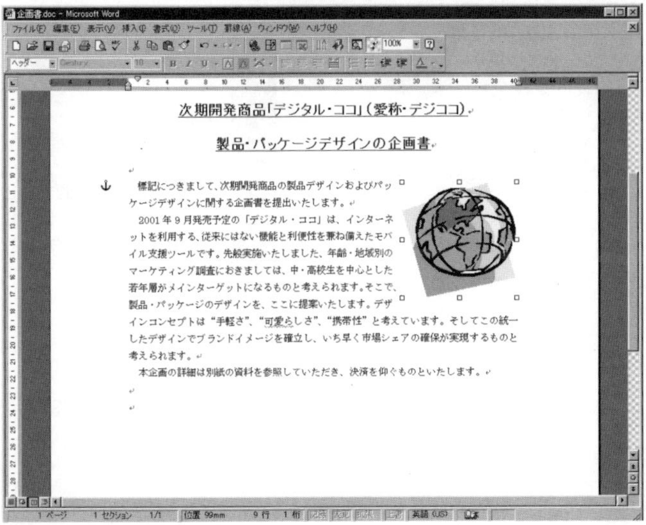
企画書.doc - Microsoft Word
ファイル(F) 編集(E) 表示(V) 挿入(I) 書式(O) ツール(T) 罫線(A) ウィンドウ(W) ヘルプ(H)
次期開発商品「デジタル・ココ」(愛称・デジココ)
製品・パッケージデザインの企画書
標記につきまして、次期開発商品の製品デザインおよびパッケージデザインに関する企画書を提出いたします。
2001年9月発売予定の「デジタル・ココ」は、インターネットを利用する、従来にはない機能と利便性を兼ね備えたモバイル支援ツールです。先般実施いたしました、年齢・地域別のマーケティング調査におきましては、中・高校生を中心とした若年層がメインターゲットになるものと考えられます。そこで、製品・パッケージのデザインを、ここに提案いたします。デザインコンセプトは“手軽さ”、“可愛らしさ”、“携帯性”と考えています。そしてこの統一したデザインでブランドイメージを確立し、いち早く市場シェアの確保が実現するものと考えられます。
本企画の詳細は別紙の資料を参照していただき、決済を仰ぐものといたします。

イラストの周囲にテキストが配置されました。「□」をドラッグしてイラストのサイズを変更し、テキストが読みやすいように調整します。

箇条書き機能を利用する

箇条書き機能を利用すると、箇条書きの先頭に連番やマークを自動的に挿入させることができます。手作業で行うよりもはるかに効率的なので、ぜひとも活用してください。

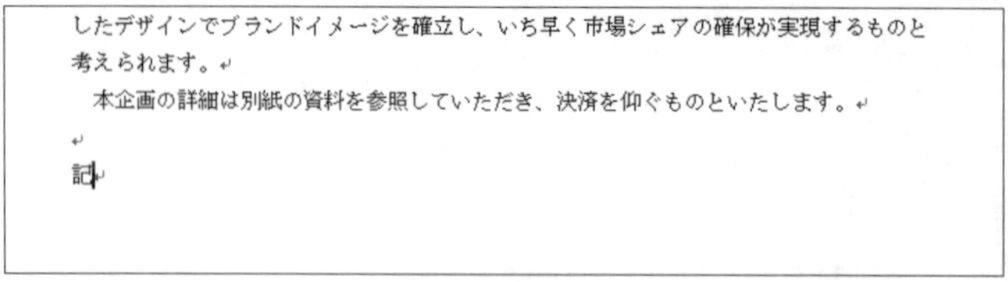
したデザインでブランドイメージを確立し、いち早く市場シェアの確保が実現するものと考えられます。
　本企画の詳細は別紙の資料を参照していただき、決済を仰ぐものといたします。

記

箇条書きを始める前に「記」と入力してみてください。

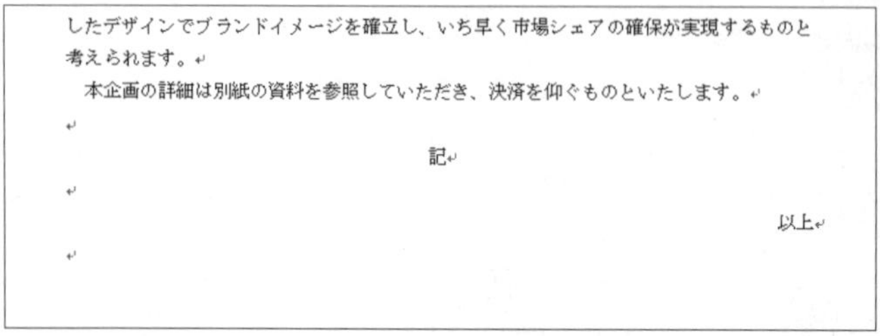
したデザインでブランドイメージを確立し、いち早く市場シェアの確保が実現するものと考えられます。
　本企画の詳細は別紙の資料を参照していただき、決済を仰ぐものといたします。

記

以上

キーボードの「Enter」（改行）キーを押すと、自動的に「記」が中央に配置され、結語となる「以上」の文字が自動的に入力されます。これも、大変便利な機能なので覚えておきましょう。

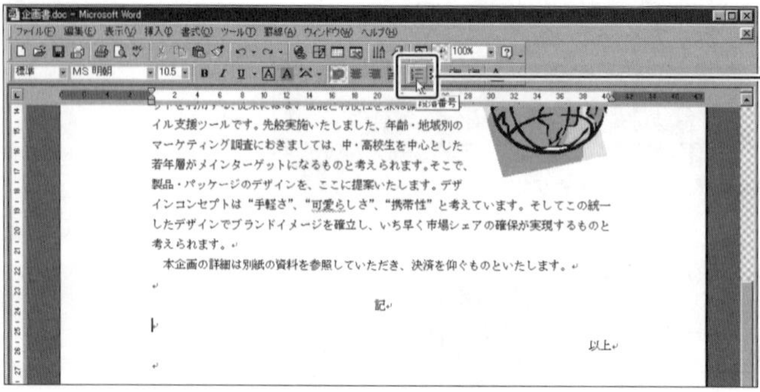
企画書.doc - Microsoft Word
ファイル(F) 編集(E) 表示(V) 挿入(I) 書式(O) ツール(T) 罫線(A) ウィンドウ(W) ヘルプ(H)
段落番号
イル支援ツールです。先般実施いたしました、年齢・地域別の
マーケティング調査におきましては、中・高校生を中心とした
若年層がメインターゲットになるものと考えられます。そこで、
製品・パッケージのデザインを、ここに提案いたします。デザ
インコンセプトは"手軽さ"、"可愛らしさ"、"携帯性"と考えています。そしてこの統一
したデザインでブランドイメージを確立し、いち早く市場シェアの確保が実現するものと
考えられます。
本企画の詳細は別紙の資料を参照していただき、決済を仰ぐものといたします。
記
以上

クリック

先頭に連番付きの箇条書きを入力するために、ツールバーの「段落番号」ボタンをクリックします。

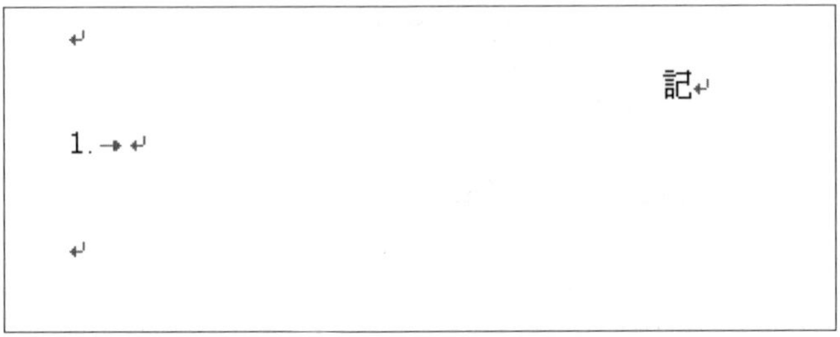

記

1.

自動的に、「1.」と番号が入力されます。ここで、「TAB」キーを押して箇条書きの先頭にスペースを空けておきましょう。

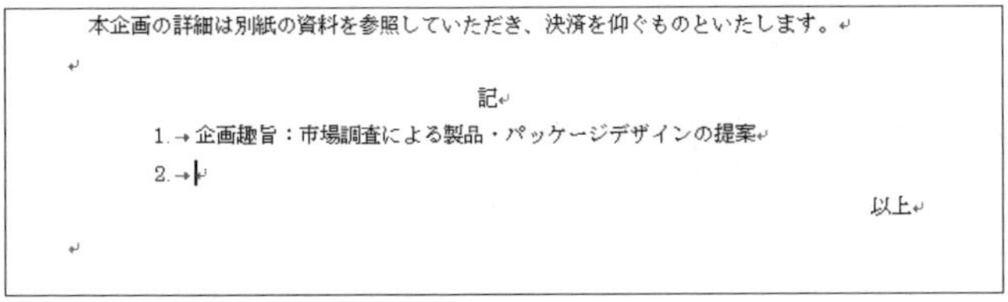

本企画の詳細は別紙の資料を参照していただき、決済を仰ぐものといたします。

記

1. 企画趣旨：市場調査による製品・パッケージデザインの提案
2.

以上

ひとつ目の箇条書きを入力して「Enter」（改行）キーを押すと、次の行には「2.」と自動的に入力されます。

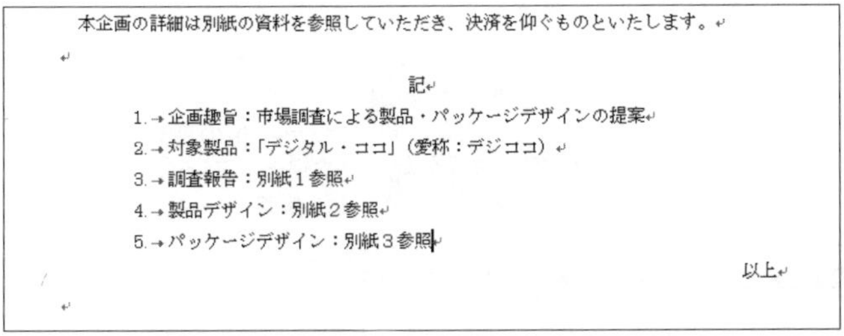

本企画の詳細は別紙の資料を参照していただき、決済を仰ぐものといたします。

記

1. 企画趣旨：市場調査による製品・パッケージデザインの提案
2. 対象製品：「デジタル・ココ」（愛称：デジココ）
3. 調査報告：別紙１参照
4. 製品デザイン：別紙２参照
5. パッケージデザイン：別紙３参照

以上

同じ要領で、必要な箇条書きを入力します。箇条書き機能を解除するには、再度ツールバーの「段落番号」ボタンをクリックします。

テンプレートとして保存する

テンプレートとは、文書をひな形として扱い、必要な個所だけを書き直すことで使い回しができるようにするためのものです。社内業務で利用する同じフォーマットの文書などは、テンプレートとして保存しておくと便利です。

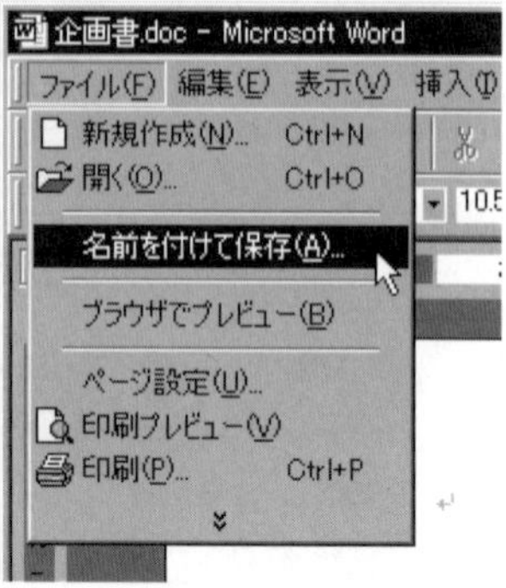

まず、テンプレートとして保存する前に、通常の保存もしておいてください。準備ができたら、「ファイル」メニューから「名前を付けて保存」を選択します。

「ファイルの種類」から「文書テンプレート」を選択します。

これで、保存先が自動的に「Templates」フォルダに変わりますので、ファイル名を付けて「保存」ボタンをクリックします。

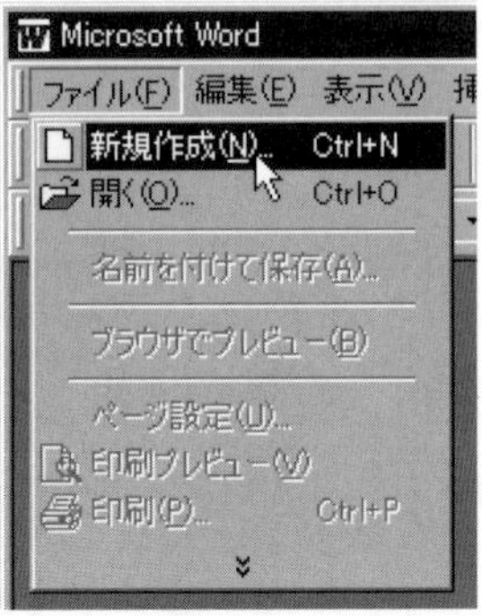

テンプレートを利用するときは、「ファイル」メニューから「新規作成」を選択します。

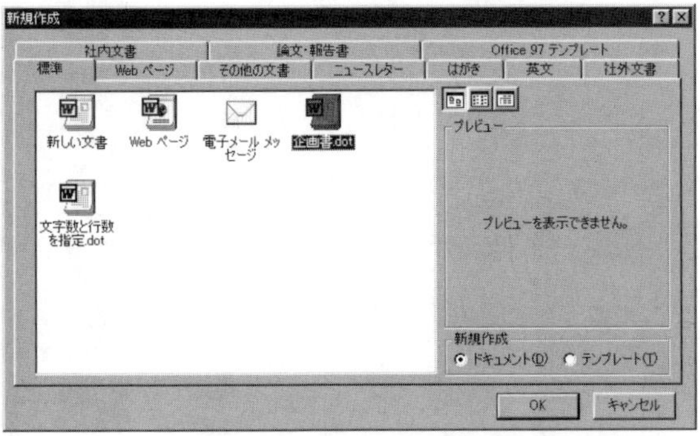

「新規作成」画面の「標準」タブを開くと、テンプレートとして保存しておいた文書が表示されますので、これを選択して「OK」ボタンをクリックします。

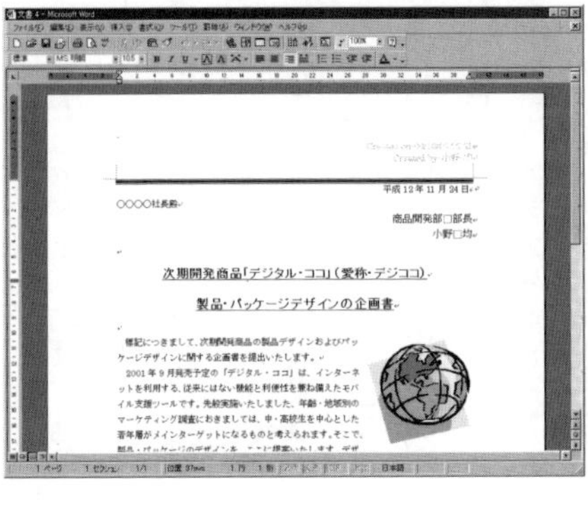

文書が開いたら必要な個所を変更し、名前を付けて保存します。このように、テンプレートとして保存した文書は、何度でも利用できます。

3▶2

ワード(Word)に表とグラフを挿入する

企画書を作成するとき、資料として具体的な数値などをわかりやすく表記するには、表やグラフを利用するのが最も効果的です。表やグラフは、ビジネス文書においては必須のテクニックとも言える重要なアイテムなので、作成方法をしっかりマスターしておきましょう。

なお、表作成やグラフ作成といっても、ワード自身が作成機能を装備していますので、特に難しい操作を覚える必要はありません。

表の作成は、縦と横の列数と行数を指定するだけで簡単に作成できます。あとは文字や数値を入力すると完成です。ただしここでは、単に表を作成するだけでなく、年齢・地域別の販売動向を表す表を作成し、数値の合計を求めるために「オートSUM関数」も利用します。「オートSUM関数」は単純に合計値を求めるもので、使い方も非常に簡単ですので、使用法を覚えておきましょう。電卓で計算することを考えれば、はるかに効率的な表作成が可能となります。さらに、表のデザインには、見栄えのよい表が簡単に作成できる「オートフォーマット」を利用します。こうした機能を上手に使いこなせば、表作成は非常に簡単です。

一方グラフは、作成した表のデータを元に作成することができます。こちらも、ワードが装備している「Graph-2000」を利用すると、グラフ化したいデータを選択し、グラフの作成を指定するだけで自動的にグラフはできあがります。また、平面や立体など、グラフの種類をワンタッチで変更したり、グラフや背景の色などを自由に編集する機能もありますので、かなり凝ったグラフも作成可能です。

ここで解説する表やグラフを利用すると、カラーで見栄えの良いものが作成できますので、企画書ばかりでなく、あらゆる文書に利用すると非常に人目を引く視覚的効果を得ることができるようになります。

表やグラフを作成するテクニック

Created on 00/10/05 16:50
Created by 小野 均

年齢・地域別マーケティング調査報告書（資料）

①

	札幌	仙台	東京	名古屋	大阪	福岡
10代	26598	20316	39654	26945	35697	23697
20代	16957	13654	26549	23601	28950	15230
30代	8654	6495	13264	13002	15943	9264
40代	2694	5162	8620	7362	8200	4982
50代	1648	3064	6354	5369	7132	2649
合計	56551	48691	94441	76279	95922	55822

②

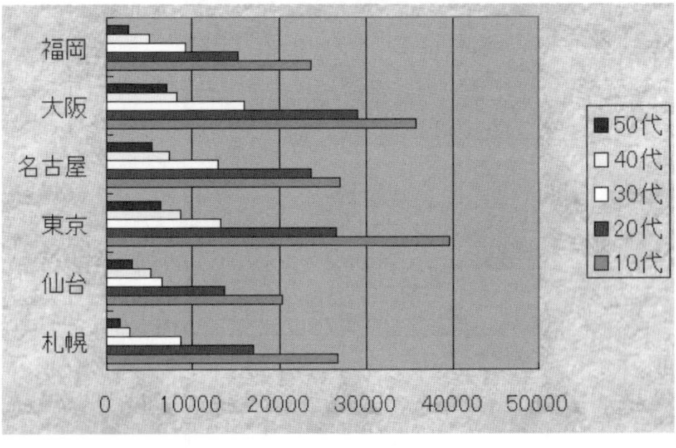

①表を作成して「オートフォーマット」で整形する
②表のデータを元にグラフを作成し、グラフの体裁を整える

改ページを挿入してタイトルを付ける

本来Wordで文書を作成するとき、1ページ目の文字がいっぱいになると、自動的に2ページ目が開きます。ただし、これで文章の切れ目が中途半端になるときなどは、「改ページ」をして強制的にページを送ることができます。見栄えの良い文書を作成するためのテクニックのひとつなので、覚えておくとよいでしょう。

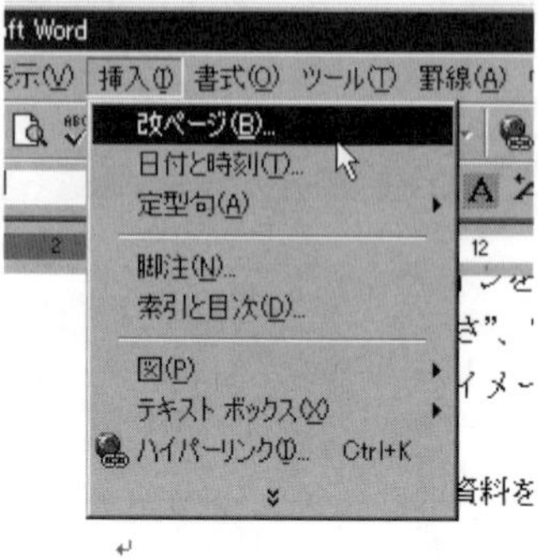

改ページをしたい位置にポインタを合わせ、「挿入」メニューから「改ページ」を選択します。

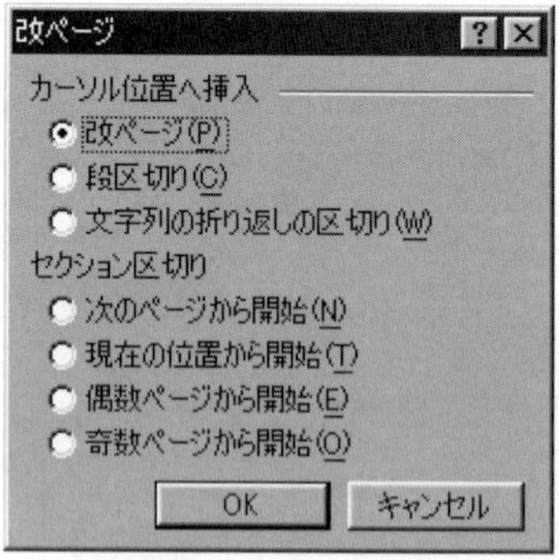

「改ページ」画面が表示されますので、「改ページ」を選択して「OK」ボタンをクリックします。

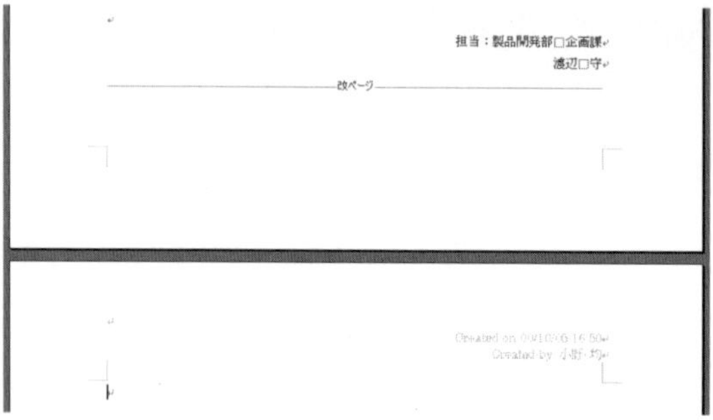

指定した位置に改ページマークが表示され、ポインタが次のページの先頭に移動します。

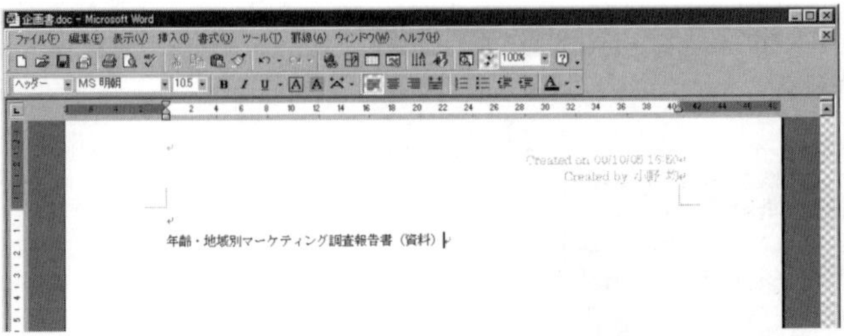

ではまず、表とグラフを作成するページのタイトルを作成するために、文字を入力します。

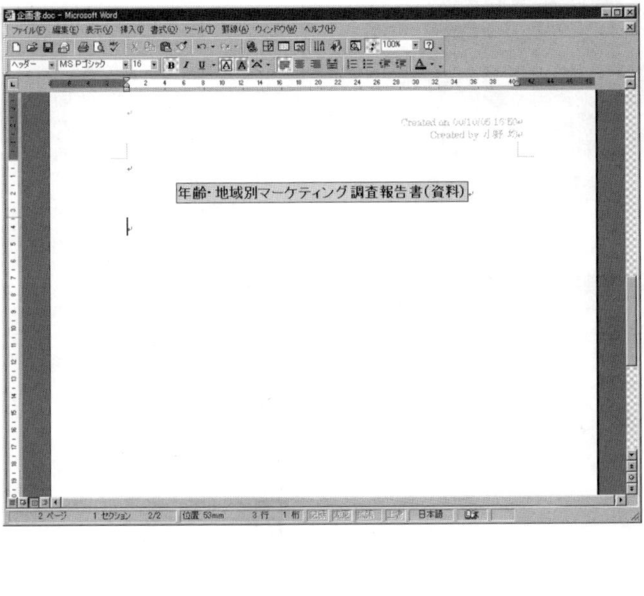

「書式」ツールバーを使って、文字を修飾します。ここでは、文字を囲って背景に網掛けをし、文字を中央に配置しました。

表を作成する

表を作成するには、あらかじめ必要なデータを準備し、どういった表を作成するかをイメージしておいてください。データさえあれば、あとは簡単に表を作成することができます。

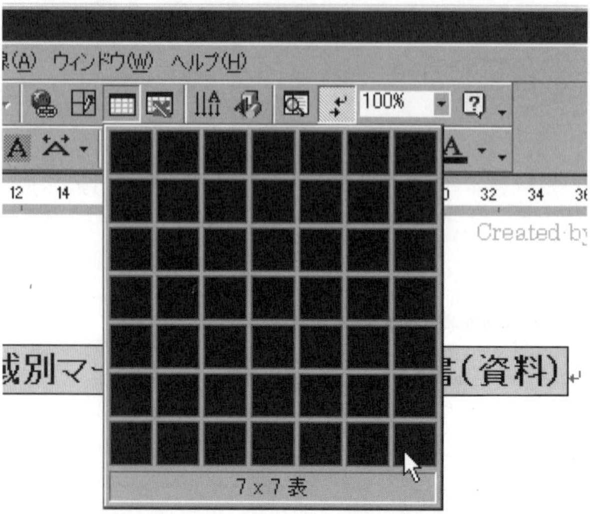

ツールバーの「表の挿入」ボタンをクリックすると図のようなメニューが表示されますので、必要な行と列の数分指定してマウスボタンから指を離します。

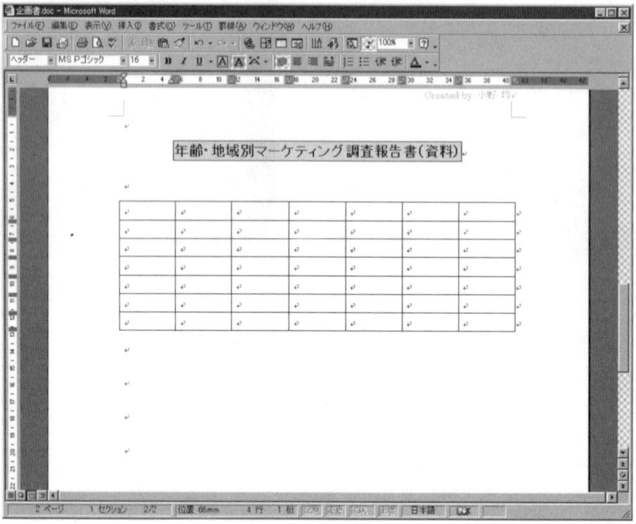

指定した行数と列数の表が挿入されます。

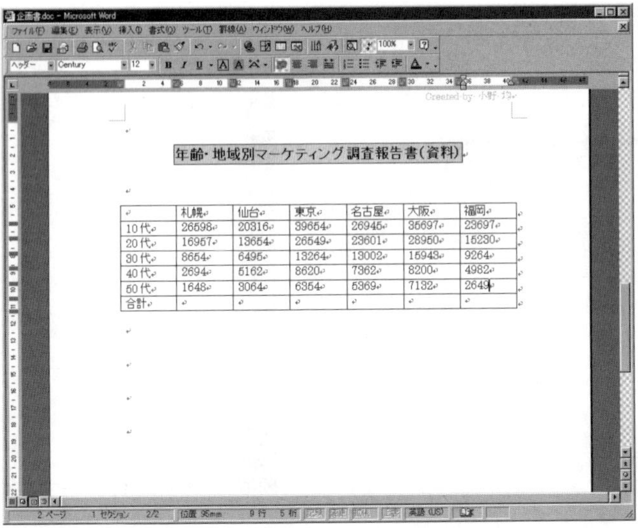

行と列に、準備していたデータを入力します。このとき、合計の値を計算する必要はありません。次の行程で自動的に計算します。

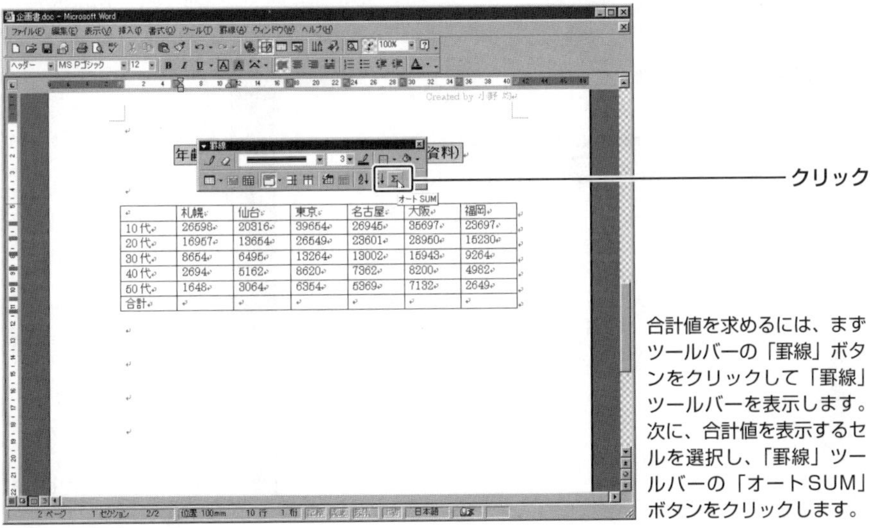

合計値を求めるには、まずツールバーの「罫線」ボタンをクリックして「罫線」ツールバーを表示します。次に、合計値を表示するセルを選択し、「罫線」ツールバーの「オートSUM」ボタンをクリックします。

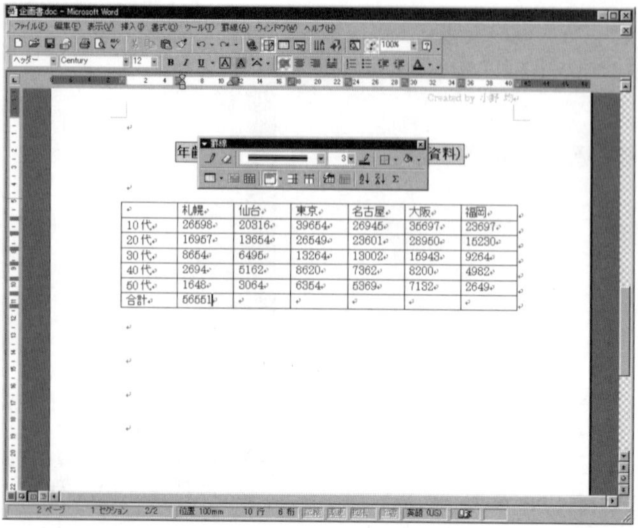

自動的に、列のデータの合計値が表示されます。

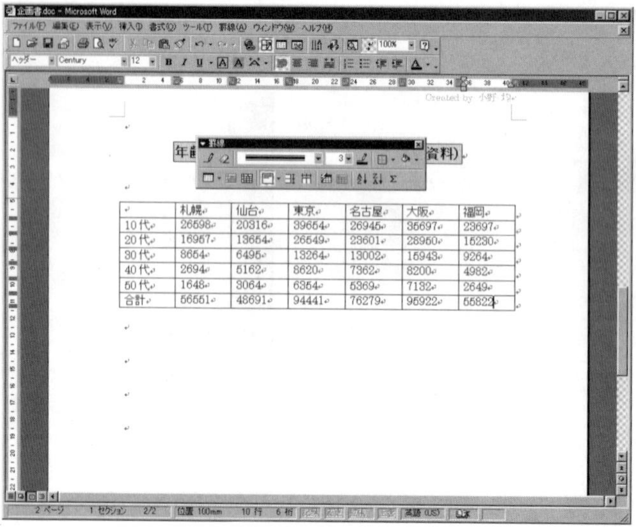

同じ要領で、すべての合計値を入力します。

オートフォーマットを利用する

表がある程度完成したら、あらかじめデザインされた表のスタイルを適用する「オートフォーマット」で表をデザインします。

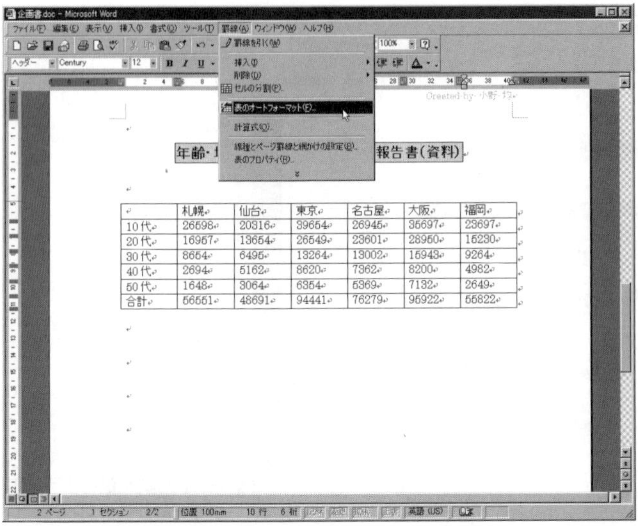

表内の任意の場所をクリックしておき、「罫線」メニューから「表のオートフォーマット」を選択します。

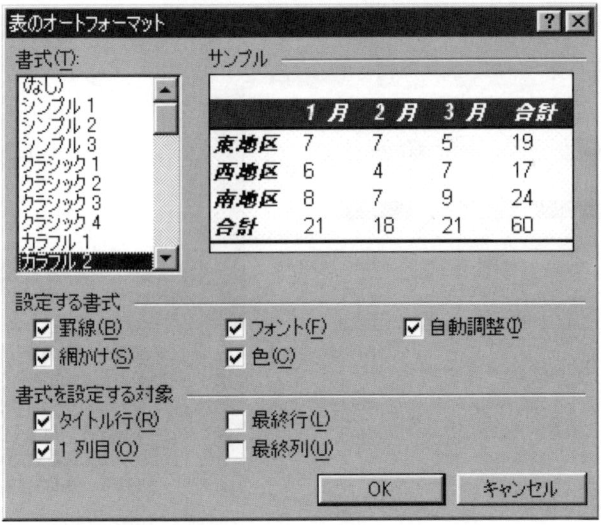

「表のオートフォーマット」画面が表示されたら、「書式」の一覧から適当なものをクリックしてみましょう。サンプル画面にデザインが表示されます。ここから使用する書式を選択して「OK」ボタンをクリックします。

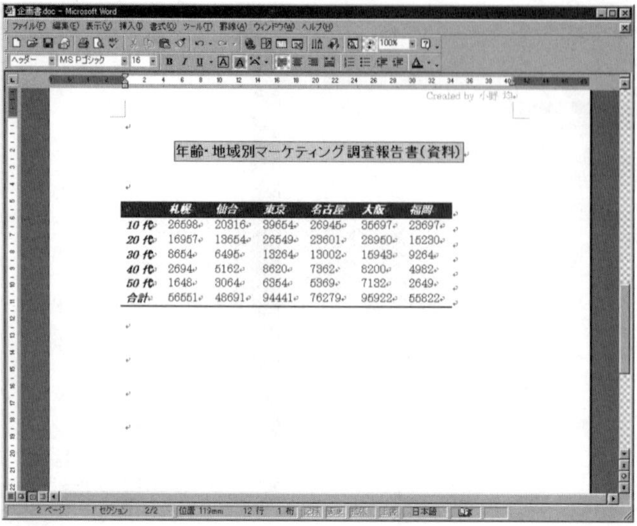

選択した書式が表に適用され、自動的に図のような表ができあがります。

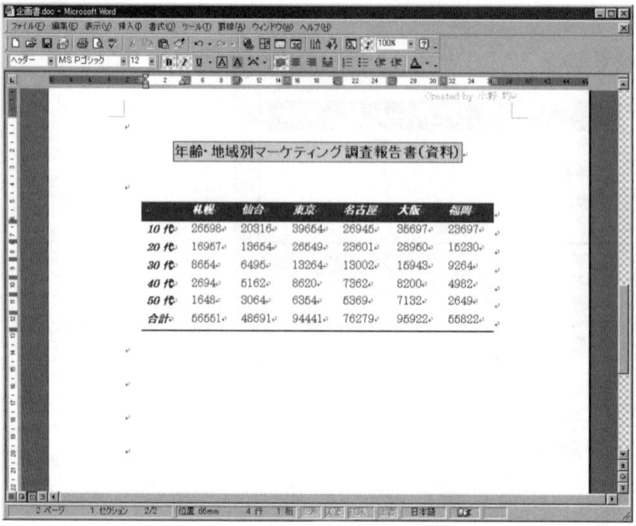

表をクリックすると罫線で囲われ、右下隅に「□」が表示されます、これをドラッグすると、表のサイズを変更することが可能です。またツールバーの「中央揃え」ボタンをクリックすると、表が中央に配置されます。これで、表は完成しました。

表のデータを元にグラフを作成する

作成した表のデータを使って、グラフを簡単に作成するのが「Graph」機能です。とても簡単に見栄えのするグラフが完成します。

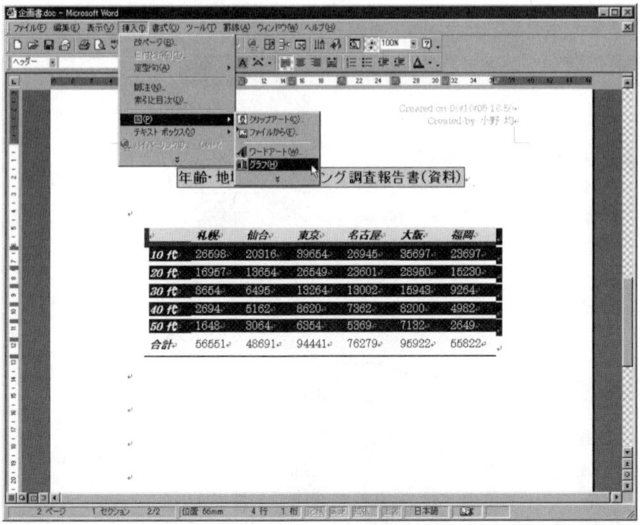

グラフにしたい表のデータをドラッグして選択しておき、「挿入」メニューから「図」→「グラフ」と選択します。このとき、表の項目名がそのままグラフの項目名となりますので、ここは必ず選択しておいてください。

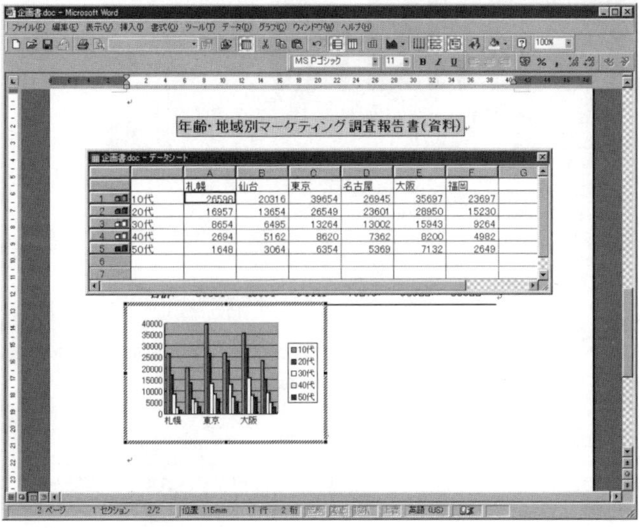

データシートが表示され、ここに選択していた表のデータがそのまま表示されます。そしてこの段階ですでに、グラフはできあがっています。

Created on 00/10/05 16:50
Created by 小野 均

年齢・地域別マーケティング調査報告書(資料)

	札幌	仙台	東京	名古屋	大阪	福岡
10代	26598	20316	39654	26945	35697	23697
20代	16957	13654	26549	23601	28950	15230
30代	8654	6495	13264	13002	15943	9264
40代	2694	5162	8620	7362	8200	4982
50代	1648	3064	6354	5369	7132	2649
合計	56551	48691	94441	76279	95922	55822

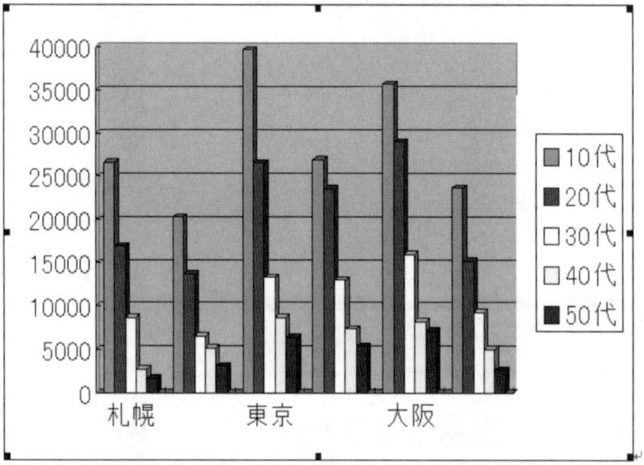

Word文書上をクリックするとデータシートが閉じ、文書上にグラフが表示されます。四隅と四辺にある「■」をドラッグしてサイズを変更し、位置を調整しましょう。

グラフのデザインを編集する

作成したグラフは、このままでは背景（グラフエリア）が白色で、見た目に美しくありません。そこで、グラフの背景に色を付け、文字のサイズを変更します。また、グラフの種類を簡単に変更することも可能です。

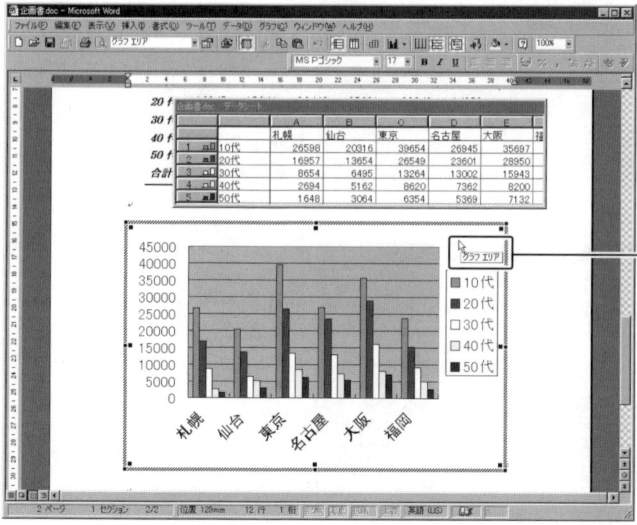

ダブルクリック

グラフをダブルクリックするとデータシートが表示され、グラフの編集が可能になります。ここでさらに、グラフエリアをダブルクリックします。

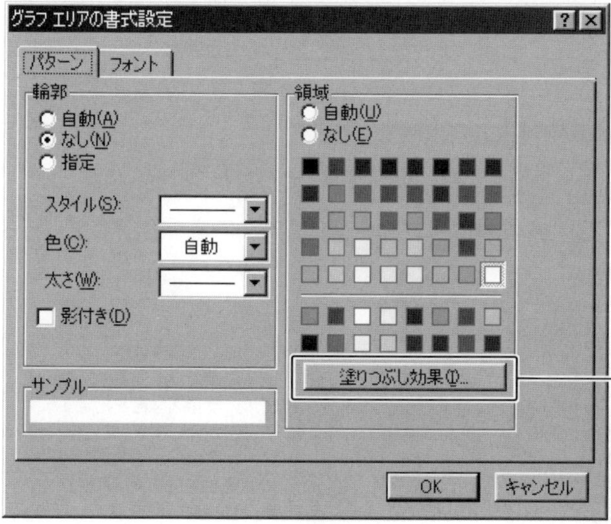

クリック

「グラフエリアの書式設定」画面が表示されますので、「塗りつぶし効果」ボタンをクリックします。

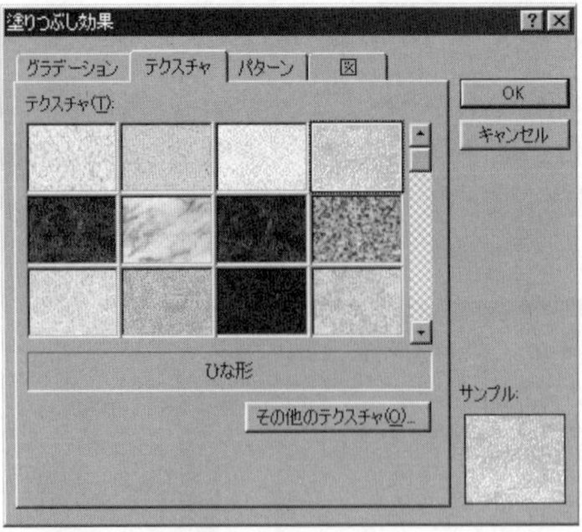

「テクスチャ」タブをクリックし、一覧から使用したいテクスチャを選択して「OK」ボタンをクリックします。

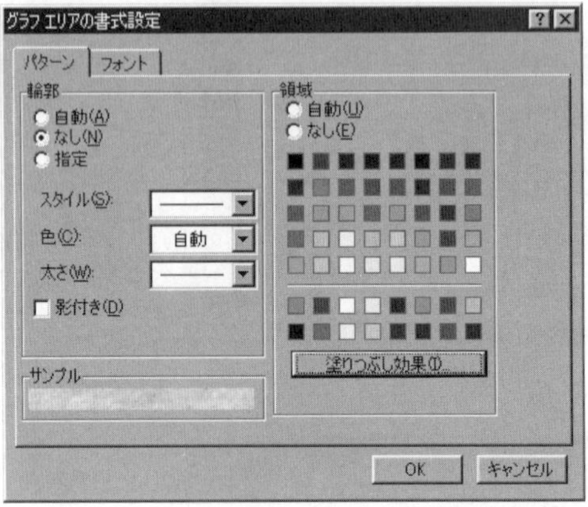

元の画面に戻りますので、「フォント」タブをクリックします。

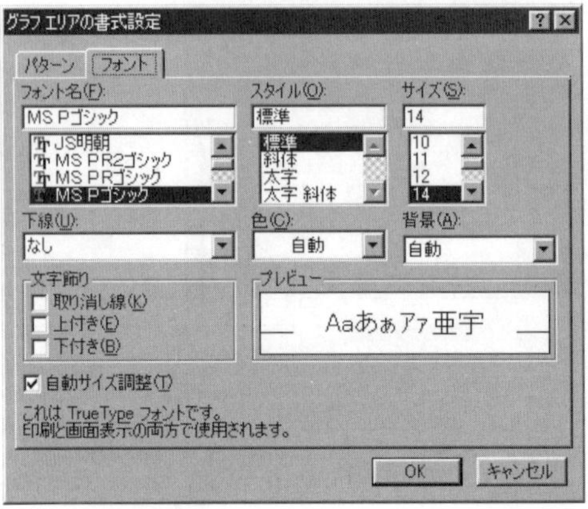

ここで、グラフに使われている文字のフォントやスタイル、サイズなどを指定することができます。ここでは、文字のサイズを「14」に変更して「OK」ボタンをクリックします。

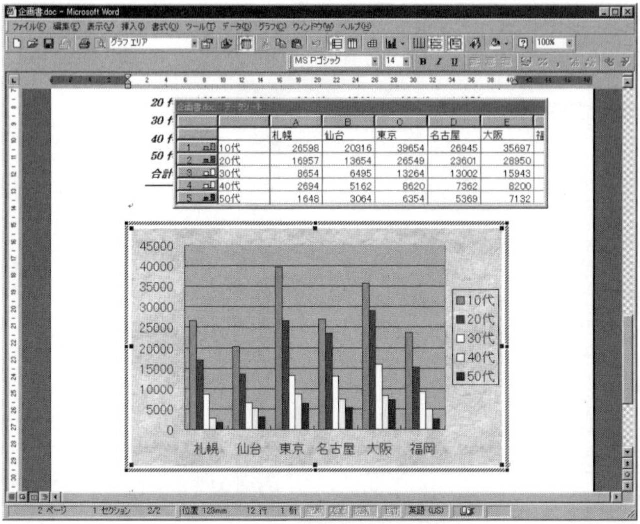

設定した内容がグラフに反映されます。

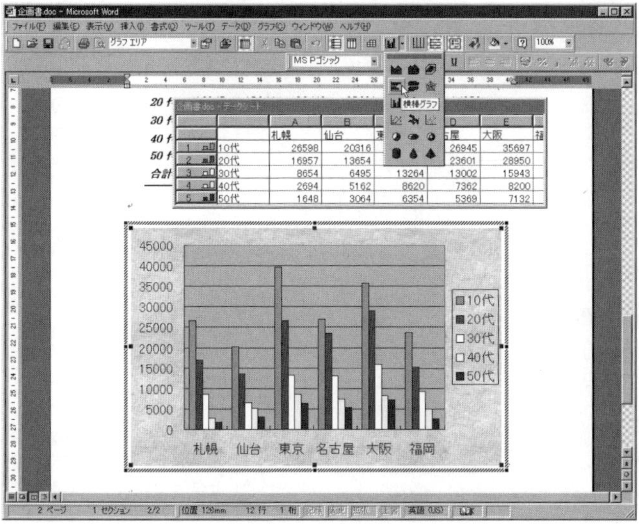

グラフの種類を変更するには、ツールバーの「グラフの種類」ボタン右にある「▼」をクリックし、表示されるメニューから種類を選択します。

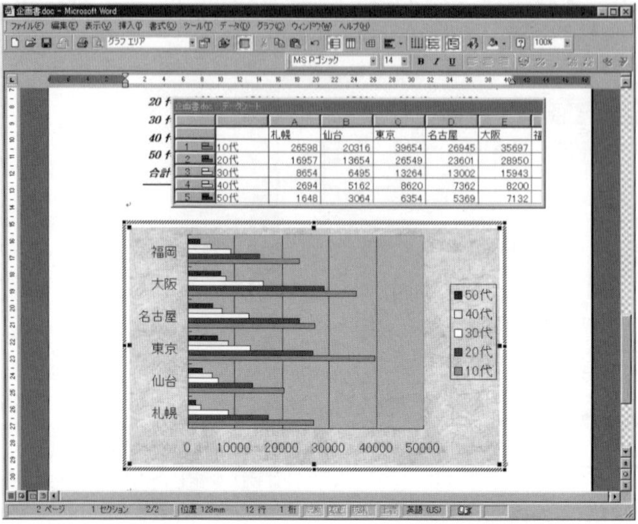

リアルタイムで、グラフが変更されます。

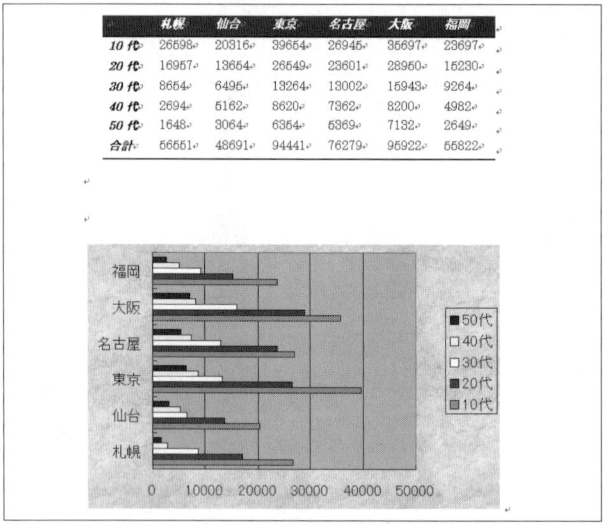

Word文書上をクリックすると完成です。最後に、表とグラフのサイズや配置を調整しておきましょう。

その他代表的なグラフの種類

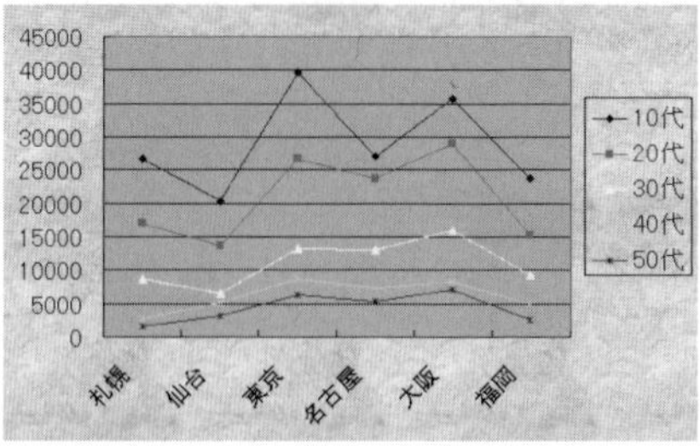

折れ線グラフ

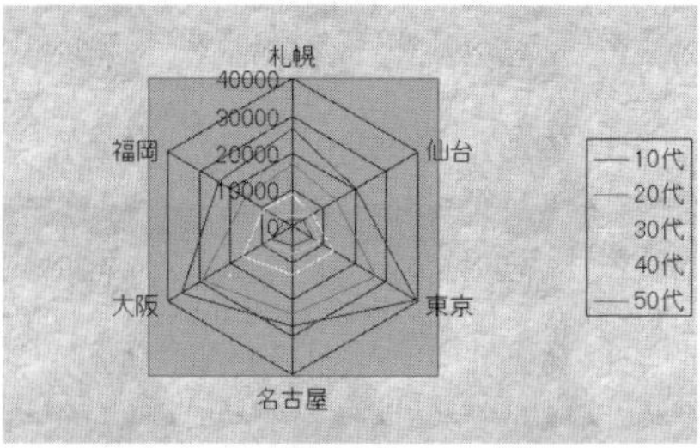

レーダーチャート

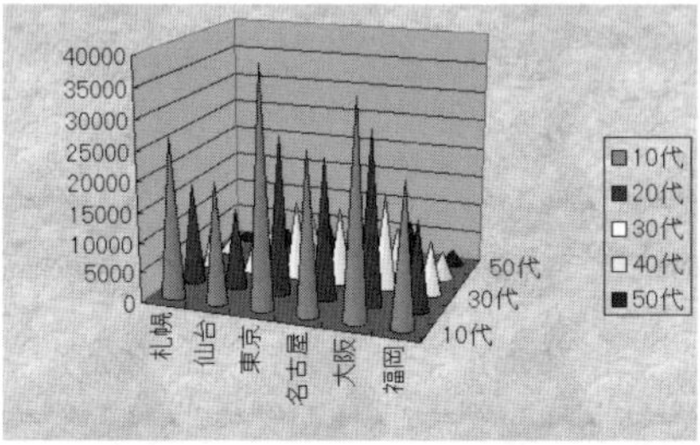

3-D 円錐グラフ

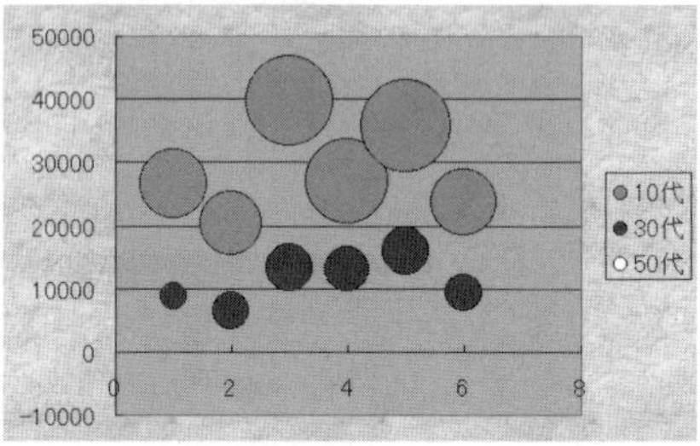

バブルチャート

ワードアートを利用する

「ワードアート」とは、デザインされた文字の書式のことです。これを利用すると、簡単にデザイン文字を作成することができます。タイトル文字などに利用すると、インパクトの強い文書が作成できます。

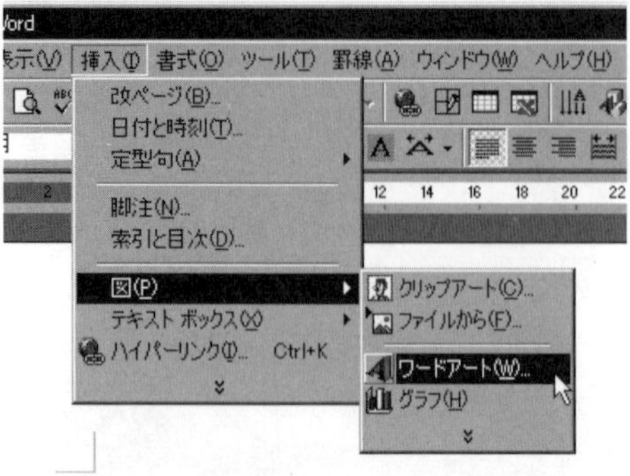

「挿入」メニューから「図」→「ワードアート」と選択します。

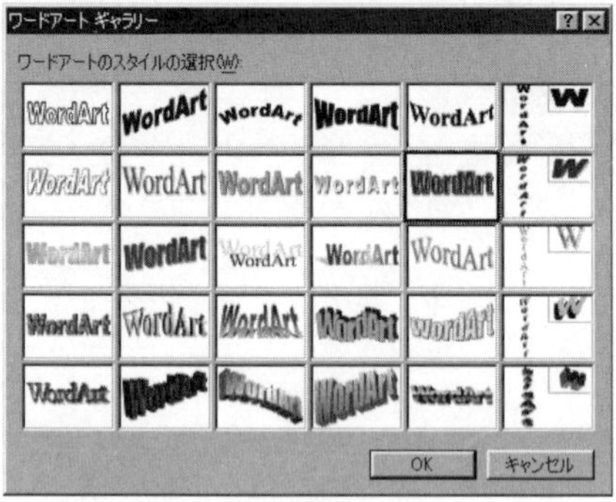

「ワードアートギャラリー」が表示されますので、好きなデザインを選択して「OK」ボタンをクリックします。

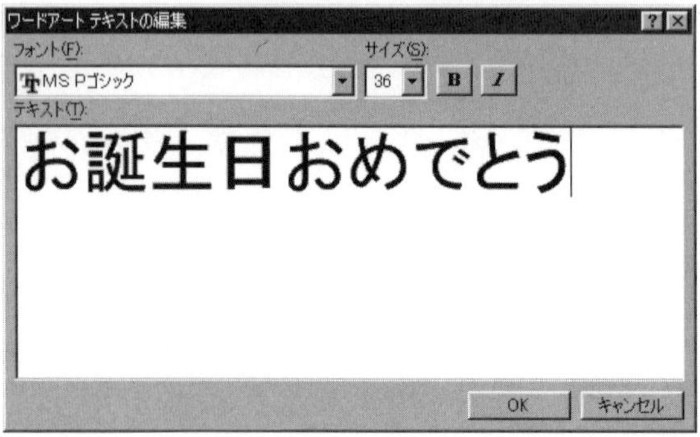

「テキスト」ボックスに文字を入力し、フォントやサイズ、書体を指定して「OK」ボタンをクリックします。

ワードアートでデザインされた文字が表示されます。

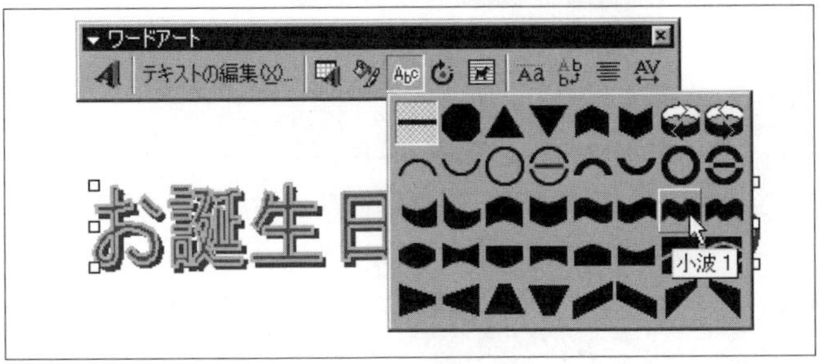

「ワードアート」ツールバーの「形状」ボタンをクリックし、メニューから形状を選択します。

このように、形状を変化させることもできます。

図形描画機能を利用する

Wordには、さまざまな図形を描画する機能も備わっています。立体図形なども簡単に作成できますが、ここではタイトル文字を見栄え良く飾る方法を紹介します。

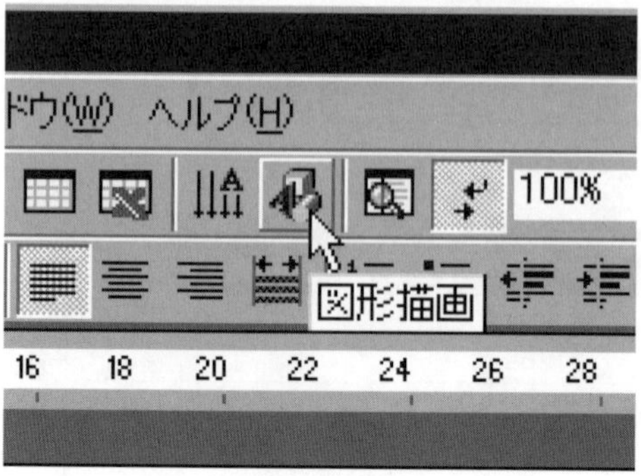

図形描画機能を利用するには、ツールバーの「図形描画」ボタンをクリックします。

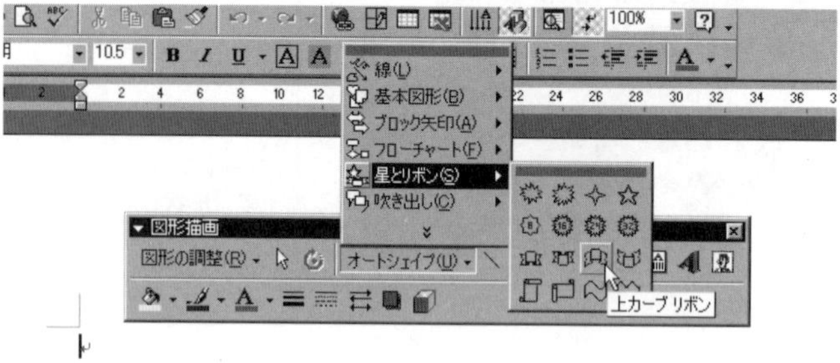

「図形描画」ツールバーが表示されますので、「オートシェイプ」ボタンをクリックしてメニューから好きな図形を選択します。

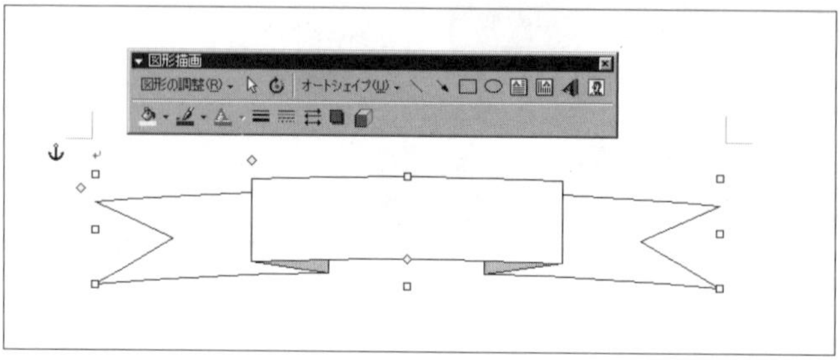

マウスで「□」をドラッグし、図形を適当な大きさに描画します。

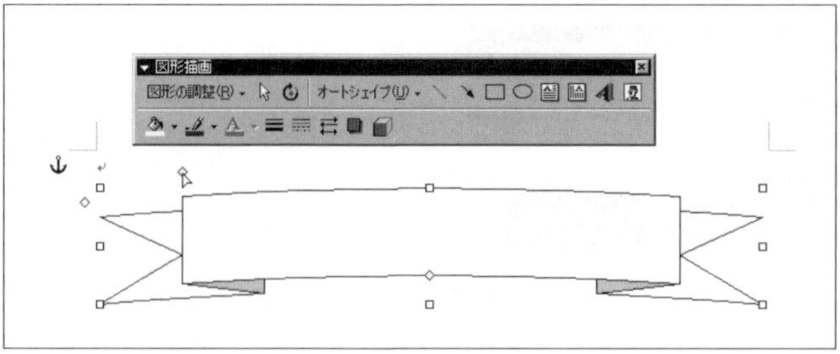

黄色い「◆」をドラッグすると、図形を変形させることができます。

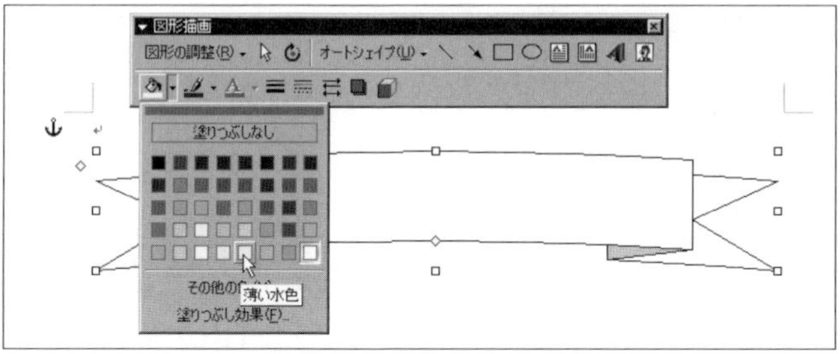

「図形描画」ツールバーから「塗りつぶし」の色を指定します。

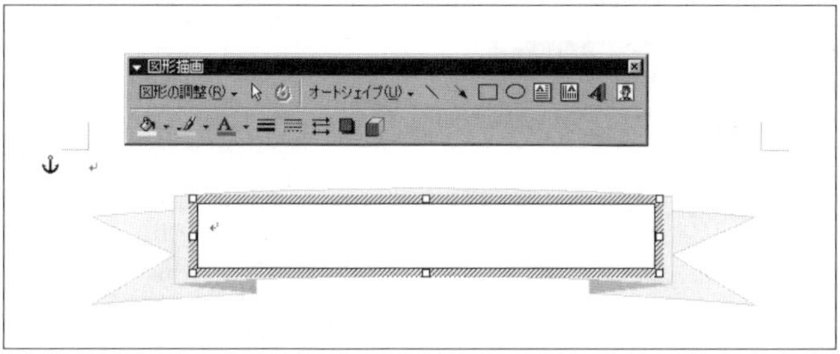

「図形描画」ツールバーの「テキストボックス(横書き)」をクリックし、テキストボックスを作成します。

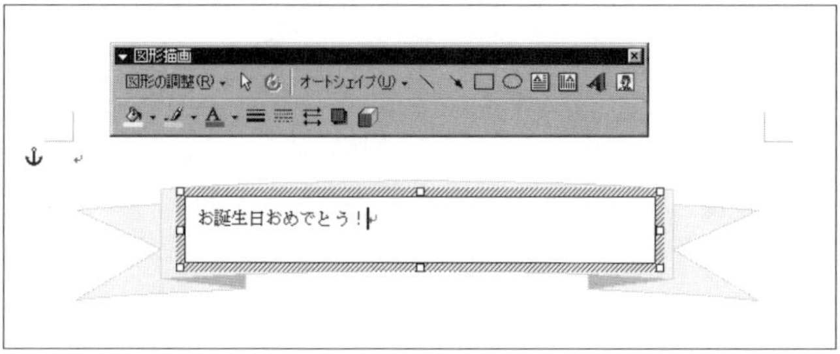

テキストボックスに文字を入力します。

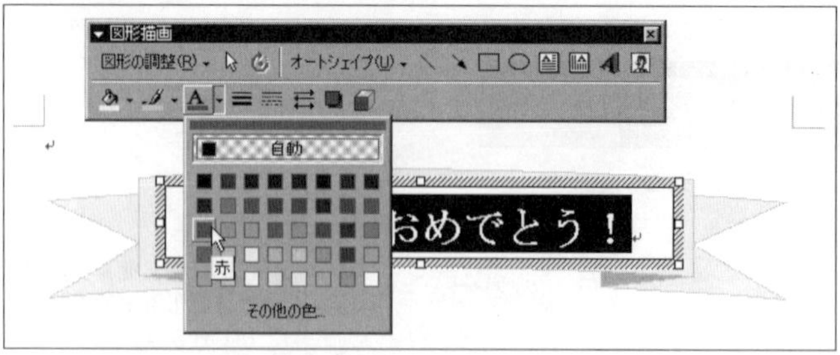

入力した文字の書式を設定し、「図形描画」ツールバーの「文字の色」で色を指定します。

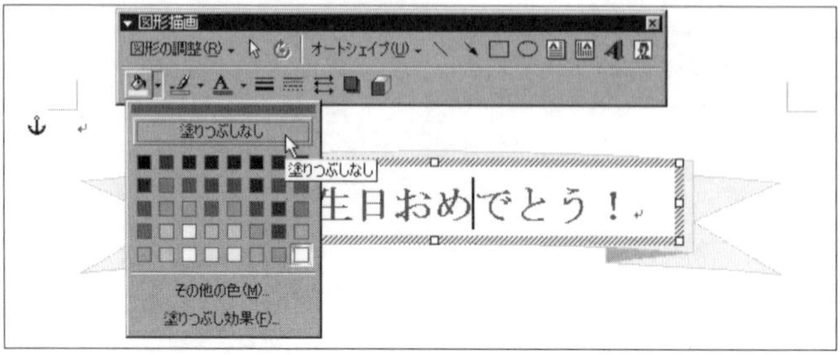

「図形描画」ツールバーから「線」と「塗りつぶし」に「なし」を指定します。

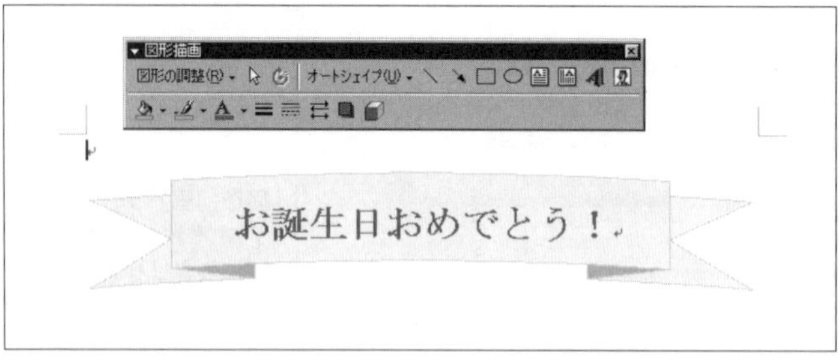

図形と文字の組み合わせで､タイトルが完成します。かなり応用の利くテクニックなので、覚えておくとよいでしょう。

ハイパーリンクを設定する

「ハイパーリンク」とは、図形などにホームページのURLアドレスや、メールアドレスを埋め込んでおく機能です。設定した図形などをクリックすると、ブラウザソフトが自動的に起動してそのページを表示したり、メールソフトが起動して、アドレスがすでに入力されたメール作成画面が開きます。もちろん印刷してしまうと機能しませんが、文書をメールに添付して送信する場合など利用するとよいでしょう。

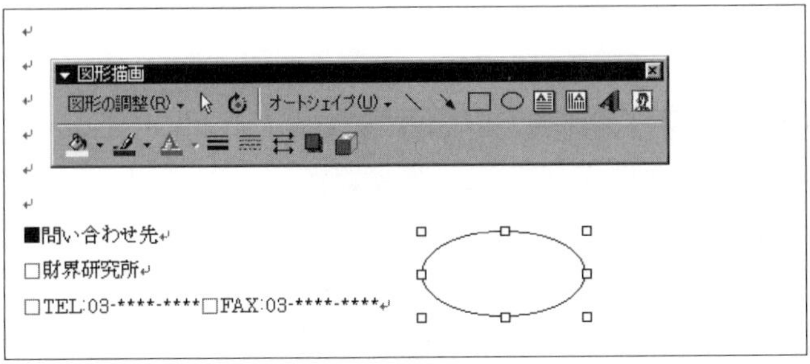

ツールバーの「図形描画」ボタンをクリックし、「図形描画」ツールバーを表示して適当な図形を作成します。

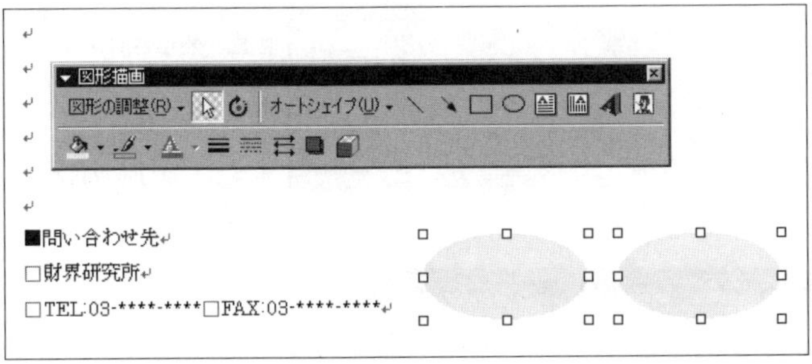

同じ形の図形を作成するときは、「コピー」と「貼り付け」を利用します。図形に「塗りつぶし」の色を設定し、「線」の色を「なし」にします。

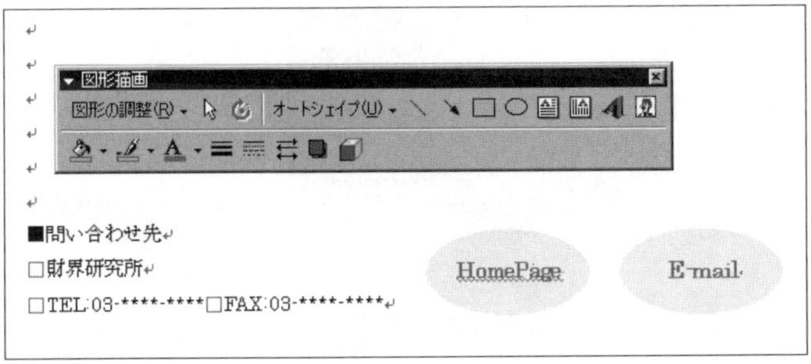

「テキストボックス（横書き）」を使って文字を入力し、図形を完成させます。

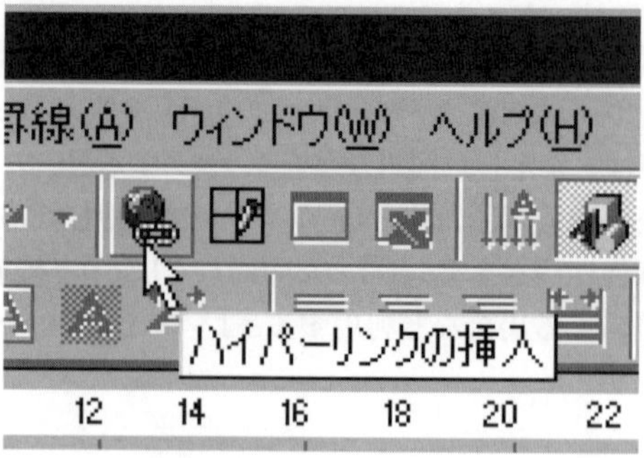

ハイパーリンクを設定する図形などを選択しておき、ツールバーの「ハイパーリンクの挿入」ボタンをクリックします。

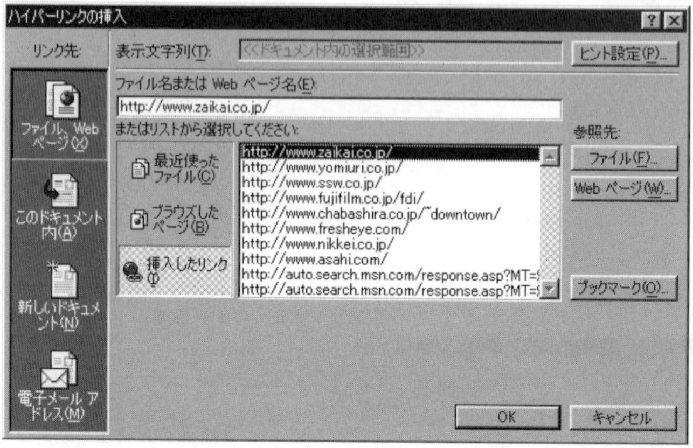

「ハイパーリンクの挿入」画面が表示されますので、「ファイル名またはWebページ名」にホームページのURLを入力して「OK」ボタンをクリックします。

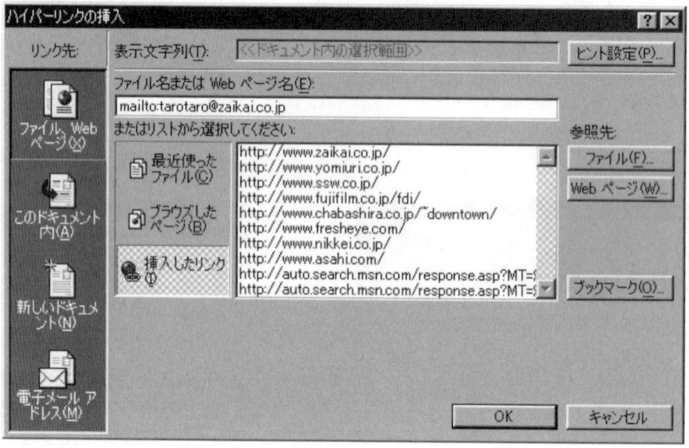

メールアドレスを設定するときも同じ要領で、「ファイル名またはWebページ名」にはメールアドレスを入力します。

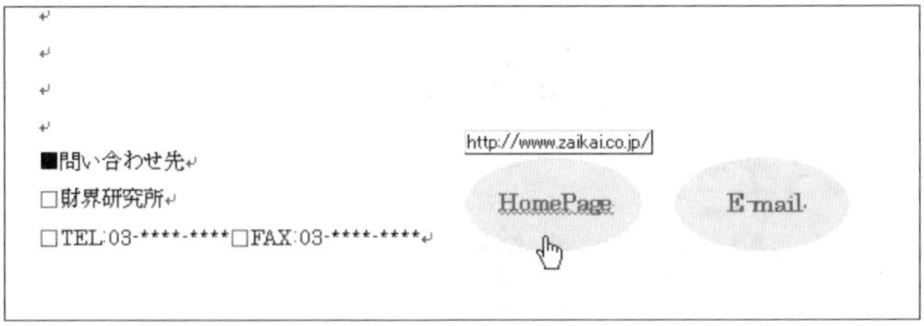

ハイパーリンクが設定された図形にカーソルを合わせると、カーソルが指の形に変わりますのでここでクリックします。

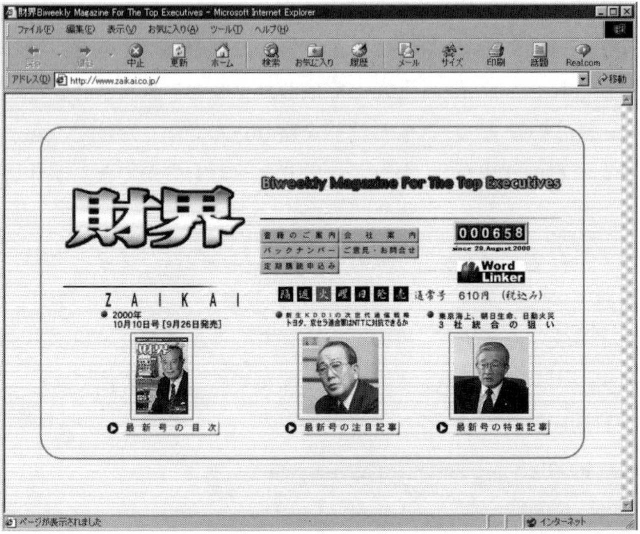

ブラウザソフトが起動し、インターネットに接続してハイパーリンクに設定されているホームページが表示されます。

PowerPointを使えば
さらに凝った企画書作成が可能

Wordと並び、ビジネスシーンで使用頻度の高いのが「PowerPoint（パワーポイント）」です。これも、マイクロソフト社のOffice製品のひとつで、プレゼンテーション資料の作成などに利用します。

あらかじめデザインされたテンプレートがたくさん用意されていて、デザインを選択すれば、あとは文字を入力してゆくだけで簡単にプレゼン資料が作成できます。また、質問に答えてゆくだけの「ウィザード」形式で作成することもでき、これを利用すると、ほとんど完成したプレゼン資料に必要とする情報を盛り込んでゆくだけで、かなりしっかりとしたものができあがります。

なお、完成したものはパソコン上で自動再生することもできるし、OHP用の買い出しもでき、さらにインターネット上で配布することも可能です。

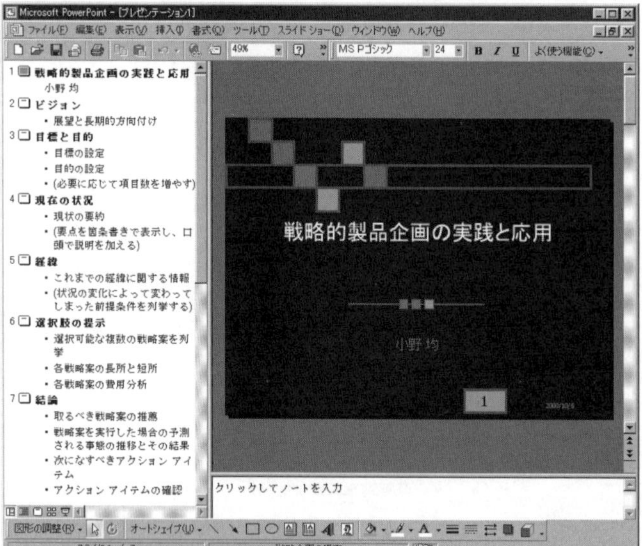

Microsoft PowerPoint - [プレゼンテーション1]
ファイル(F) 編集(E) 表示(V) 挿入(I) 書式(O) ツール(T) スライド ショー(D) ウィンドウ(W) ヘルプ(H)
1 戦略的製品企画の実践と応用
小野 均
2 ビジョン
・展望と長期的方向付け
3 目標と目的
・目標の設定
・目的の設定
・(必要に応じて項目数を増やす)
4 現在の状況
・現状の要約
・(要点を箇条書きで表示し、口頭で説明を加える)
5 経緯
・これまでの経緯に関する情報
・(状況の変化によって変わってしまった前提条件を列挙する)
6 選択肢の提示
・選択可能な複数の戦略案を列挙
・各戦略案の長所と短所
・各戦略案の費用分析
7 結論
・取るべき戦略案の推薦
・戦略案を実行した場合の予測される事態の推移とその結果
・次になすべきアクション アイテム
・アクション アイテムの確認
戦略的製品企画の実践と応用
小野 均
1
クリックしてノートを入力
スライド 1 / 7
戦略企画の提案

PowerPointでは、簡単に凝ったプレゼンテーション資料が作成できます。音声を録音しておき、自動でプレゼンを実行させることもできます。

第4章

電子メールのやさしい活用法

電子メールソフト（Outlook Express）を使いこなす

最近ではビジネスでもプライベートでも、相手に用件を伝えるときに「メールで送ってください」と言われることが多くなっています。

電子メールの普及度合は会社によって異なるため、必ずしもすべての用件をメールで伝えることがよいとは限りません。しかし、双方で電子メールを使う環境が整っているのであれば、存分に活用すべきです。

電子メールには、

・コピー&ペーストで簡単に引用できる。

・送受信した内容が記録される。

・いつでも好きなときに見ることができる。

といったメリットがあります。そのため、同じような内容の問い合わせには、以前出したメールから必要な部分をコピーすれば簡単に返答できますし、以前提出した資料がない、というときでも相手にメールで送っていればすぐに探し出すことができます。また、忙しい相手に電話をかけると不在だったり、時間が取れないこともありますが、メールであれば相手の都合のいいときに、ゆっくり見てもらうことができます。

さて、このように便利な電子メールですが、使うのを避けた方がよい場合もあります。

まず、急用の場合。電子メールは時間にとらわれずに見ることができるというメリットがある代わりに、近日中に確実に見てもらえるという保証も、返事が来るという保証もありません。今日、明日を争うような内容は電話で伝えましょう。また、いくら電子メールが普及している会社であっても、謝罪や見知らぬ人への依頼をメールで行うのは失礼とされています。もし、相手の連絡先がメールアドレスしかわからない場合には、メールの冒頭にその旨を書き加えて、一言非礼を詫びてから本題に入るようにしましょう。そうすれば、心証が悪くなることを防げるはずです。

電子メールソフトの基本設定

電子メールを使うには、メールサーバーの設定と、サーバーを利用するためのアカウントやパスワードといった設定が必要です。以下はアウトルック・エクスプレス5.5ですでにメールの設定が済んでいる場合に、設定内容を確認するための方法です。

アウトルック・エクスプレス5.5を起動させたら、「ツール」メニューから「アカウント」を選びます。アウトルック・エクスプレスのバージョンが古いと、画面やメニューの位置が異なることがあるので注意しましょう。アウトルック・エクスプレスを5.5にするには、インターネット・エクスプローラ5.5をインストールします。

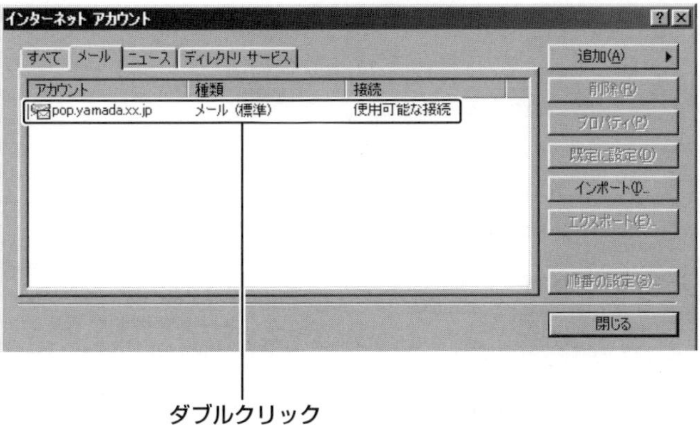

「メール」タブをクリックすると、メールの設定一覧が表示されます。ここでは1つしか表示されていませんが、メールアドレスをいくつも持っている場合は、ここに複数の設定が表示されます。使用しているサーバーやアカウントの設定を見るには、「アカウント」欄の文字をダブルクリックします。

※Outlook Expressは、マイクロソフト社のホームページ（http://www.asia.microsoft.com/japan/）から無料でダウンロードできるInternet Explorerに付属しています。

「全般」のタブをクリックすると、前の手順でダブルクリックしたアカウント名や、メールを受信したときに「送信者」の欄に表示される名前を変えることができます。

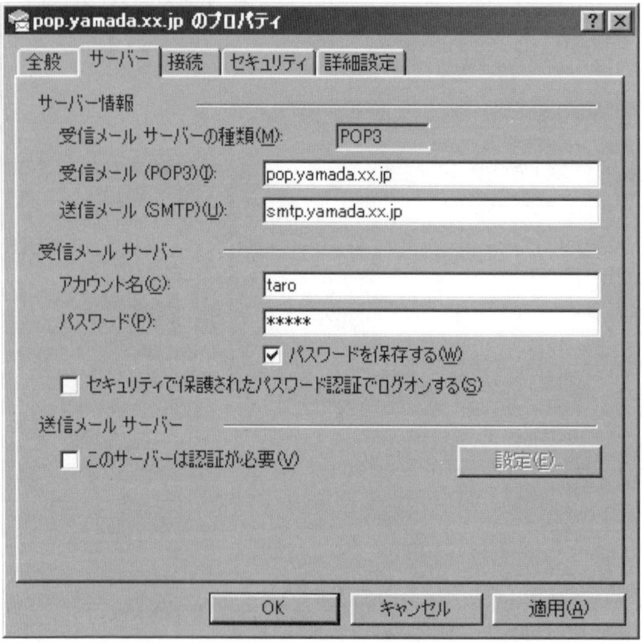

「サーバー」のタブをクリックすると、メールサーバーに関する設定が表示されます。メールサーバーには、メールを受信するためのPOP3サーバーと、メールを送信するためのSMTPサーバーとがあります。メールサーバーを利用するためにはアカウント名（ID、ユーザー名ともいう）とパスワードが必要なので、ここではその項目も設定しています。

「接続」タブをクリックすると、インターネットに接続するための方法が表示されます。メールサーバーを利用するためには、事前にインターネットに接続していなければならないので、こういった設定が必要なのです。常にインターネットに接続している状態（LANやCATVインターネットサービスの利用など）では特に設定しなくても構いません。

新しいメールアドレスを取得したら

電子メールの設定をゼロから行う

メールの設定をまったく行っていない場合や、新たなメールアドレスを取得した場合には、アウトルック・エクスプレスの画面で「ツール」→「アカウント」を選び、右端のボタンで「追加」→「メール」を選んで、画面の指示通りに設定を行います。すでにある設定が不要になったときは「ツール」→「アカウント」の画面で「削除」ボタンを押せば消すことができます。

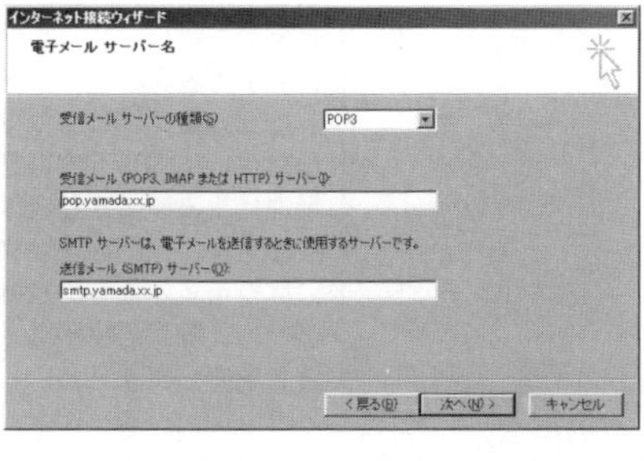

メールアドレスの新規設定画面。「次へ」のボタンを押せばメールの送受信を行う上で必要最低限の設定項目が表示されるので、順番に埋めます。

電子メールを受信する

「メールは苦手」という人でも、すでに電子メールが普及している会社では、あらゆる連絡事項がメールで送られてくるので使わないわけにはいきません。せめて、メールの受信だけでも自力で行えるようになりましょう。

アウトルック・エクスプレスの画面を出したら、「ツール」メニューから「送受信」→「すべて受信」を選びます。

新しく来たメールが表示されます。新しいメールは最初太字で表示されて、タイトル部分をダブルクリックしたり、しばらく内容を表示させたままにすると、ほかのメールと同じ細い文字になります。太字の状態は「未読」、細字の状態は「既読」を表します。

電子メールを送信する

電子メールの受信ができるようになったら、次は送信です。初めて電子メールを利用するときや、メールの設定を変えた直後には、自分のメールアドレス宛てにメールを送り、そのあと受信の操作をすることによって、設定がきちんと行われているかどうか確認できます。

クリック

受信トレイ - Outlook Express - メイン ユーザー
新しいメール
受信トレイ
Outlook Express
ローカル フォルダ
受信トレイ
送信トレイ
送信済みアイテム
削除済みアイテム
下書き
Tanaka Hitoshi
見積書を FAXしました
送信者: Tanaka Hitoshi 宛先: rei@k.aimetne.jp
件名: 見積書を FAXしました
鈴木商事
営業部 山田様
いつもお世話になっております。
斉藤商店の田中です。
さきほど、ご依頼の見積書をFAXいたしました。
不明点がありましたらメールか電話でご連絡ください。
本日は一日中、社にいる予定です。
どうぞよろしくお願いいたします。
斉藤商店 田中 均
tanaka@saito.xx.jp

アウトルック・エクスプレスの画面を出して、左上にある「新しいメール」の部分を押すと、メールの作成画面が表示されます。

クリック

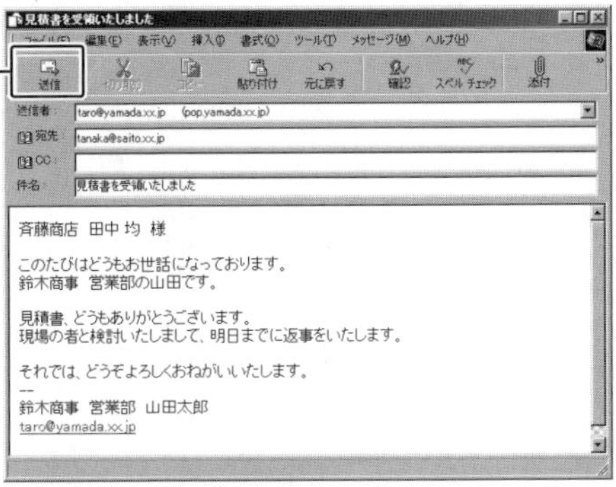
見積書を受領いたしました
送信
送信者: taro@yamada.xx.jp (pop.yamada.xx.jp)
宛先: tanaka@saito.xx.jp
CC:
件名: 見積書を受領いたしました
斉藤商店 田中 均 様
このたびはどうもお世話になっております。
鈴木商事 営業部の山田です。
見積書、どうもありがとうございます。
現場の者と検討いたしまして、明日までに返事をいたします。
それでは、どうぞよろしくおねがいいたします。
--
鈴木商事 営業部 山田太郎
taro@yamada.xx.jp

「送信者」欄は自分のメールアドレスが自動的に入ります。「宛先」には相手のメールアドレスを入れます。「件名」にはメールの用件を簡潔にまとめて入れます。その下には宛名、本文、自分の連絡先を入力して、できあがったら左上の「送信」ボタンを押します。

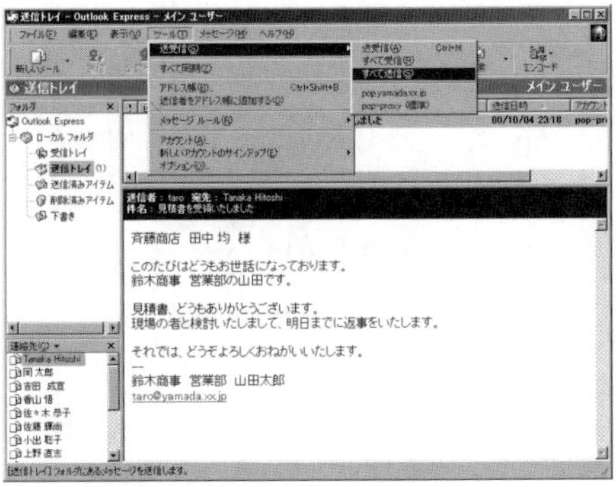
送信トレイ - Outlook Express - メイン ユーザー
送信トレイ
送受信
すべて送信
送信者: taro 宛先: Tanaka Hitoshi
件名: 見積書を受領いたしました
斉藤商店 田中 均 様
このたびはどうもお世話になっております。
鈴木商事 営業部の山田です。
見積書、どうもありがとうございます。
現場の者と検討いたしまして、明日までに返事をいたします。
それでは、どうぞよろしくおねがいいたします。
鈴木商事 営業部 山田太郎
taro@yamada.xx.jp

「送信」ボタンを押してもメールはすぐには送信されず、「送信トレイ」に入ります。「ツール」メニューから「送受信」→「すべて送信」を選ぶと、実際にメールが送信されます。この手順を省略して「送信」ボタンですぐにメールを送るには、「ツール」メニューから「オプション」を選び、「送信」タブにある「メッセージを直ちに送信する」をチェックします。

4▶2

電子メールにファイルを添付する

「ワード」や「エクセル」で作った書類や、デジカメの画像など、パソコンを使っているとさまざまなファイルを扱う機会が増えます。これらのファイルを相手に渡すとき、フロッピーディスクやCD-Rを使うことが多いかもしれませんが、電子メールを使えばもっと簡単にファイルを渡すことができます。

電子メールでファイルを送る、というと難しいことのようですが、実際の操作ではメールの文面に送りたいファイルをドラッグ&ドロップして、普段メールを出すときと同じように、宛先・タイトル・本文を入力して送信するだけのことです。

ただし、操作は簡単なのですが、操作以外で注意したい点がいくつかあります。

まず、自分のパソコンで開くことができるファイルでも、相手のパソコンでは利用できないことがある、という点。基本的には「ワード」で作ったファイルなら「ワード」、「エクセル」で作ったファイルなら「エクセル」が入っているパソコンでないと利用できないので、あらかじめ相手先にソフトの有無を尋ねておきます。

さらに、「ワード」や「エクセル」ではバージョンによって開くことができるファイルが異なるので、元のファイルを作成したソフトのバージョンと、相手先のパソコンに入っているソフトのバージョンまで確認しておくと安心です。もし、バージョンが異なっているため開くことができないと言われた場合は、元のファイルを開いてあと、「ファイル」メニューから「名前を付けて保存」を選んだあと、「ファイルの種類」の欄で相手のソフトに合わせた形式に変えて保存します。

あと、注意したいのはファイルの大きさ。一般に普及している56Kのモデムでも、1分間に最大420KB(約0・42MB)しか送受信できません。送信するファイルは最大でも1MBくらいにしておきしょう。

電子メールにファイルを添付して送る

ファイルの添付方法はメールソフトによって違いはありますが、大半は本文を書く欄にドラッグ&ドロップするだけで済みます。そのあとは、普通に電子メールを送信する手順と同様に操作すれば問題ありません。

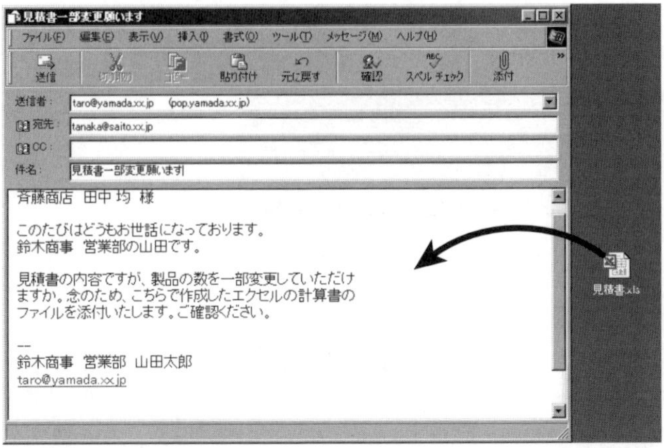
見積書一部変更願います
ファイル(F) 編集(E) 表示(V) 挿入(I) 書式(O) ツール(T) メッセージ(M) ヘルプ(H)
送信 切り取り コピー 貼り付け 元に戻す 確認 スペル チェック 添付
送信者： taro@yamada.xx.jp (pop.yamada.xx.jp)
宛先： tanaka@saito.xx.jp
CC：
件名： 見積書一部変更願います
斉藤商店 田中 均 様
このたびはどうもお世話になっております。
鈴木商事 営業部の山田です。
見積書の内容ですが、製品の数を一部変更していただけますか。念のため、こちらで作成したエクセルの計算書のファイルを添付いたします。ご確認ください。
--
鈴木商事 営業部 山田太郎
taro@yamada.xx.jp
見積書.xls

まず、ワードやエクセルで作成した文書に名前を付け、デスクトップなど任意の場所に保存しておきます。次に「新規メール」のボタンを押してメール作成の画面を出したら、保存しておいたファイルを文面の入力欄にドラッグ&ドロップします。「宛先」「件名」「本文」の欄は事前に入力しておいてもいいし、あとから入力しても構いません。

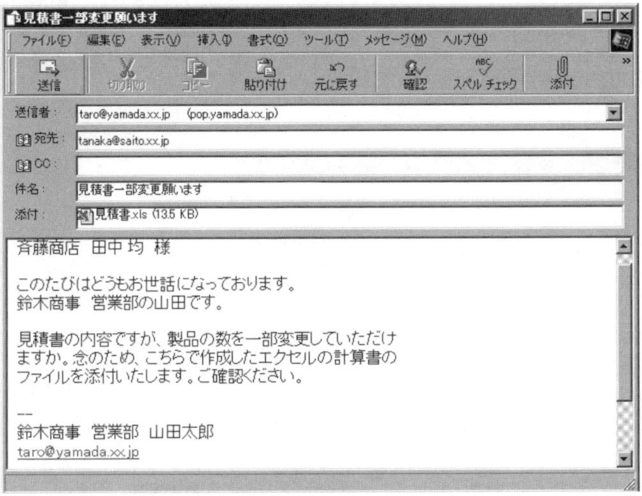
見積書一部変更願います
ファイル(F) 編集(E) 表示(V) 挿入(I) 書式(O) ツール(T) メッセージ(M) ヘルプ(H)
送信 切り取り コピー 貼り付け 元に戻す 確認 スペル チェック 添付
送信者： taro@yamada.xx.jp (pop.yamada.xx.jp)
宛先： tanaka@saito.xx.jp
CC：
件名： 見積書一部変更願います
添付： 見積書.xls (13.5 KB)
斉藤商店 田中 均 様
このたびはどうもお世話になっております。
鈴木商事 営業部の山田です。
見積書の内容ですが、製品の数を一部変更していただけますか。念のため、こちらで作成したエクセルの計算書のファイルを添付いたします。ご確認ください。
--
鈴木商事 営業部 山田太郎
taro@yamada.xx.jp

「件名」欄の下に新たに「添付」という欄ができて、先ほどドラッグ&ドロップしたファイルの名前が表示されます。このあとは、普通に電子メールを送るときと同様に「送信」のボタンを押します。添付ファイルを解除するには、「添付」欄のファイル名を消します。

添付ファイルを開く

ファイルが添付された電子メールを受け取ると、アウトルック・エクスプレスの場合は件名の前にクリップのアイコン（絵柄）が表示されます。メールソフトによって表示方法は異なりますが、そのままではせっかく送ってもらったファイルを使うことができません。そこで、添付ファイルを受け取ったら、ファイルを取り出す、という操作が必要となります。

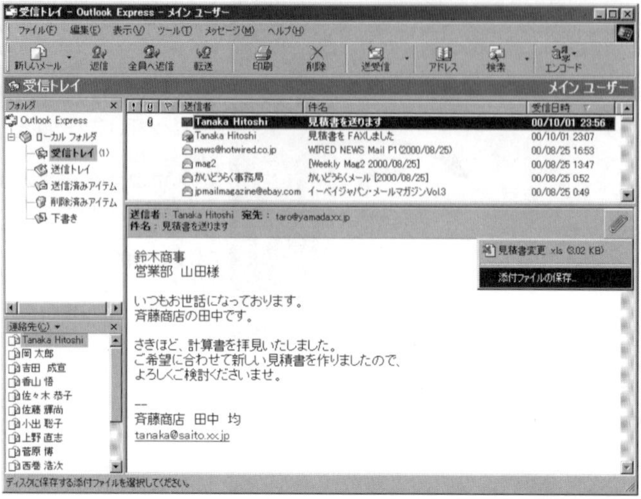

クリップの絵柄が付いたメールを受け取ったら、まずはそのメールを選択します。そうすると、最初に表示されているクリップの絵よりも大きな絵が表示されるので、これをクリックして「添付ファイルの保存」を選びます。

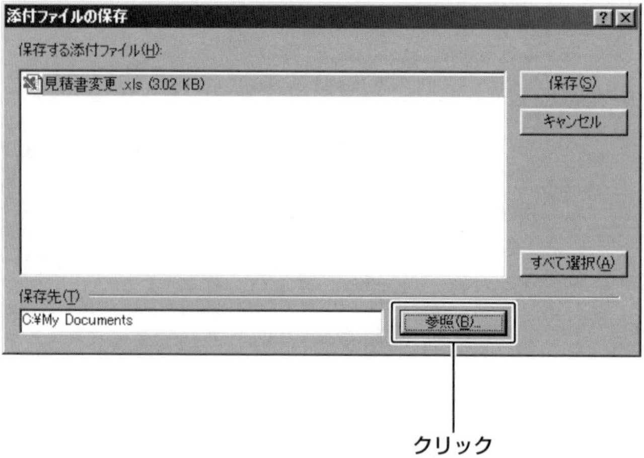

いきなり「保存」を押すと、ファイルがどこにあるのかわからなくなってしまいます。そのため、最初に「参照」ボタンを押して、ファイルを保存する場所を決めておきます。

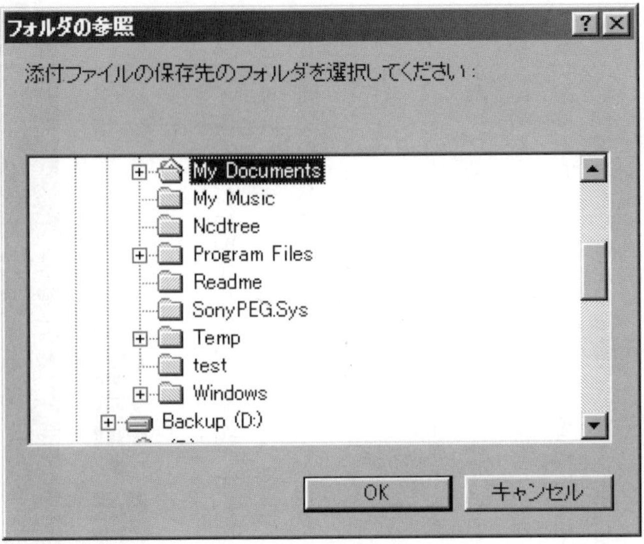

「参照」ボタンを押すとフォルダの選択画面が表示されます。ここで、ファイルを保存する場所を選んで「OK」ボタンを押すと、1つ前の画面に戻ります。

「添付ファイルの保存」画面で「保存」ボタンを押すと、上の画面で指定した場所にファイルを取り出すことができます。

4▶3

圧縮・解凍をマスターする

ファイルの添付に関する説明でも述べましたが、ファイルのサイズが大きいと電子メールでの送信にも、受信にも時間がかかってしまいます。そこで、大きなファイルを送るときには、ファイルの圧縮ソフトを使ってサイズを小さくします。

ファイルの圧縮とは、たとえば「赤赤赤青青」という文字があった場合に、独自のルールを設けて「赤3青2」のように短くすることです。こうして短くしたファイルを受け取った相手は、最初のルールを逆に適用することによって、ファイルを元の状態に戻すことができます。これを「解凍する」と言います。

ファイルを圧縮・解凍するためのルールには「ＬＨＡ《エルエイチエー》」「ＺＩＰ《ジップ》」「ＣＡＢ《キャブ》」などの方式があります。このうち、日本で主に使われているのはＬＨＡ、海外で主に使われているのはＺＩＰなので、圧縮・解凍ソフトを選ぶときはこの両者に対応したものを選びましょう。そして、ファイルを圧縮する前に、送信先の相手にどちらの形式にすればいいか尋ねておきます。

相手からファイルを受け取ったら、ファイルの拡張子（ファイル名の最後3、4文字）を見て圧縮形式を判断します。たとえば、ＺＩＰの場合は「zip」、ＬＨＡの場合は「lzh」という文字が付いているので、それに対応するソフトで解凍します。

相手先のパソコンがマックの場合は、「sit」や「sea」という文字が付いていることがあります。これは、マックで普及している「スタッフイット」という圧縮形式です。この場合、マックにはＬＨＡ形式の圧縮ソフト「マックＬＨＡ」もあるので圧縮形式を変えて送り直してもらうか、受信側でウィンドウズ用の解凍ソフト「スタッフイット・エクスパンダー」を用意しておきましょう。このソフトはアクト2のホームページ（http://stuffit.act2.co.jp/）から無償で入手できます。

圧縮・解凍ソフトの入手とインストール

ファイルの圧縮・解凍ソフトは、市販のものと、インターネットを通じて無償、または有償で入手できるものとがあります。これらは機能的にほとんど変わりがないため、一般的には無償のソフトがよく使われています。以下では、LHAとZIP形式に対応したフリーソフト(無償)である「+Lhaca(ラカ)」の操作方法を説明します。

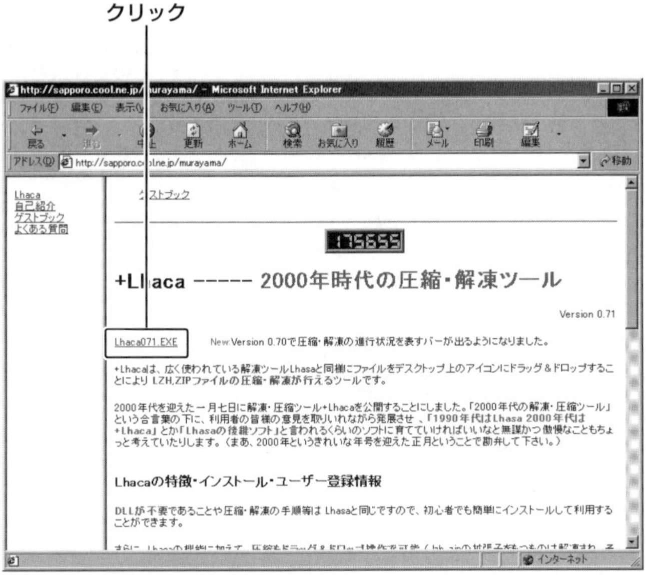

「+Lhaca(ラカ)」の作者・村山富男氏のホームページ(http://sapporo.cool.ne.jp/murayama/)へ行って、ファイル名が表示されている部分をクリックします。

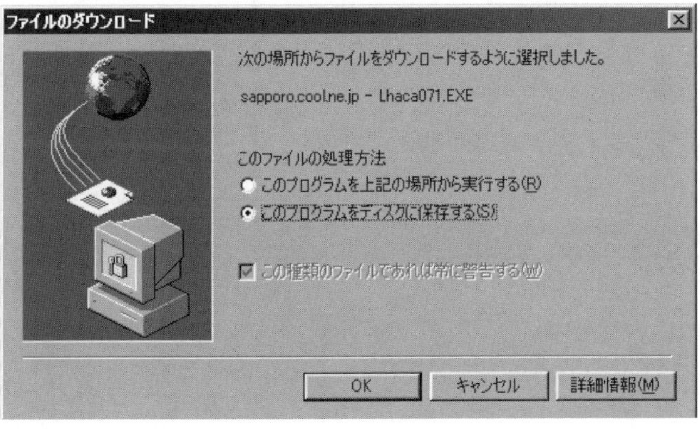

ファイルをダウンロードする画面が表示されるので、「このプログラムをディスクに保存する」を選んで「OK」ボタンを押します。

まず「保存する場所」を決めます。この画面と同じように「マイドキュメント」にするか、「デスクトップ」にするとわかりやすいでしょう。ファイル名は特に変更する必要がないので、そのまま「保存」ボタンを押します。

しばらく待つと、先ほど指定した場所に「+Lhaca」という名前のアイコンが表示されます。このあと、ソフトをインストールするには+Lhacaのアイコンをダブルクリックします。

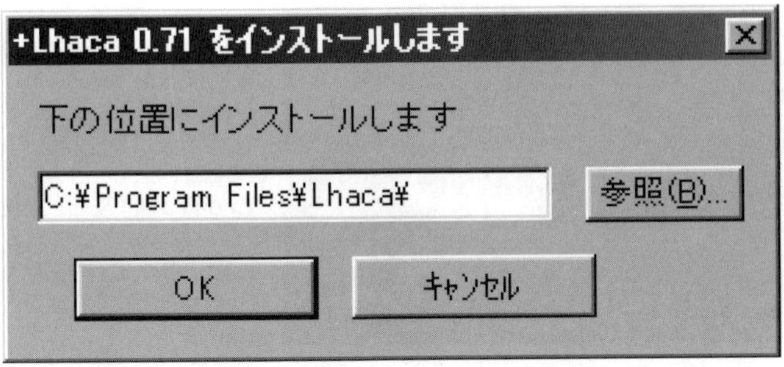
+Lhaca 0.71 をインストールします
下の位置にインストールします
C:¥Program Files¥Lhaca¥
参照(B)...
OK
キャンセル

ソフトをインストールする場所を「参照」ボタンで指定できますが、普通は最初に表示されている状態のままで構わないので、このまま「OK」を押します。

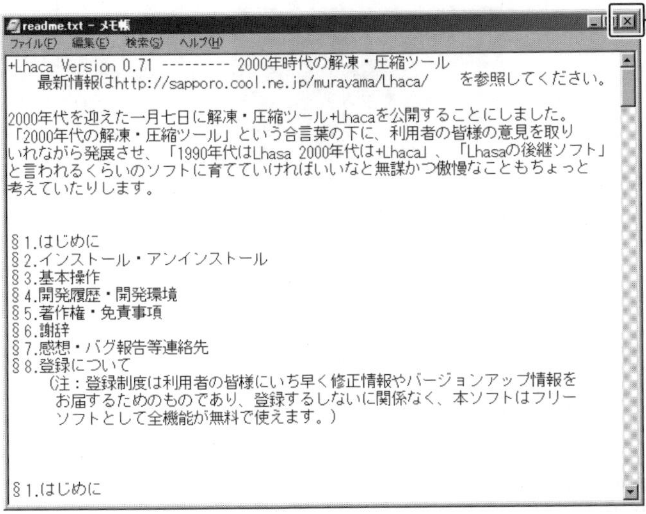
readme.txt - メモ帳
ファイル(F) 編集(E) 検索(S) ヘルプ(H)
+Lhaca Version 0.71 --------- 2000年時代の解凍・圧縮ツール
最新情報はhttp://sapporo.cool.ne.jp/murayama/Lhaca/ を参照してください。
2000年代を迎えた一月七日に解凍・圧縮ツール+Lhacaを公開することにしました。
「2000年代の解凍・圧縮ツール」という合言葉の下に、利用者の皆様の意見を取り
いれながら発展させ、「1990年代はLhasa 2000年代は+Lhaca」、「Lhasaの後継ソフト」
と言われるくらいのソフトに育てていければいいなと無謀かつ傲慢なこともちょっと
考えていたりします。
§1.はじめに
§2.インストール・アンインストール
§3.基本操作
§4.開発履歴・開発環境
§5.著作権・免責事項
§6.謝辞
§7.感想・バグ報告等連絡先
§8.登録について
(注：登録制度は利用者の皆様にいち早く修正情報やバージョンアップ情報を
お届するためのものであり、登録するしないに関係なく、本ソフトはフリー
ソフトとして全機能が無料で使えます。)
§1.はじめに

クリック

インストールが終了すると、ソフトの使い方に関する説明が表示されます。一通り目を通して、読み終わったら右上の「×」ボタンで閉じます。

+Lhaca

デスクトップに「+Lhaca」というアイコンができます。このアイコンをダブルクリックすると、ソフトの設定を変えることができますが、普通は初期状態のままで構いません。

ファイルを圧縮して送る

基本的な操作方法は、ファイルを電子メールに添付して送る場合と同様です。ただし、最初にファイルを圧縮して、圧縮したファイルを添付します。

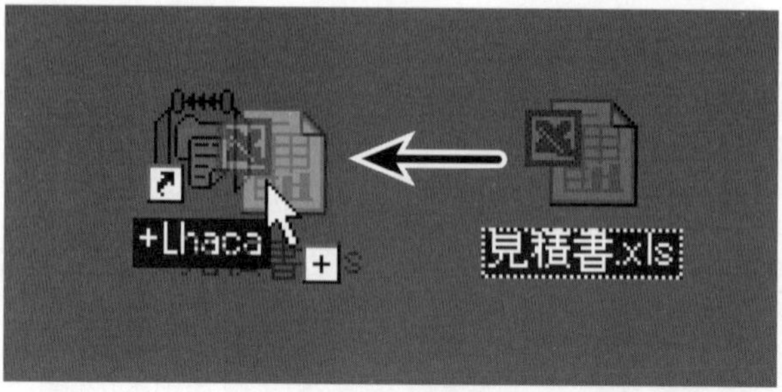
+Lhaca
見積書.xls

圧縮するファイルのアイコンを、デスクトップにある+Lhacaのアイコン上にドラッグ&ドロップします。このとき、+Lhacaのアイコンが青っぽく反転した状態でマウスのボタンを離さないと、ファイルの保存場所が変わるだけで圧縮できません。

見積書.lzh

デスクトップに圧縮ファイルが出現。元のファイルはそのまま残るので、事前にコピーを取っておく必要はありません。ここではLHA形式で圧縮していますが、ZIP形式にするときは+Lhacaのアイコンをダブルクリックして、「圧縮形式」を「ZIP」にします。

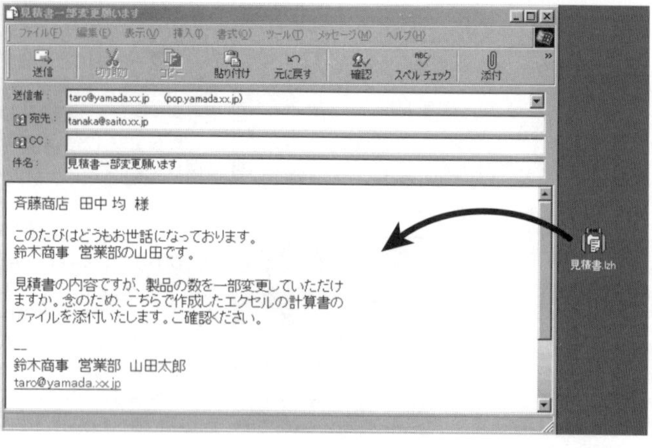
見積書一部変更願います
ファイル(F) 編集(E) 表示(V) 挿入(I) 書式(O) ツール(T) メッセージ(M) ヘルプ(H)
送信 切り取り コピー 貼り付け 元に戻す 確認 スペル チェック 添付
送信者: taro@yamada.xx.jp (pop.yamada.xx.jp)
宛先: tanaka@saito.xx.jp
CC:
件名: 見積書一部変更願います
斉藤商店 田中 均 様
このたびはどうもお世話になっております。
鈴木商事 営業部の山田です。
見積書の内容ですが、製品の数を一部変更していただけますか。念のため、こちらで作成したエクセルの計算書のファイルを添付いたします。ご確認ください。
--
鈴木商事 営業部 山田太郎
taro@yamada.xx.jp
見積書.lzh

電子メールにファイルを添付するときとまったく同じ要領で、メールの文面の部分に圧縮ファイルをドラッグ&ドロップします。

もらったファイルを解凍する

+LhacaはLHAとZIPの両形式に対応しています。従って、これらの形式のファイルを受け取ったら、+Lhacaの上にドラッグ&ドロップすることによって解凍できます。これ以外の形式には対応していません。

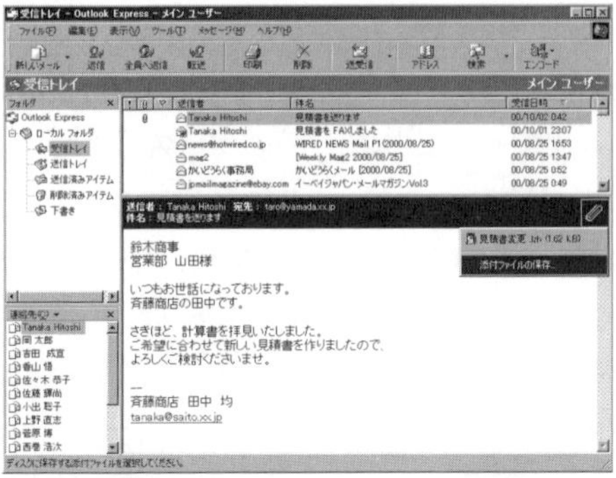

添付ファイルの付いたメールを受け取ったら、大きなクリップの絵柄をクリックして「添付ファイルの保存」を選びます。

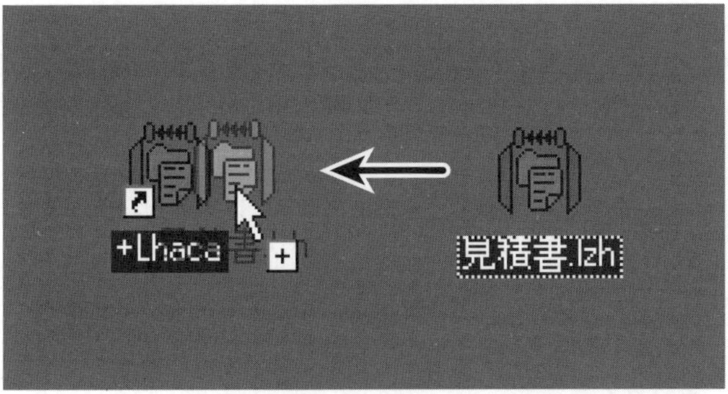

保存したファイルを画面に表示させたら、拡張子が「lzh」か「zip」であることを確認して、+Lhacaにドラッグ&ドロップします。ファイルを圧縮する場合と同様に、+Lhacaのアイコンが青っぽく反転した状態でマウスのボタンを離します。

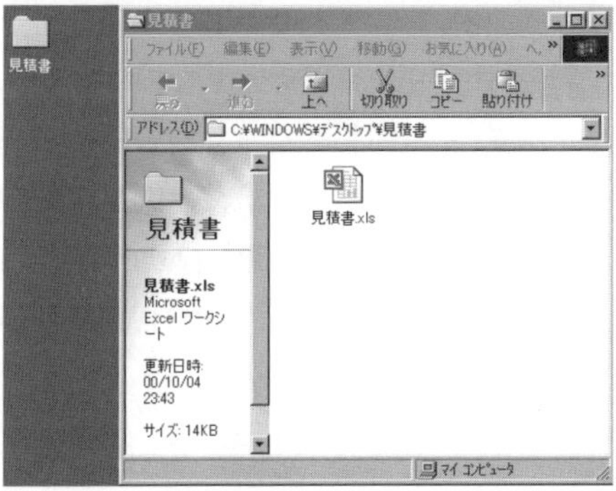

ファイル名と同じ名前のフォルダがデスクトップにできて、その中に元のファイルが復元されます。複数のファイルを圧縮しているときは、すべてのファイルが解凍されるまで時間がかかるので、少し待ちましょう。

デジタル時代のマナーを身につける

要注意!
マナー違反の電子メール

電子メールが普及したのは、ここ数年のこと。そのため、挨拶や手紙文にはいくらでも「お手本」がありますが、メールにはそういったものがほとんどありません。しかも、どんどんソフトが新しくなるので、それに応じてマナーも変わっていきます。

とはいえ、使っているソフトや新旧の別に関わらず、電子メールを使う場合に「これだけはやめるべき」という絶対的なマナーがあるのも事実。知らない、では済まされないデジタル時代のマナーを身につけましょう。

まず、ホームページのような外観になる「HTMLメール」はファイルのサイズが大きくなるので嫌われます（画面1)。事前にメールソフトの設定を変えておきましょう（画面2)。

同じような理由で嫌われるのが、やたら大きな添付ファイル。受信に時間がかかるだけでなく、古いメールソフトでは受信中にパソコンが動かなくなってしまうこともあります。ファイルのサイズは、アイコンを右クリックすれば見ることができるので、1MBを超えていたら必要な部分だけをコピー&ペーストしたり、FDやCD-Rなど別の手段で渡しましょう（画面3、4)。

あと、メールを大量に受信する人にとって不愉快なのが、件名が未記入だったり、「ニュースリリース」のように漠然としすぎているメール（画面5)。メールがたくさんある場合は件名だけざっと見て、重要なものから処理していきます。うっかり読み飛ばされないためにも、わかりやすい件名を付けるようにしましょう。

さらに、全文引用も人によっては嫌われます。特別忙しい人に出す場合は元のメールを確認してもらう、という意味で全文引用することもありますが、基本的には自分が書く文面に応じて、必要な部分だけを取り出します。そうしないと、むやみに長いメールになってしまいます（画面6)。

最後、気をつけたいのがパソコンの時計の設定（画面7、8)。うっかり「未来の日時」に設定していると、相手先のパソコンで常に自分のメールが先頭に来て迷惑だと思われます。

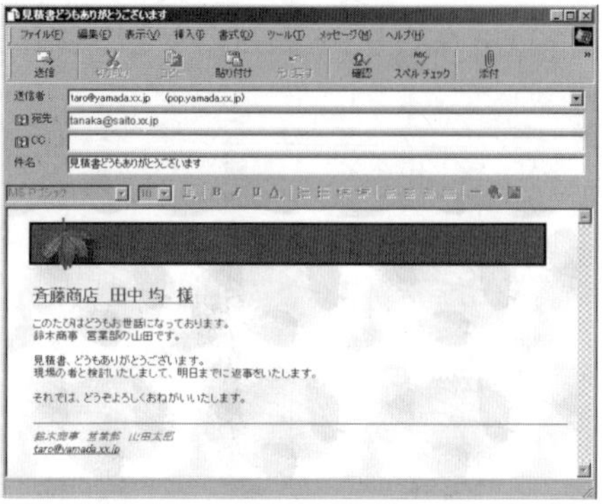
見積書どうもありがとうございます
斉藤商店 田中 均 様
このたびはどうもお世話になっております。
鈴木商事 営業部の山田です。
見積書、どうもありがとうございます。
現場の者と検討いたしまして、明日までに返事をいたします。
それでは、どうぞよろしくおねがいいたします。
画面1 画像や色をふんだんに使用できるHTMLメールは、データ量が大きくて迷惑です。

クリック
画面2 HTML形式のメールを出さないためには、アウトルック・エクスプレスの「ツール」メニューから「オプション」→「送信」を選んで、「テキスト形式」をチェック。

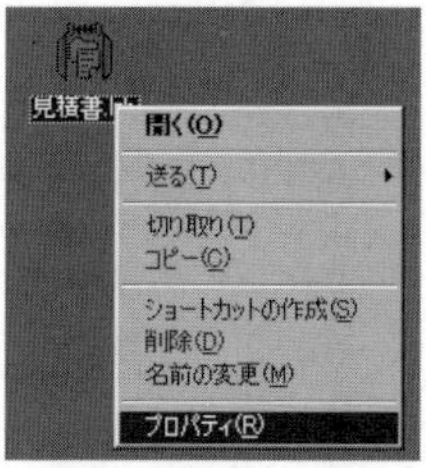
開く(O)
送る(T)
切り取り(T)
コピー(C)
ショートカットの作成(S)
削除(D)
名前の変更(M)
プロパティ(R)
画面3 ファイルのサイズを見るには、アイコンを右クリックして「プロパティ」を選択します。

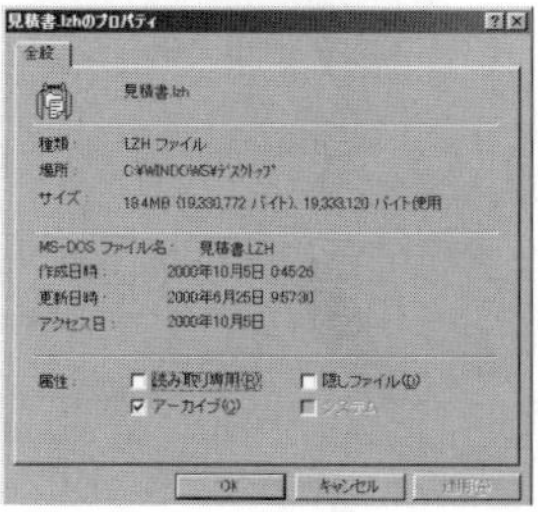
画面4 「サイズ」の欄にファイルの大きさが表示されます。メールで送信できるのは最大でも1MB(56kモデムで約2分半)と考えておきましょう。

画面5 件名がわかりづらいと相手にとっても不便だし、読み飛ばされる恐れがあるので自分にとっても不利です。

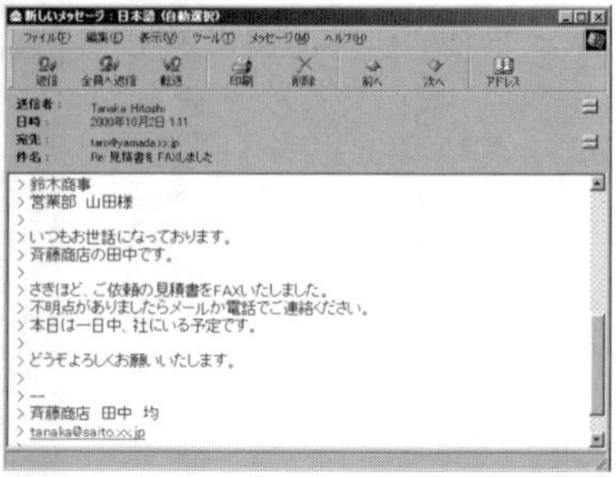
> 鈴木商事
> 営業部 山田様
>
> いつもお世話になっております。
> 斉藤商店の田中です。
>
> さきほど、ご依頼の見積書をFAXいたしました。
> 不明点がありましたらメールか電話でご連絡ください。
> 本日は一日中、社にいる予定です。
>
> どうぞよろしくお願いいたします。
>
> --
> 斉藤商店 田中 均
> tanaka@saito.xx.jp
画面6 全文引用はごく短い文面(2時集合→OKのような返信)や、忙しい人が相手の場合のみに使います。非常にビジネスライクな印象があるので、特にプライベートでは避けましょう。

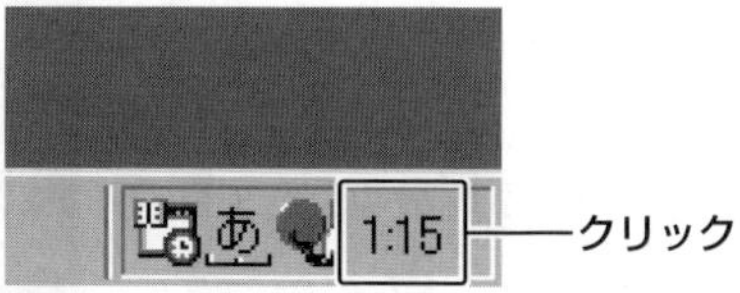
1:15
クリック
画面7 パソコンの時計を合わせるには、画面の右下にある時計をダブルクリックします。

日付と時刻のプロパティ
日付と時刻
タイム ゾーン
現在のタイム ゾーン: 東京 (標準時)
OK
キャンセル
画面8 日時の設定画面。左のカレンダーをクリックして月日を合わせ、時計は数字の部分をクリックして時刻を入力します。

覚えておくと便利なメールテクニック

電子メールで文章やファイルの送受信ができるようになったら、電子メールの基本はマスターしたと言えるでしょう。しかし、大勢の人に一括してメールを出したり、相手先に応じて文面を変えたい、という場合にはもう少し覚えておくことがあります。

まず、社内の特定の部署全員や、複数の取引先への案内など、常に決まったメンバーにメールを出す場合はアドレス帳の「グループ」機能を使います。本来、大勢の人にメールを出すには宛先欄に人数分のメールアドレスを入力しなければなりませんが、事前にこれをグループとして登録しておくと、グループ名を指定するだけで全員にメールを送ることができるのです。

このように大勢の人にメールを送る場合は、一対一でメールを送受信するときには使わない「CC」や「BCC」といった宛先の種別について知っておく必要があります。普段、主に使う「宛先」は本来のメールの送信先。「CC」は上司や同僚など、メールの内容を共有してもらいたい相手。「BCC」は受信したときに送信先のメールアドレスが表示されないので、取引先への新製品案内や、顧客へのお知らせなど、受信者同士のプライバシーを守るために使います。

これでほとんどのメール送信を問題なく行えるはずですが、場合によっては、宛先によって文面を少しだけ変えたい、ということもあるでしょう。その場合は、主な文面の作成をワード、宛先と宛先別の文面作成をエクセル、送信をアウトルック・エクスプレス、のように分担すれば望み通りのことが可能です。

このほか、アウトルック・エクスプレスにはメールを自動的に仕分ける「メッセージルール」機能や、メールの文末に自分の名前や連絡先を入れる署名機能、エクセルの住所録を取り込む機能などがあるので、必要に応じて有効に活用しましょう。

メールに署名を入れる

メールの文面の最後に入っている、送信者の名前や連絡先を書いた部分を「署名」や「シグネチャ」と呼びます。この部分の書式に特に決まりはありませんが、自分の名前や連絡先、会社で使うならば社名・住所・電話番号などを入れます。

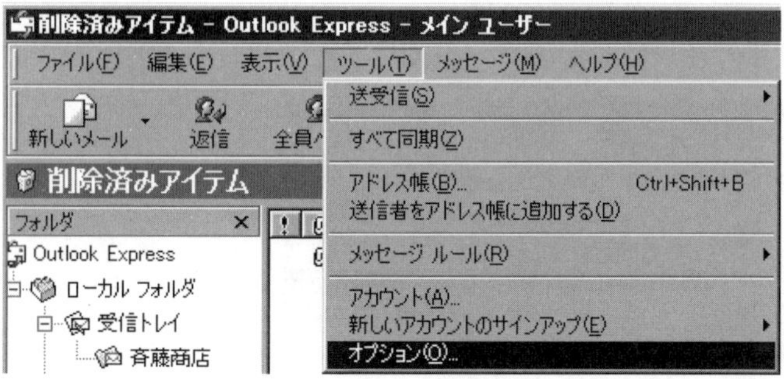

「ツール」メニューから「オプション」を選びます。

クリック

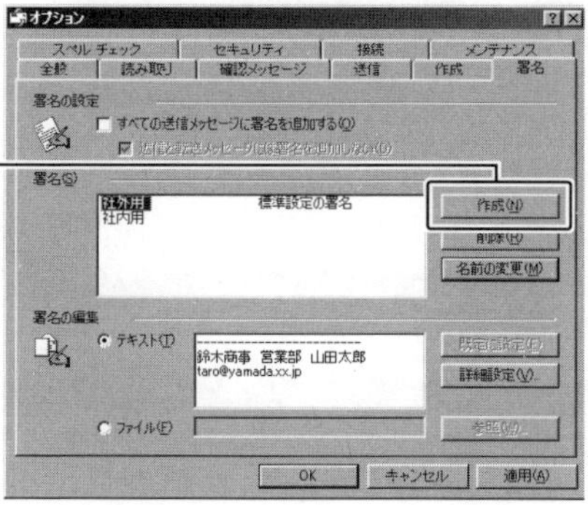

「署名」のタブをクリックして、「作成」のボタンを押します。そうすると、下の枠に署名となる文字を入力することができます。社内用、社外用など複数の署名を用意したいときは、再び「作成」のボタンを押せば新しい署名を入力することができます。

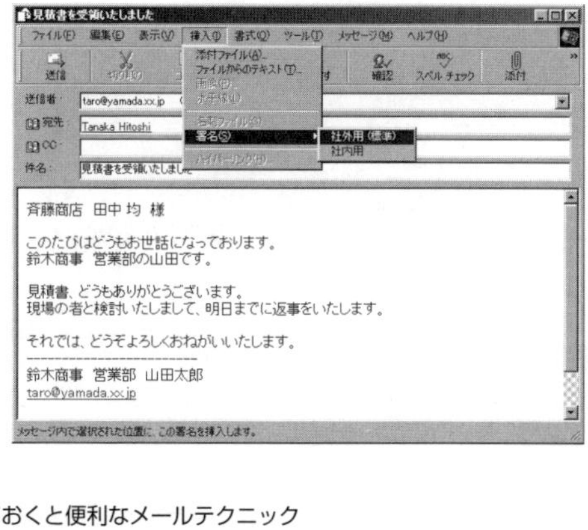

署名を挿入するには、メールの新規作成画面で文面の欄にカーソルを移動させてから「挿入」メニューから「署名」を選び、使用する署名の名前を選択すると、文面の下に署名が入ります。

メッセージルールの設定①（メールをフォルダに分類する）

メールを件名や送信者に応じてフォルダに分類したり、ほかのメールアドレスに転送したりするには、アウトルック・エクスプレスの「メッセージルール」機能を使います。以下では、斉藤商店から来たメール（後ろに「@saito.xx.jp」が付く）をフォルダに分けるためのメッセージルールを作成します。

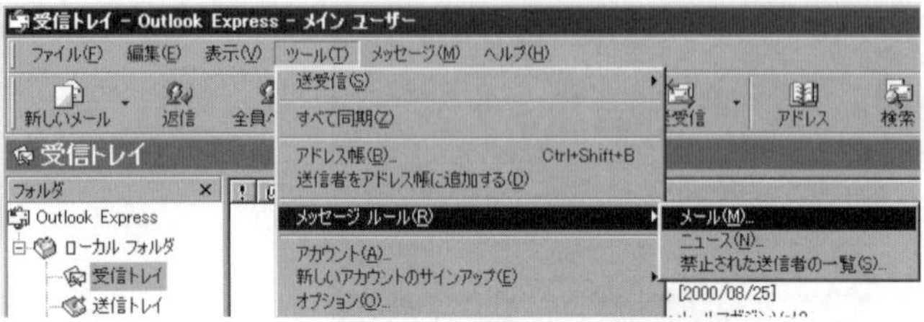

「ツール」メニューから「メッセージルール」→「メール」を選びます。

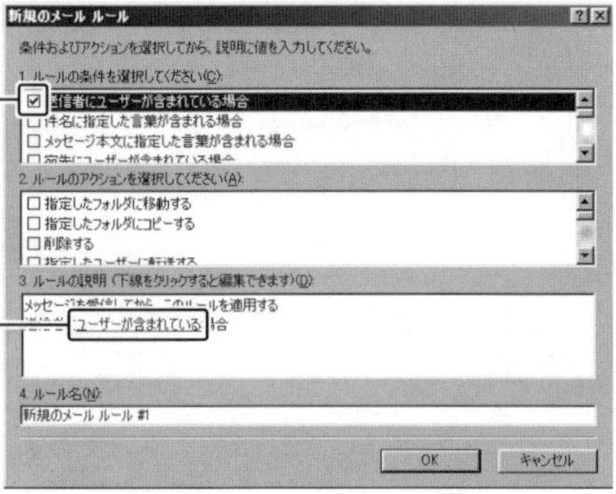

クリック

クリック

メールアドレスによってメールを分類するには、「送信者にユーザーが含まれている場合」をチェックして、その直後に表示される下線のついた文字「ユーザーが含まれている」をクリック。

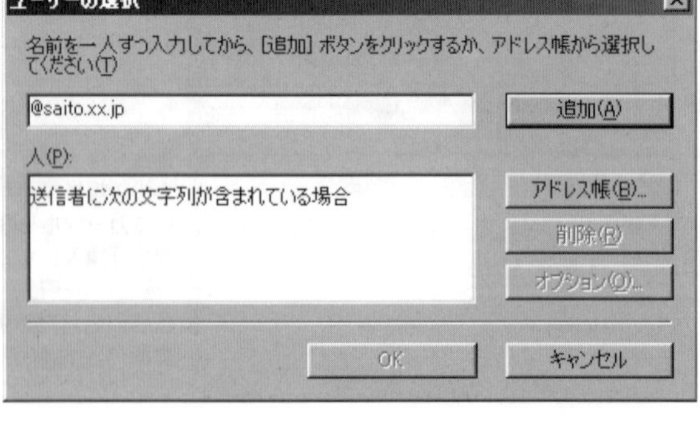

斎藤商店からのメールであることを示す「@saito.xx.jp」を上に入力して、「追加」のボタンを押します。

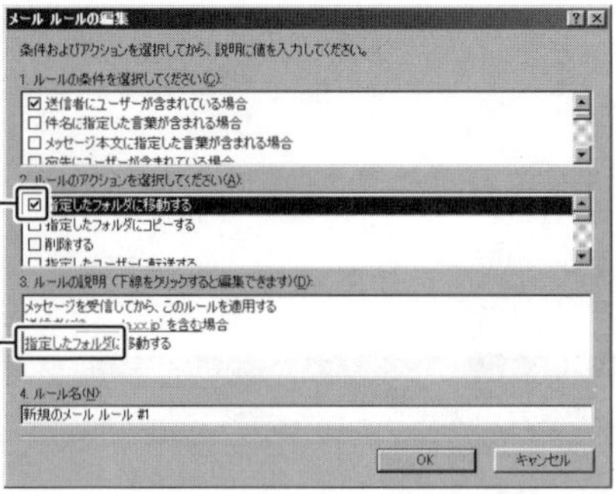

次に、2つめの欄にある「指定したフォルダに移動する」をチェックして、その直後に表示される下線のついた文字「指定したフォルダ」をクリックします。

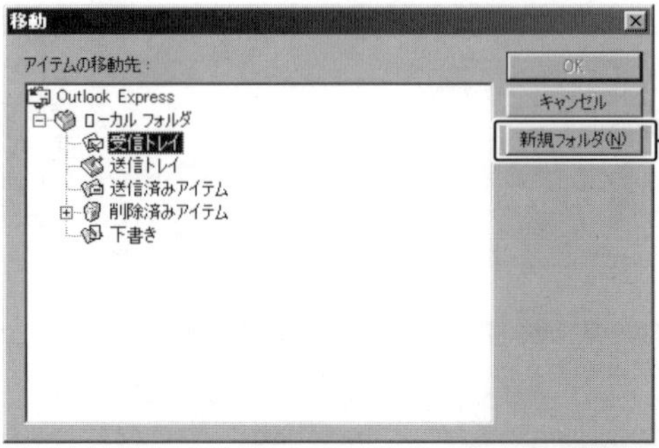

左にある「受信トレイ」アイコンを選んでから、「新規フォルダ」ボタンをクリック。

フォルダに付ける名前を入力します。ここでは斎藤商店から来たメールを分類するため、「斎藤商店」と入力して「OK」ボタンをクリック。

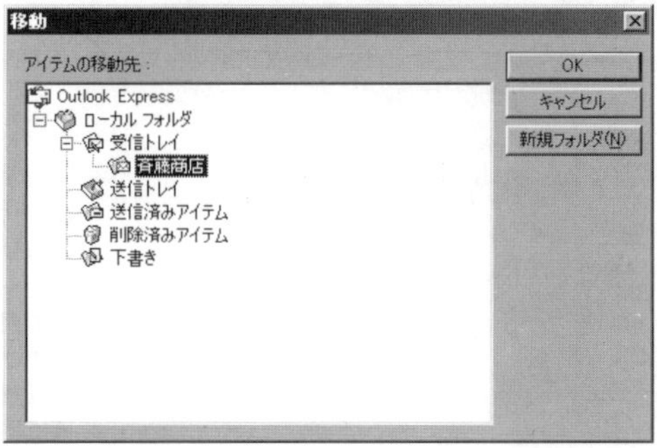

「斎藤商店」のフォルダができたら「OK」ボタンをクリック。

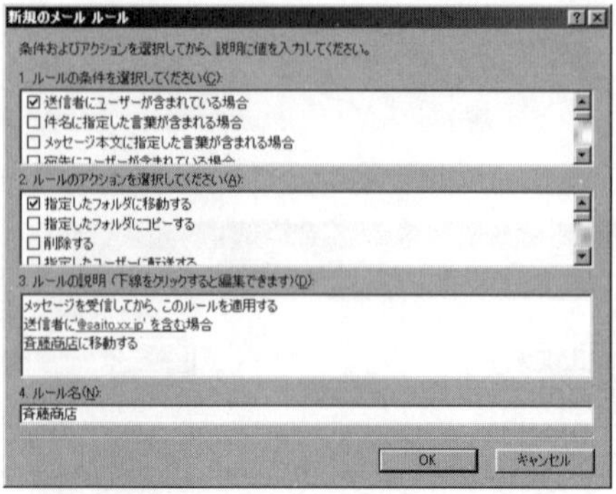

一番下の「ルール名」の欄に、今まで設定してきた内容を示す名前を入力します。ここでは「斎藤商店」にしました。名前を入力したら「OK」ボタンをクリック。

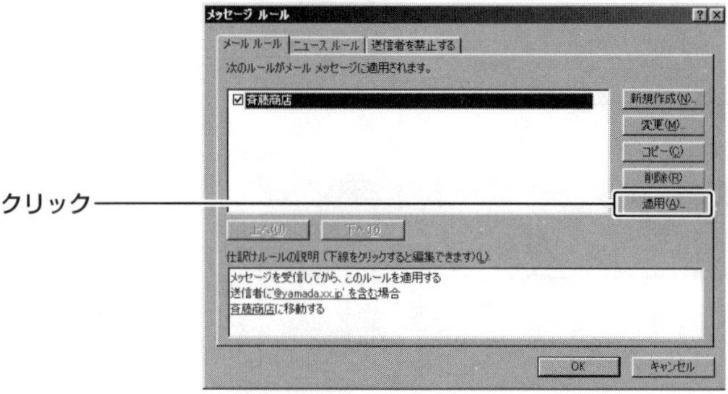

「適用」のボタンを押すと「メッセージルールを適用する」というウィンドウが表示されるので、そこでまた「適用」をクリックしてから「閉じる」ボタンを押します。

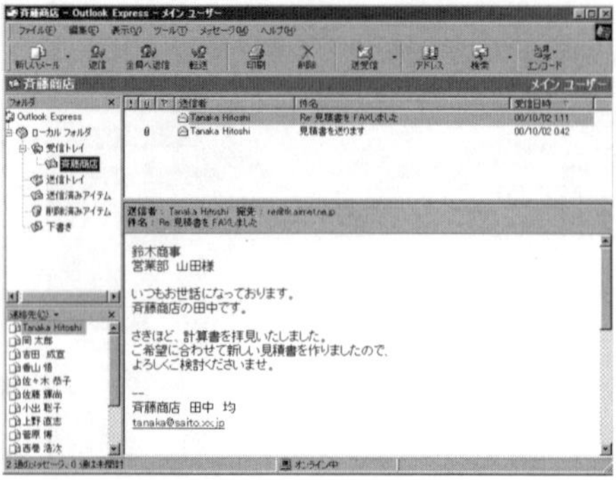

斎藤商店から来たメールが、「斎藤商店」フォルダに分類されました。以降は、新しく受信したメールに対して自動的にこのルールが適用されるので、あらためて「適用」ボタンを押す必要はありません。

メッセージルールの設定②（自動的に返信する）

メッセージルールを使えば、実行する際の条件と、条件に合致したときに何を行うか、という動作を組み合わせることによって、何通りもの作業を自動的に行わせることができます。ここでは、「資料請求」という文字が含まれたメールを受け取ったときに、自動的に既定のメールを返信するためのメッセージルールを作ってみます。

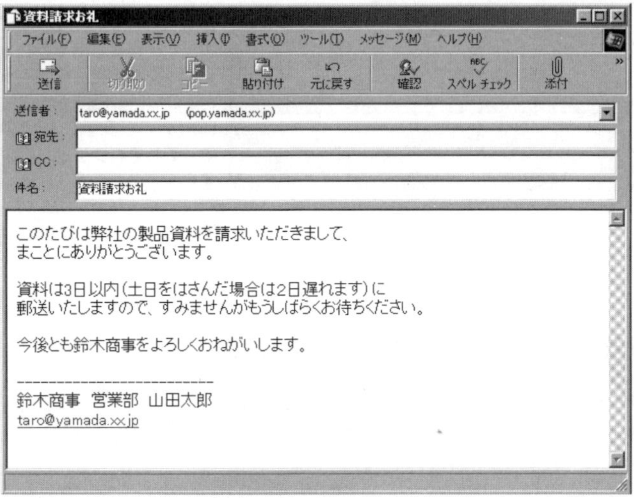
資料請求お礼
ファイル(F) 編集(E) 表示(V) 挿入(I) 書式(O) ツール(T) メッセージ(M) ヘルプ(H)
送信 切り取り コピー 貼り付け 元に戻す 確認 スペル チェック 添付
送信者: taro@yamada.xx.jp (pop.yamada.xx.jp)
宛先:
CC:
件名: 資料請求お礼
このたびは弊社の製品資料を請求いただきまして、
まことにありがとうございます。
資料は3日以内(土日をはさんだ場合は2日遅れます)に
郵送いたしますので、すみませんがもうしばらくお待ちください。
今後とも鈴木商事をよろしくおねがいします。
鈴木商事 営業部 山田太郎
taro@yamada.xx.jp

メールの新規作成画面で、資料請求を行った人への返信メールを書きます。書き終えたら、「ファイル」メニューから「名前を付けて保存」を選びます。

メッセージに名前を付けて保存
保存する場所(I): マイドキュメント
ファイル名(N): 資料請求お礼
ファイルの種類(T): メール (*.eml)
保存(S)
キャンセル

さきほど作成したメールに名前を付けて、わかりやすい場所に保存します。

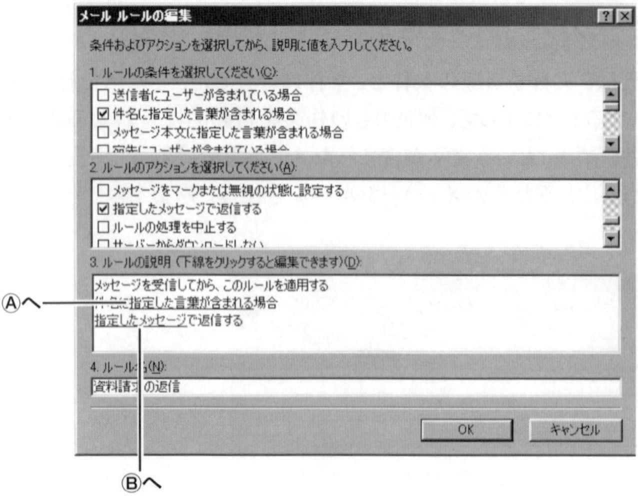

まず、メインの画面で「ツール」メニューから「メッセージルール」→「メール」を選びます。そのあと、一番上の欄で「件名に指定した文字が含まれている場合」、次の欄で「指定したメッセージで返信する」をチェックします。そうすると、3つ目の欄に下線の付いた文字が表示されるので、それぞれクリックします

Ⓐ

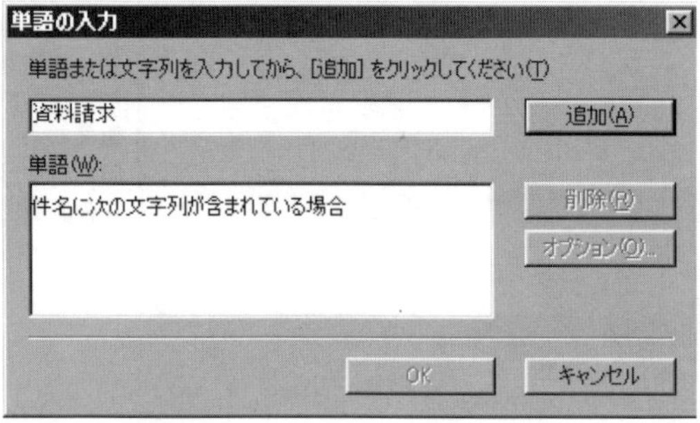

「指定した言葉が含まれる場合」をクリックしたら、上の欄に「件名」に入っている言葉を入力して「追加」ボタンを押して、「OK」ボタンを押します。

Ⓑ

「指定したメッセージ」をクリックすると、「開く」というウィンドウが表示されるので、最初に作成したメールを選択して「開く」ボタンを押します。このあと、メッセージルールの設定画面で「OK」ボタンを押せば設定完了。以降、「資料請求」という文字が含まれたメールが来たあとに送受信の操作を行えば、自動的に既定のメールが返信されます。

CCとBCCで複数の送信先に送る

電子メールの宛先入力欄には「宛先」「CC」「BCC」の3種類があります。前述したとおり、「宛先」は本来の送信先、「CC」は上司や同僚など確認用に送る相手、「BCC」は取引先や顧客など受信者同士でメールアドレスがわかると困る相手に送るときに使います。

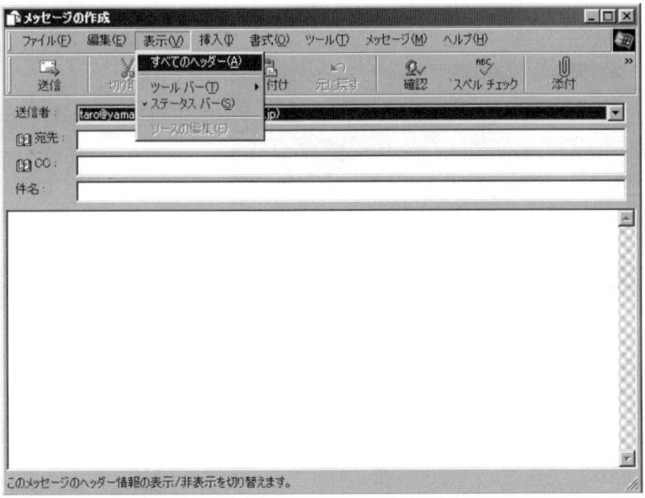

初期状態ではBCCの欄が表示されていません。BCCの欄を出すには「表示」メニューから「すべてのヘッダー」を選択します。

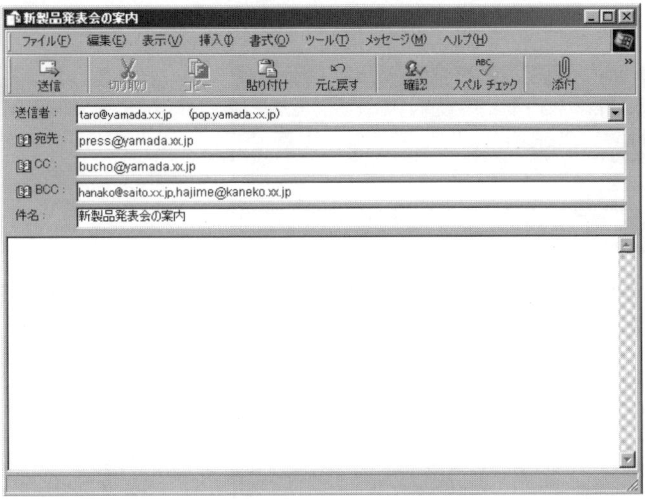

「宛先」「CC」「BCC」の送信先を入力します。ここではすべての欄を埋めていますが、実際にはいずれか一つ埋まっていれば送信できます。このメールを送信すると、どの受信者にも「宛先」と「CC」のメールアドレスしか伝わりません。「BCC」は、「BCC」欄にメールアドレスの入っている人が受信して、「宛先」と「CC」に自分のメールアドレスが入っていないことから「BCC」であると推測できるだけです。

送付先のリストを作って一括送信

複数のメールアドレスを束ねた「グループ」を作れば、一つ一つメールアドレスを入力しなくても、グループ名を選択するだけで複数の宛先にメールを送ることができます。その際、取引先や顧客など、受信者同士でお互いのメールアドレスがわかると困る場合は「BCC」の欄にグループ名を入れます。

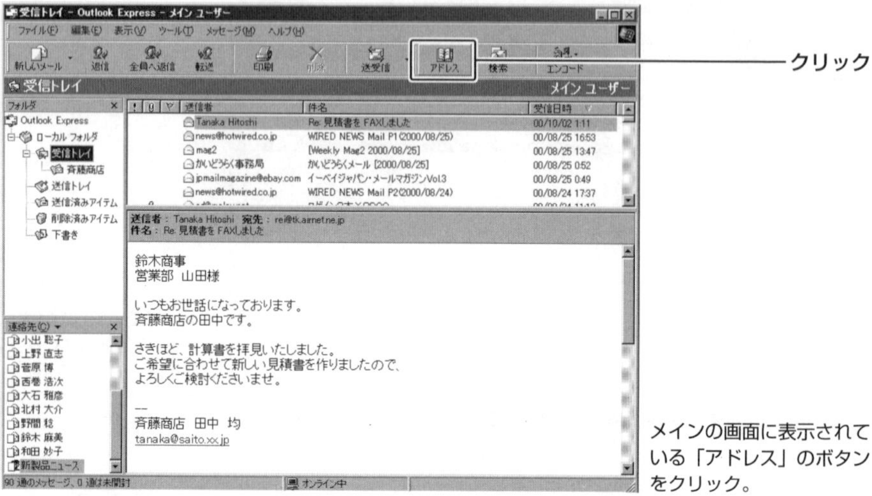

メインの画面に表示されている「アドレス」のボタンをクリック。

アドレス帳が表示されたら「ファイル」メニューから「新しいグループ」を選択します。

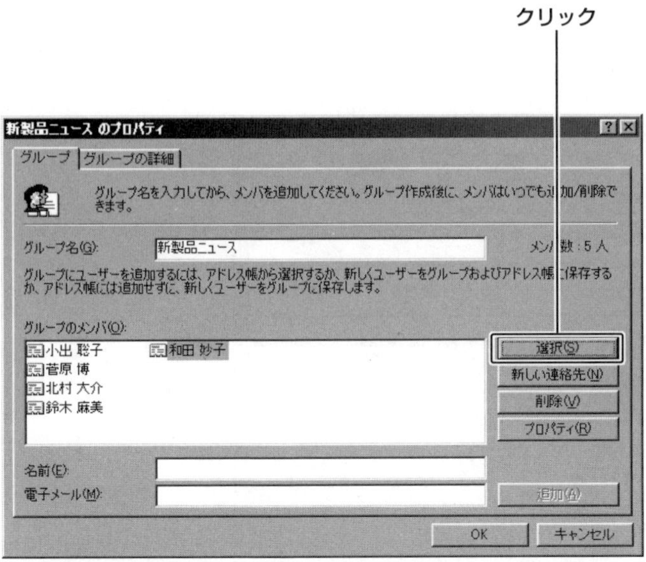

一番上にグループ名を入力。そのあと、すでにアドレス帳に登録されている人をグループに加えるなら「選択」を押して次の手順に進みます。アドレス帳にもグループにも新規に加える人がいるなら「新しい連絡先」を押します。アドレス帳には追加せず、グループにだけ加える人がいるなら「名前」と「電子メール」の欄を入力して「追加」を押します。

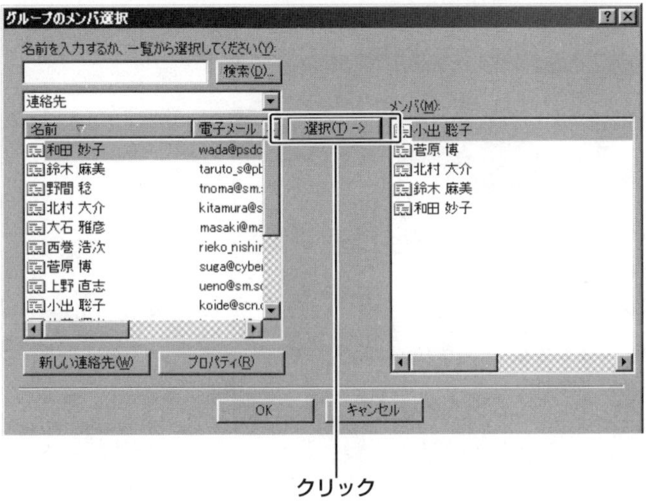

「選択」ボタンを押すと、アドレス帳に登録されている人の一覧が表示されます。ここで、グループに加える人を左から選び、中央にある「選択」ボタンを押します。選択し終えたら「OK」ボタンをクリック。

クリック

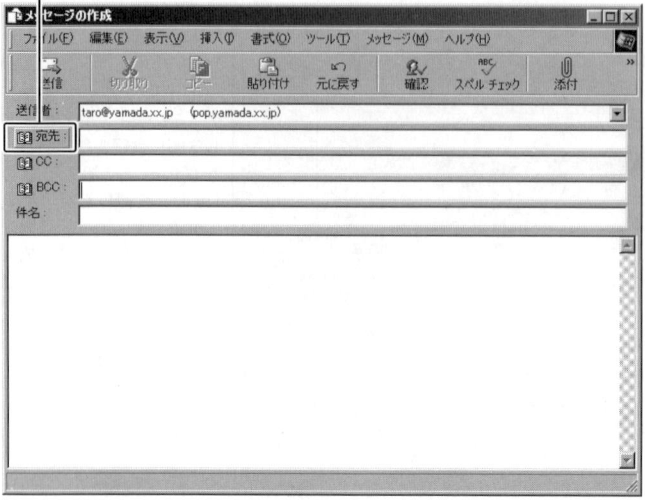

メールの新規作成画面を出して、「宛先」の文字をクリックします。

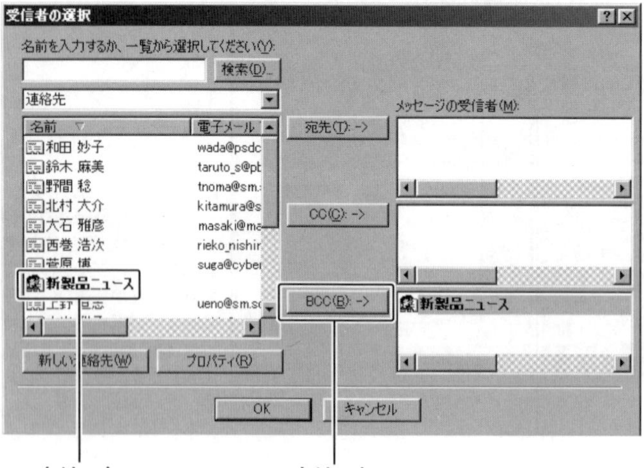

クリック　　クリック

新たに作ったグループを選択して、中央のボタンを押します。この場合は取引先への案内ということで、BCCの欄に追加しました。選択し終えたら「OK」ボタンを押します。

エクセルの住所録を取り込んで使う

取引先や個人の住所録など、それほどデータの件数が多くない場合はデータベースソフトよりも表計算ソフトを使っている場合が多いのではないでしょうか。これらのデータをアウトルック・エクスプレスに移しておけば、メールの宛先入力が楽になります。

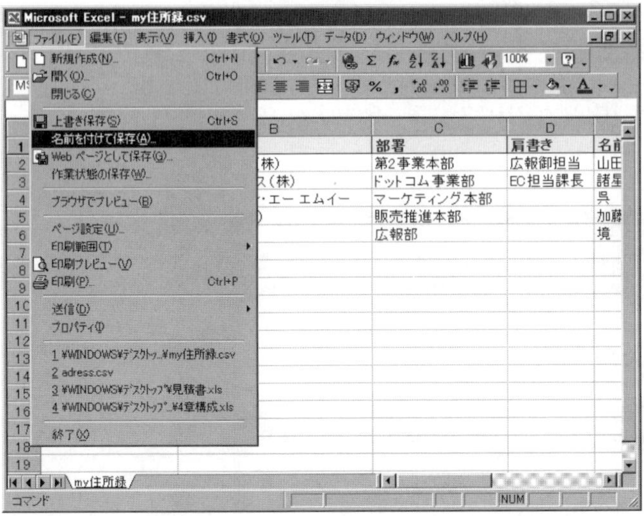

住所録を入力したエクセルのファイルを開いて、「ファイル」メニューから「名前を付けて保存」を選びます。

標準的なエクセルのファイル形式(拡張子xls)ではアウトルック・エクスプレスにデータを取り込むことができないので、「ファイルの種類」を「CSV(カンマ区切り)」に変更して「保存」ボタンを押します。

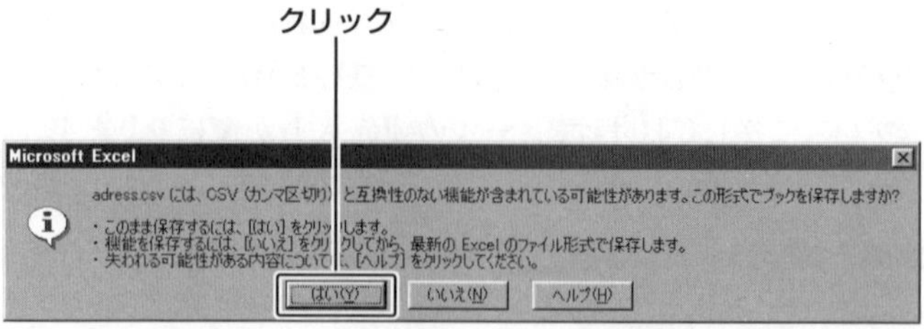

「保存」ボタンを押すと、データの互換性に関する警告が出ます。これは無視できるものなので、そのまま「はい」をクリックします。保存が終わったらファイルを閉じます。

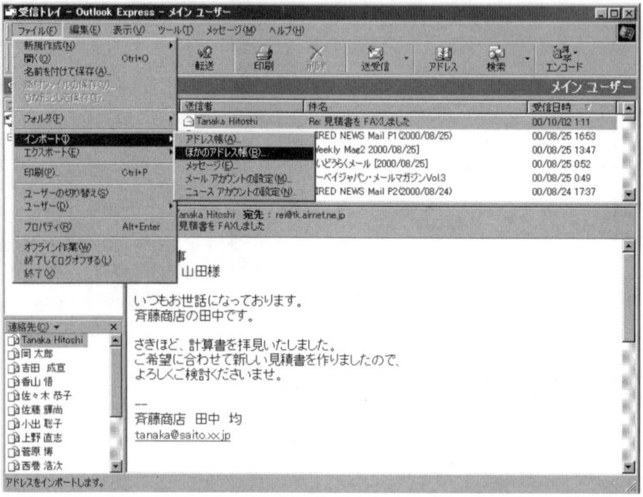

アウトルック・エクスプレスの画面を表示させて、「ファイル」メニューから「インポート」→「ほかのアドレス帳」を選択します。

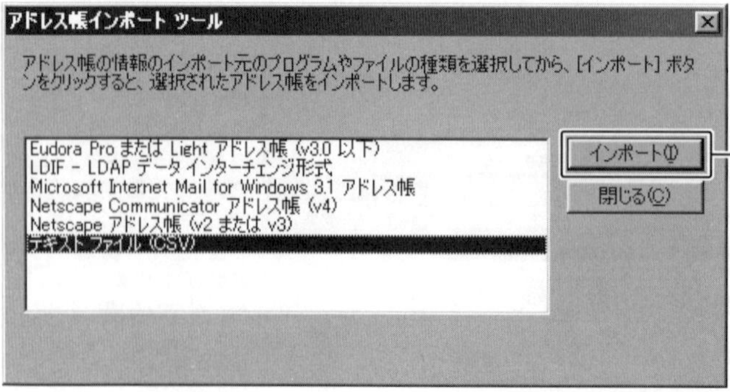

クリック

さきほど保存した住所録のファイル形式と同じものを示す「テキストファイル(CSV)」を選択して、「インポート」を押します。

さきほど保存した住所録のファイルを選んで「開く」をクリック。

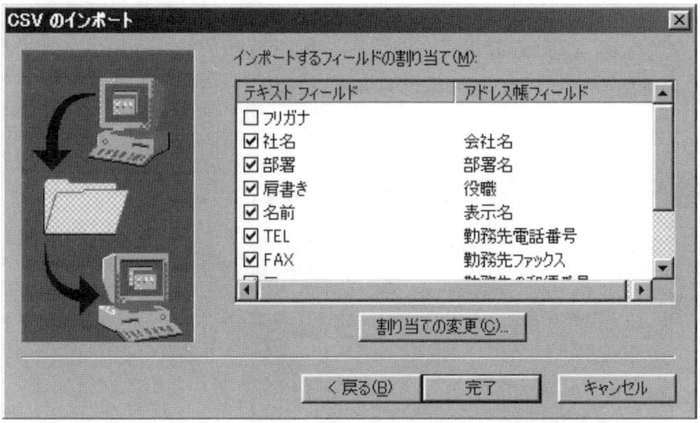

左に住所録ファイル、右にアウトルック・エクスプレスの項目が表示されます。隣り合った項目なのに内容が異なる(社名と会社名なら問題ないが、名前と会社名など)場合は「割り当ての変更」ボタンを押して対応状況を変えます。不要な項目があれば左端のチェックをはずします。すべての設定を終えたら「完了」ボタンを押します。

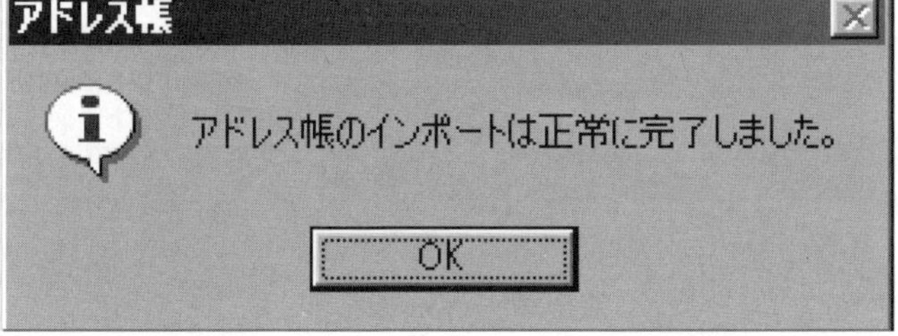

この表示が出れば住所録ファイルの取り込みは成功。

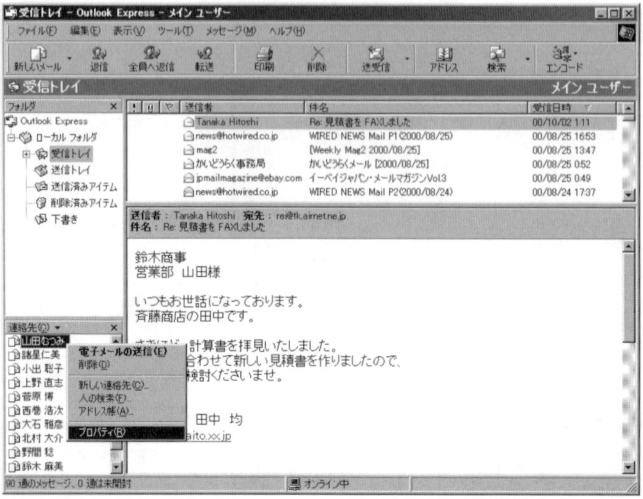

左下の「連絡先」に住所録ファイルにしかなかった名前が表示されています。取り込み内容を確認するために、名前を右クリックして「プロパティ」を選択します。連絡先欄が表示されていないときは、「表示」メニューから「レイアウト」を選んで「連絡先」をチェックします。

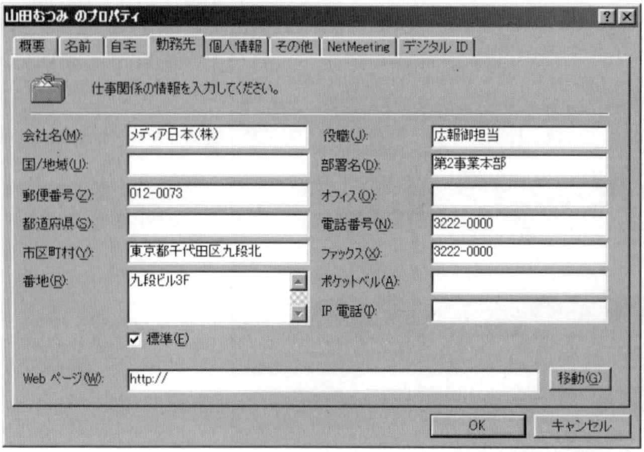

データの取り込み時に設定した通り、エクセルファイルの内容がアウトルック・エクスプレスの対応する項目に表示されています。

宛先によって自動的に文面を変える

複数の相手にメールを送る場合、普通は宛先欄にメールアドレスを書き連ねてまとめて送ります。しかし、場合によっては一人一人に異なる文面で送る、という丁寧さも必要でしょう。そのような場合は「ワード」「エクセル」「アウトルック・エクスプレス」の3つを組み合わせることによって、文面作成やメールの送信以外をほとんど自動で行うことができます。

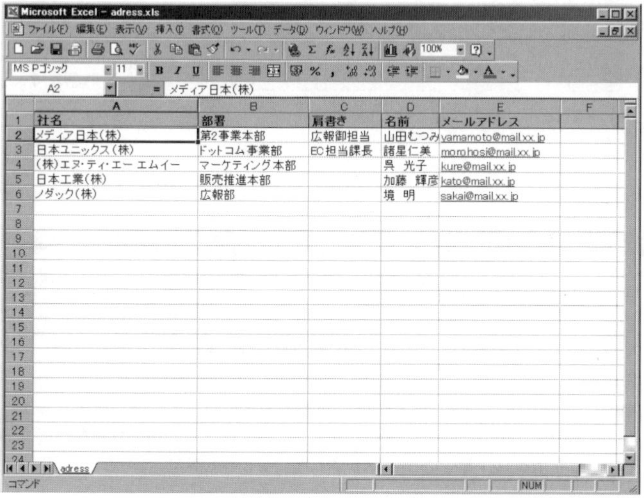

まず、エクセルでメールの宛先と、宛先ごとに変える部分(ここでは「社名」「部署」「肩書き」「名前」を使用)を入力したファイルを用意します。宛先としてアウトルック・エクスプレスのアドレス帳は使用できないので、もし使う場合はアウトルック・エクスプレスを開いて「ファイル」メニューから「エクスポート」→「アドレス帳」を選び、「テキストファイル(CSV)」形式で保存しておきます。

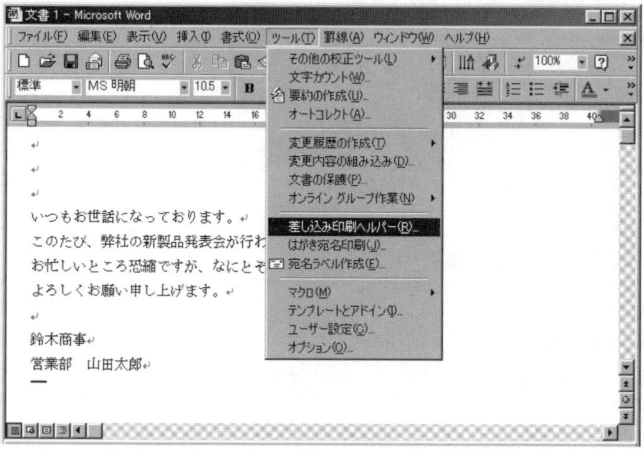

ワードを使ってメールの文面を入力します。すべて入力し終えたら「ツール」メニューから「差し込み印刷ヘルパー」を選択します。

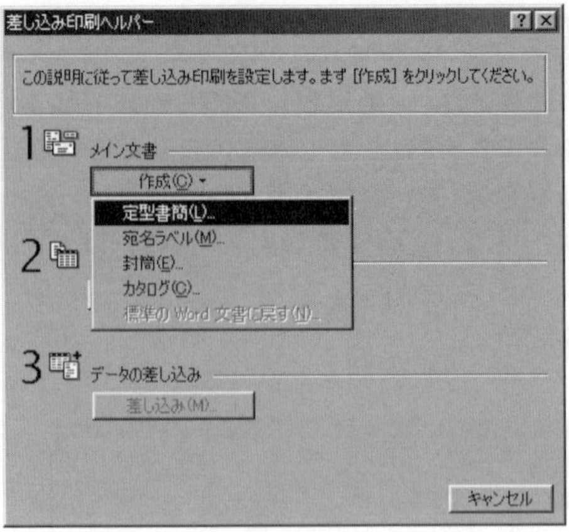

「メイン文書」の下にあるボタンをクリックして、「定型書簡」を選びます。

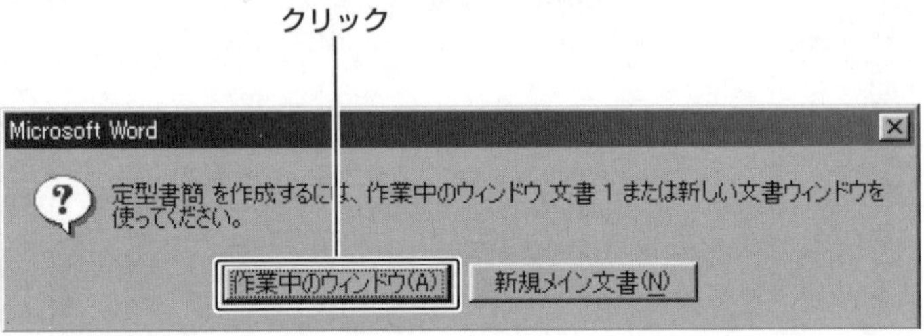

「定型書簡」を選ぶと、今ある文書を定型書簡にするのか、これから作る文書を定型書簡にするのか、ということを聞かれます。ここではメール用の文章を作成済みなので、前者を示す「作業中のウィンドウ」をクリックします。

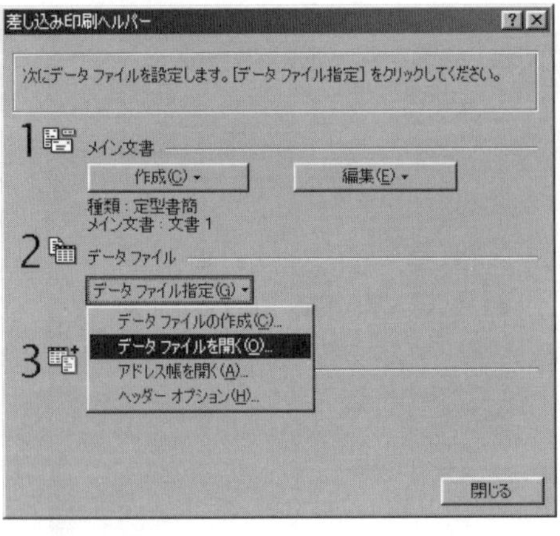

「データファイル」の下にあるボタンをクリックして「データファイルを開く」を選択します。その下に「アドレス帳を開く」という項目がありますが、ここでいうアドレス帳は「アウトルック・エクスプレス」ではなく「アウトルック」を示すものなので、選択しません。

最初に作成しておいたエクセルのファイルを選んで「開く」ボタンを押します。アウトルック・エクスプレスから取り出したアドレス帳のファイルを使うときは、「ファイルの種類」を「すべてのファイル」に変えて、事前に作成したCSV形式のファイルを選びます。

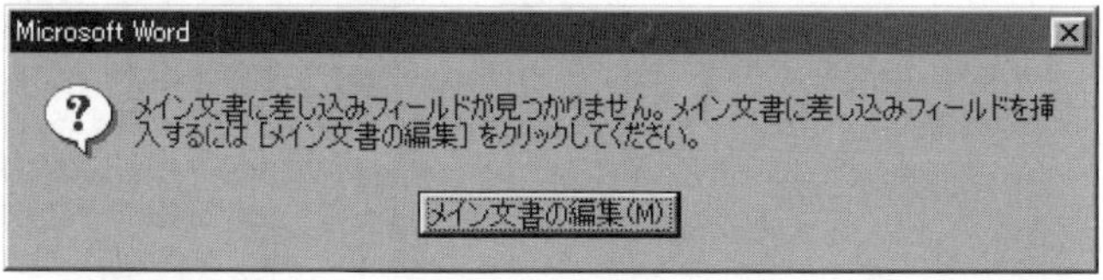

「開く」ボタンを押すと、ワードで作った文書中のどこにエクセルの項目を入れるのか決まっていない、という内容のメッセージが出るので「メイン文書の編集」ボタンを押します。

セルの範囲に名前を付けている場合は、ここにその名前が表示されます。特に名前を設定していない場合は、そのまま「OK」ボタンを押します。

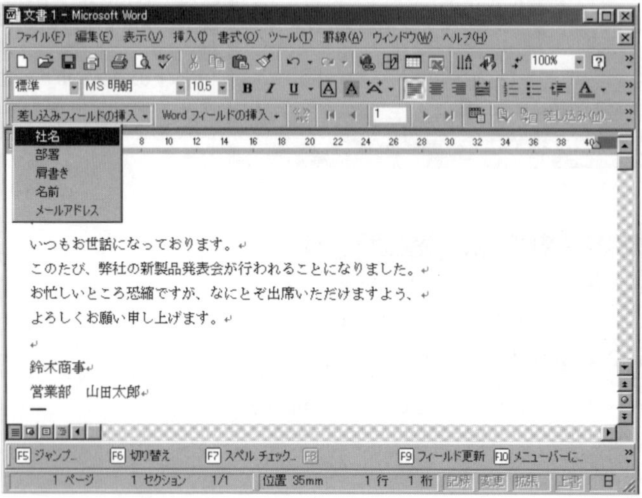
文書 1 - Microsoft Word
ファイル(F) 編集(E) 表示(V) 挿入(I) 書式(O) ツール(T) 罫線(A) ウィンドウ(W) ヘルプ(H)
差し込みフィールドの挿入
Word フィールドの挿入
社名
部署
肩書き
名前
メールアドレス
いつもお世話になっております。
このたび、弊社の新製品発表会が行われることになりました。
お忙しいところ恐縮ですが、なにとぞ出席いただけますよう、
よろしくお願い申し上げます。
鈴木商事
営業部　山田太郎

左上に「差し込みフィールドの挿入」というボタンが新たに表示されます。このボタンをクリックすると、エクセルのファイルに入力していた項目名の一覧が出てきます。文書中にこれらの項目を入れるには、まず、項目を入れたい場所をクリックして、一覧の中から項目名を選びます。

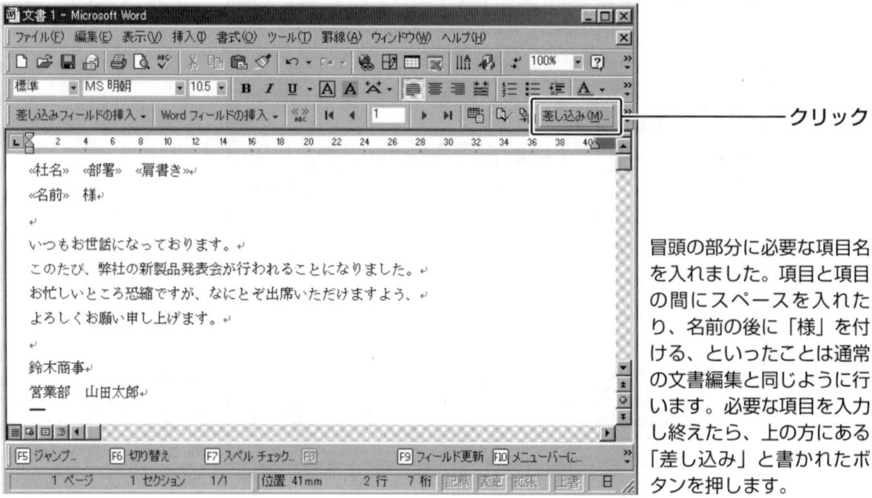
文書 1 - Microsoft Word
ファイル(F) 編集(E) 表示(V) 挿入(I) 書式(O) ツール(T) 罫線(A) ウィンドウ(W) ヘルプ(H)
差し込みフィールドの挿入
Word フィールドの挿入
差し込み(M)...
クリック
«社名» «部署» «肩書き»
«名前» 様
いつもお世話になっております。
このたび、弊社の新製品発表会が行われることになりました。
お忙しいところ恐縮ですが、なにとぞ出席いただけますよう、
よろしくお願い申し上げます。
鈴木商事
営業部　山田太郎

冒頭の部分に必要な項目名を入れました。項目と項目の間にスペースを入れたり、名前の後に「様」を付ける、といったことは通常の文書編集と同じように行います。必要な項目を入力し終えたら、上の方にある「差し込み」と書かれたボタンを押します。

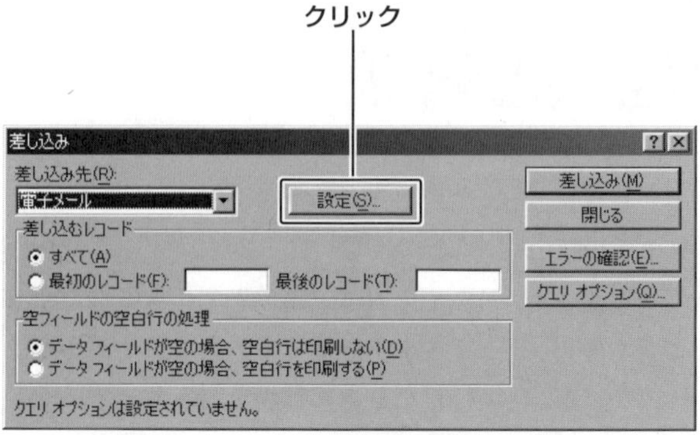

「差し込み」ボタンを押すと、作成した文書をメールで送るのか、印刷するのか、という設定項目が表示されます。ここではメールで送るため、「差し込み先」の欄をクリックして「電子メール」を選びます。このあと、すぐ右の「設定」ボタンを押します。

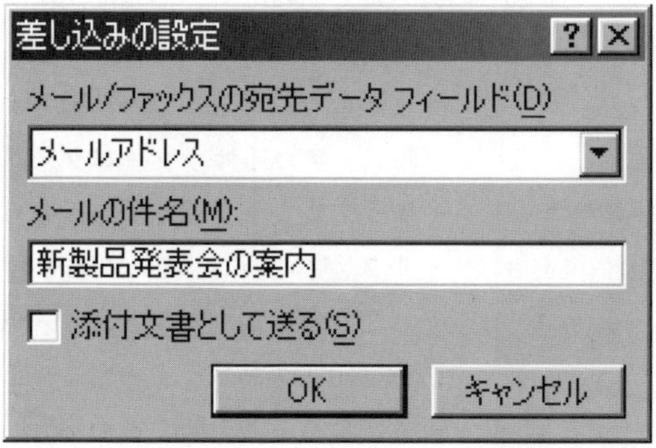

「設定」ボタンを押すと、メールの宛先と件名の設定画面が表示されます。メールの宛先は「メール/ファックスの宛先データフィールド」の欄で、元になったエクセルのファイルのどこにメールアドレスが入力されているのか、項目名で指定します。画面では「メールアドレス」となっていますが、これは元のファイルによって変わります。指定を終えたら「OK」ボタンを押し、1つ前の画面に戻ったら「差し込み」ボタンを押します。

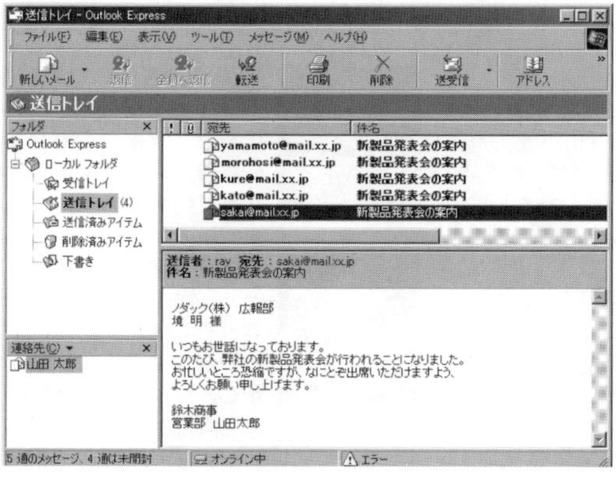

「差し込み」ボタンを押すと、アウトルック・エクスプレスにあとは送信を待つだけ、という状態のメールが送られてきます。もし、メールがこなければ「ツール」メニューから「オプション」→「全般」で「～標準のメールハンドラです」の隣にある「標準とする」ボタンを押して、もう一度「差し込み」ボタンを押します。アウトルックがインストールされている場合は、そちらにメールが送られてしまうので、アウトルックから送信します。

アウトルック・エクスプレスは要注意

電子メールを悪用するウィルスの危険と対策

ここ数年、インターネットの普及によってウィルスの被害が増えています。特に、最近増えているのが電子メールを悪用したウィルス。どこかのパソコンにたどり着いたら、その中にあるデータを壊してから自動的にウィルス入りのメールを送信し、またその受信先でデータを壊してからメールを出す、という凶悪なもの。

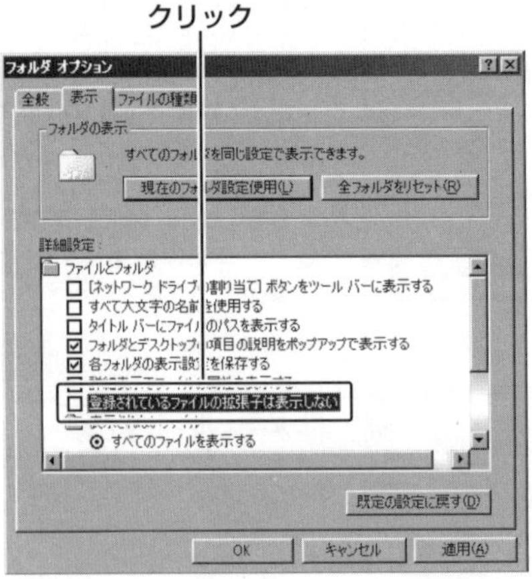

ウィルスは、たいてい拡張子が「exe」や「vbs」になっています。これらの拡張子を表示しない設定にしていると気づかないうちにファイルを開いてしまうおそれがあるので、適当なフォルダを開いたら「表示」メニューから「フォルダオプション」を選んで、「表示」タブの中にある「登録されているファイルの拡張子は表示しない」という項目のチェックを外します。

その典型的な例が、大流行した「I LOVE YOU」ウィルスです。これらのウィルスは、添付ファイルの形でやってきます。そして、添付ファイルを実行したときに行動を起こします。そのため、たとえ知っている人から来たメールであっても、不審な添付ファイルは開かない、ということがウィルス感染から身を守る上での鉄則です。

特に、アウトルック・エクスプレスやアウトルックを使っているなら、ウィルスが勝手にアドレス帳を利用して、知り合いにウィルス入りメールを送る可能性があります。期せずして加害者になることを防ぐためにも、不審な添付ファイルには注意しましょう。

拡張子を表示しない設定の場合。「I LOVE YOU」ウィルスの場合、アイコンは変ですが、一見普通のテキストファイルのように見えます。

拡張子を表示する設定にすると、「vbs」という文字が現れます。これは、ウィンドウズ用の特殊なプログラムであることを示し、ダブルクリックするとすぐに実行されます。

第5章

iモードだけでもここまでできる

5▶1

日本が誇るモバイル通信システム「iモード」

iモードの基礎知識

一九九九年二月からサービスが開始されたNTTドコモの「iモード」は、社会現象とも言える急激な普及を見せ、加入者数はすでに一二〇〇万を越えています（二〇〇〇年十月現在）。iモードと従来の携帯電話との最大の違いは、多彩なオンラインサービスにあります。電子メールの送受信やインターネットのサイト閲覧、そしてモバイルバンキングやチケット予約などのオンラインサービスが利用できるのです。もちろん、これまでパソコンを使ったことのなかった人でも、iモードに加入するだけで専用の電子メールアドレスを貰えるようになっています。また、パソコンによるインターネット利用との違いとしては、独自の課金システムが挙げられます。通常、パソコンでインターネットに接続すると、通信料は接続時間に応じて支払うようになっています。しかし、一般電話よりも通話料の高額な携帯電話で、これと同じシステムを導入することは困難です。そこでiモードでは「パケット通信」というシステムを採用し、接続時間でなく、送受信したデータの量に応じて課金するようにしています。これによって加入者は、通話時間を気にすることなく各種サービスを受けられるわけです。ちなみに、iモードで航空券のチケット予約をした場合のパケット通信料は、約四〇～五〇円程度となっています。

二〇〇〇年三月期の決算によると、NTTグループの売上高は一〇兆円を超え、経常利益は八二五〇億円となっています。これはトヨタ自動車の七九七〇億円を上回り、NTTは日本一の企業グループとなりました。この六割強を担っているのが、iモードが主力商品であるNTTドコモです。また、iモード技術は欧米でも高く評価されており、ネット分野で乗り遅れた日本の切り札とする指摘もあります。最近では、NTTドコモと世界最大のオンラインサービス会社、AOLとの提携が発表され、iモードの世界進出も現実味を帯びてきました。

iモードでここまでできる

iモードでできることを、ここで簡単におさらいしておきましょう。まず、音声通話です。これについては改めて説明する必要はないでしょう。そして次に来るのが、電子メールです。従来の携帯電話やポケットベルにもメール機能の付いたものがありました。しかし、これらは携帯電話やポケットベル間でしか送受信できず、送受信できる文字の種類や文量も限られていました。iモードでは、これを改善し最大二五〇文字までの電子メールを送受信することができます。もちろん、会社のパソコンと電子メールでやりとりすることも可能です。また、iモードではインターネットに接続してホームページを閲覧することもできます。この場合、画像や文字量の関係もあり、iモード対応のホームページを利用することをお薦めします。最後に、もっとも使い勝手の良いサービスが「iメニュー」と呼ばれるアプリケーションサービスです。これは大きく「ニュース／天気／情報」「モバイルバンキング」「カード／証券／保険」「旅行／交通／地図」「ショッピング／生活」「グルメ／レシピ」「着信メロディ／画像」「ゲーム／占い」「エンターテインメント」の九項目が用意され、それぞれ充実したサービスが受けられるようになっています。

iモードのシステム

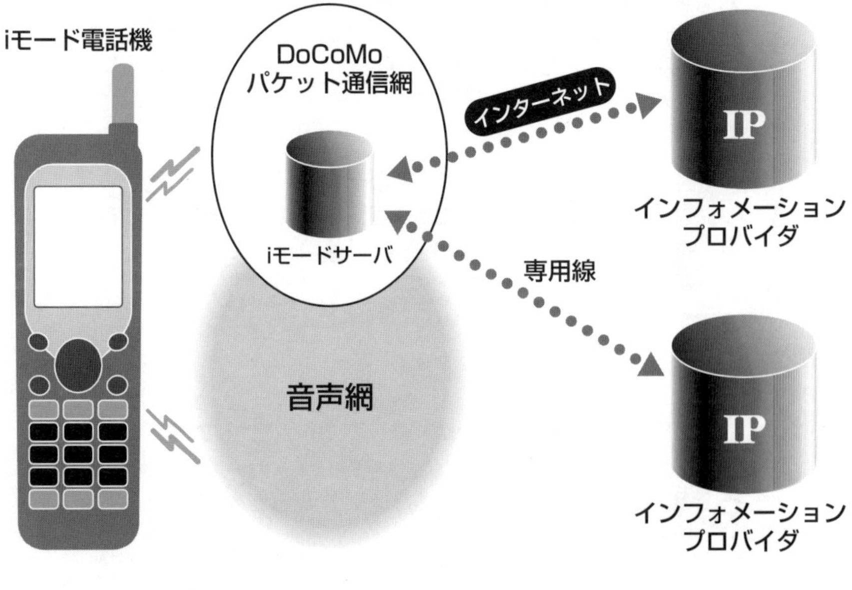

iモードによる文字入力

iモード電話機では、0～9までの数字ボタンと＊ボタン、＃ボタンを組み合わせることによって、文字を入力します。慣れると簡単な操作ですので、ぜひ覚えるようにしておきましょう。

1

iモード電話機では「カナ入力」と「ポケベル入力」の2つから任意の入力方法を選ぶことができます。ここでは簡単な「カナ入力」について説明します。

2

数字ボタンの1には「あ行」、2には「か行」、3には「さ行」と、0の「わ行」までが50音順に割り当てられています。たとえば1を3回押すと「あ」「い」「う」と順に表示される仕組みです。

3

濁点や？などを入力する場合には「#」ボタンを押します。たとえば「しごと」と入力する場合には、3を2回（＝し）、2を5回（＝こ）、『#』を1回（＝゛）、4を5回（＝と）押すことになります。

4

「しごと」と入力が終えたら漢字変換ボタン（機種によって異なる）を押して下さい。「仕事」と表示されます。

5

以下、**2**から**4**の手順を繰り返して文字を入力します。電話機の取扱説明書には、見やすい文字入力一覧表が付いていますので、そちらを参考に覚えると良いでしょう。

iモードパスワードの設定

後に紹介するアプリケーションサービス「iメニュー」を利用するには、パスワード（暗証番号）が必要になります。購入時には「0000」とパスワード設定されていますが、自分だけのパスワードに変更しておきましょう。

「iメニュー」ボタンを押して、メニュー項目を表示させ、「4オプション設定」を選びます。

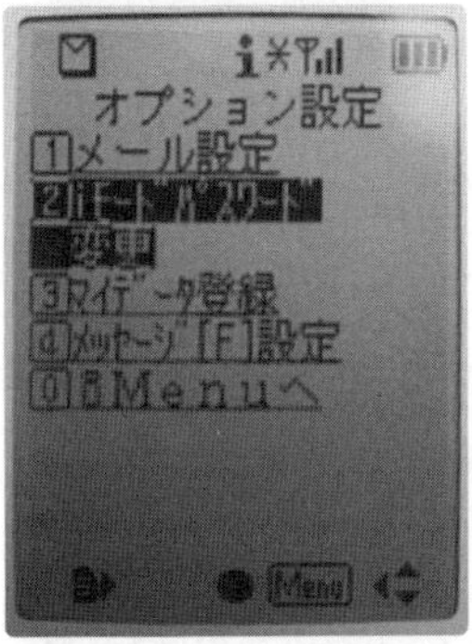

「オプション設定」画面から「2iモードパスワード変更」を選びます。

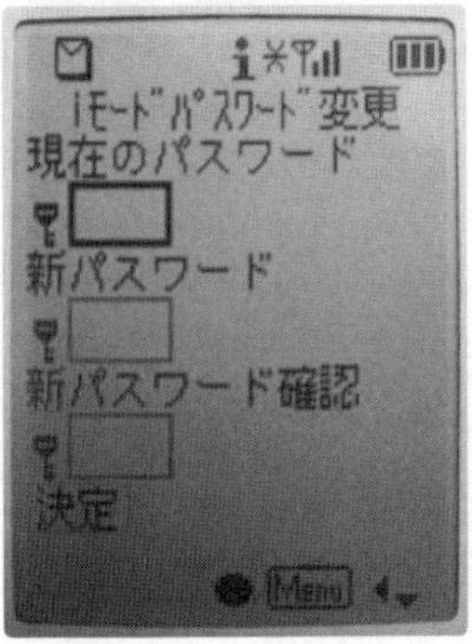

現在のパスワード（購入時は「0000」）と新しいパスワードを入力します。新パスワードは確認のため2回入力します。終了したら「決定」を選びます。

5▸2

iモードで電子メールを利用する

電子メールを送受信しよう

携帯電話が普及し始めたころ、公共の場で電話をする若者のマナーが問題視されていました。しかし、最近ではこうした声をあまり聞きません。代わりに、携帯電話の画面を見つめ、一心不乱にボタンを押し続ける若者たちを目にする機会が増えてきました。一見すると不思議な光景ですが、彼らの多くが行なっている作業こそ、ここで紹介する電子メールの送受信なのです。iモードに代表される携帯電話での電子メールは、若者だけでなく、ビジネスシーンでこそ役に立つツールとして注目されています。ビジネスの現場において、電子メールを利用する最大のメリットは、業務の効率化です。たとえば、営業部員が外出先からオフィスや他の営業部員、また得意先に連絡を取る場面を想像して下さい。通常の携帯電話の場合、相手が話し中や不在の時に、改めて電話をかけ直す必要があります。これらの簡単な業務連絡を電子メールで済ませてしまえば、たとえ相手が不在であってもメッセージは確実に相手の元に届くことになります。もちろん、これはオフィスから営業部員に連絡を取る際にも言えることです。営業部員がノートパソコンを持ち運ぶという方法も考えられますが、業務連絡程度でしたら携帯電話のほうがずっと便利でしょう。また、携帯電話を各社員に配付して互いに電話連絡をとらせると、通話料だけでも大きな経費負担となります。これに対して、iモードの電子メールはパケット方式ですので、一回二円程度の出費で抑えることができます。つまり、iモードの導入は経費削減という側面でも、大きなメリットをもたらすのです。

若者文化として出発したiモードですが、ビジネスシーンに導入されたことによって、中高年層にも着実に支持を伸ばしています。パソコンに自信のない方は、まずはiモードで電子メールを始めて、その便利さと楽しさを実感してみるのも良いかも知れません。

電子メールを作成・送信する

ビジネスには欠かせない存在となった電子メール。iモードを使えば、外出先からも電子メールが作成・送信できるようになります。文字数も最大250文字となっていますので、簡単なメッセージには充分でしょう。

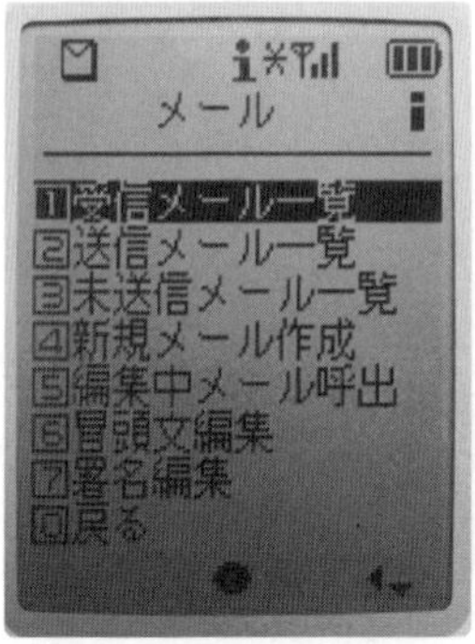

「メール」ボタンを押す(※1)。

※1
iモードメニューから「メール」を選ぶ機種もあります

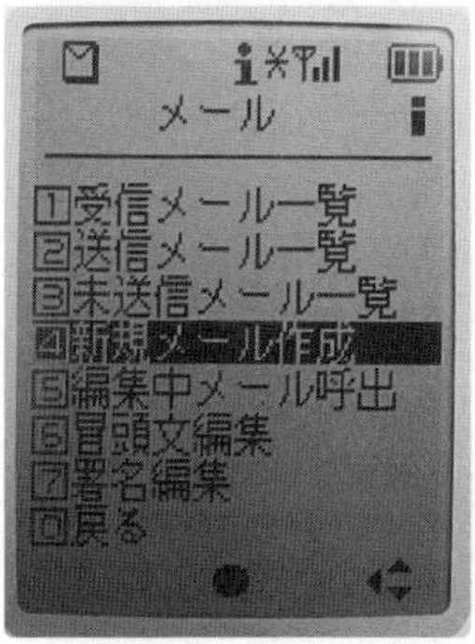

「新規メール作成(※2)」を選択・確定します。

※2
「メール作成」と表示される機種もあります。

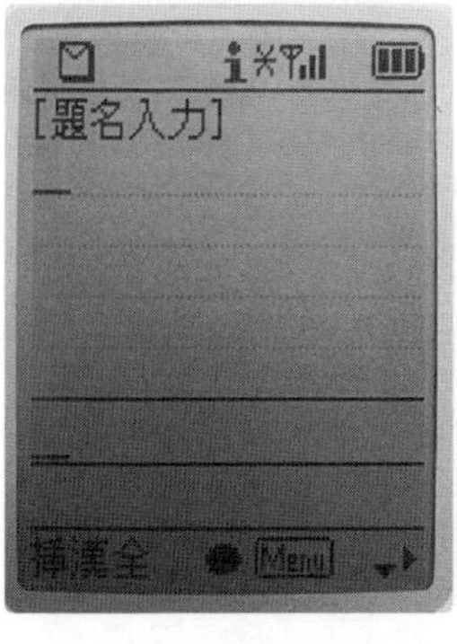

題名(タイトル)を入力する。題名は全角文字で15文字まで入力できます。超過分は自動的に削除されます。

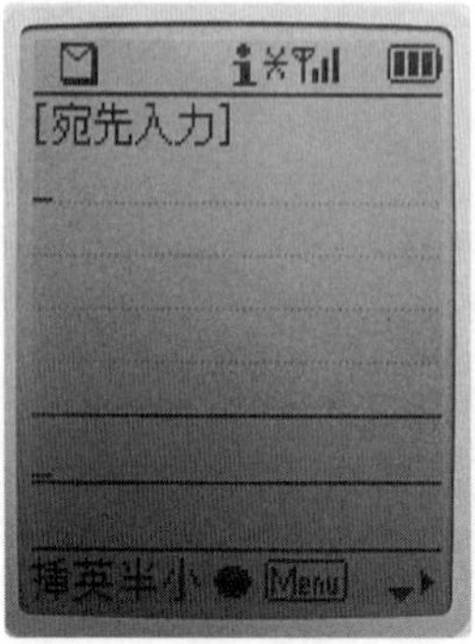

宛先を入力する。宛先は半角文字で50文字まで入力できます。入力ミスのないよう確認してください。

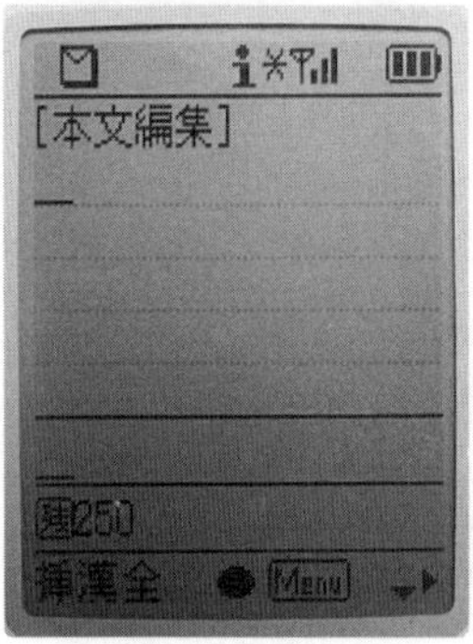

本文を入力する。本文は全角文字で250文字まで入力できます。パソコンに送る場合は、半角カナ文字は使用しないで下さい。半角カナ文字はパソコン上で「文字化け」してしまいます。

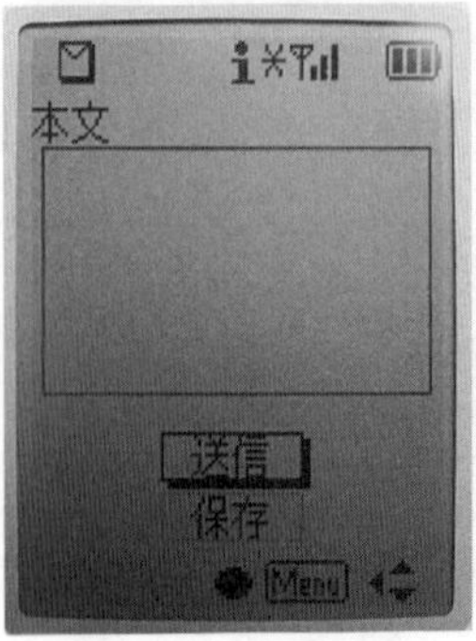

サブメニューから「送信(※3)」を選択・確定します。これで作成した電子メールが送信されました。

※3
「メール送信」と表示される機種もあります。

※機種によっては「題名」「宛先」「本文」の入力順が異なるものもあります。

※サブメニュー表示は機種によって操作が異なります。

電子メールを受信する

iモードでは、他の携帯電話からの電子メールやパソコンからの電子メールを受信することができます。ここでは、電子メールを受信してから読むまでの手順を簡単に説明していきます。

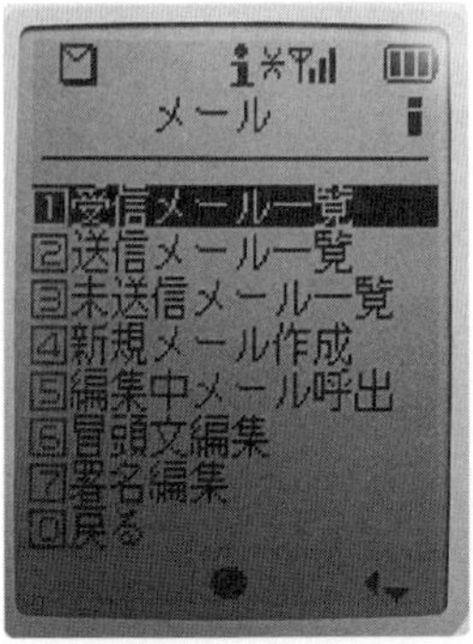

電子メール着信音が鳴ったら「メール」ボタンを押して（※1）、「受信メール一覧（※2）」を選択・確定します。

※1
iモードメニューから「メール」を選ぶ機種もあります。

※2
「受信メールBOX」「受信メール」「受信メールを見る」と表示される機種もあります。

読みたい電子メールを選択・確定します。

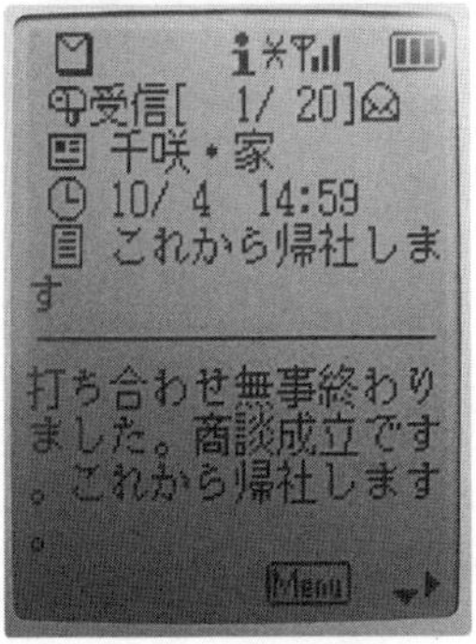

選択した電子メールの本文が表示されます。一画面に収まらない長文でも、スクロールボタンを使って読み進めていくことができます。

電源を切っていた場合

会議中や公共の場で携帯電話の電源を切るのは最低限のマナーです。しかし、電源を切っていた間に電子メールが届いても心配いりません。電子メールはセンターに保存されていて、あとで受信することができるのです。

iモードメニューを表示させます。

「問合わせ」を選択・確定します。

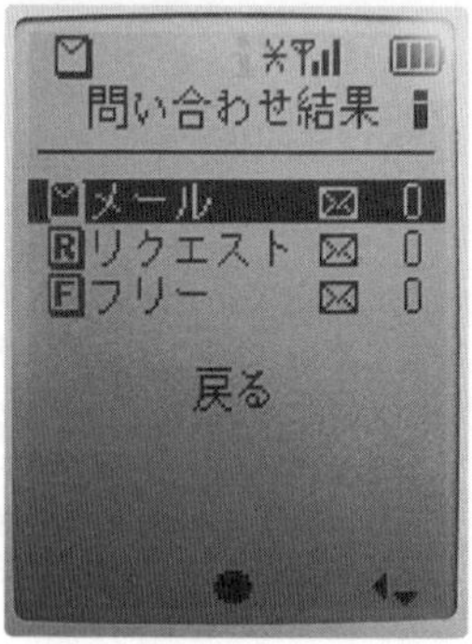

問い合わせ結果が表示されます。センターに保管されていたメールやメッセージが受信されました。

※iモードメニューの「メール」を選択・確定し、「センター問合わせ」を選択・確定する機種もあります。

受信した電子メールを返信する

受信した電子メールに対して、そのまま返事を書くことを「返信」する、と言います。パソコンでの電子メールにはよく使われる機能ですが、iモードでも返信メールを送ることが可能です。

返信したい電子メールを選択し、サブメニュー(受信メールメニュー)を表示させます。

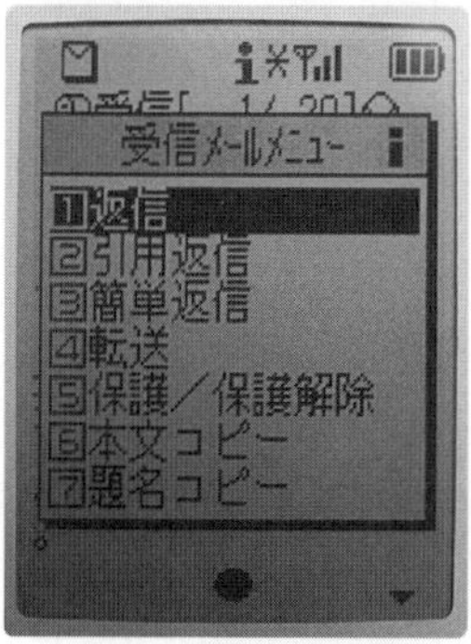

「返信」を選択・確定すると、メール返信画面が表示されます。

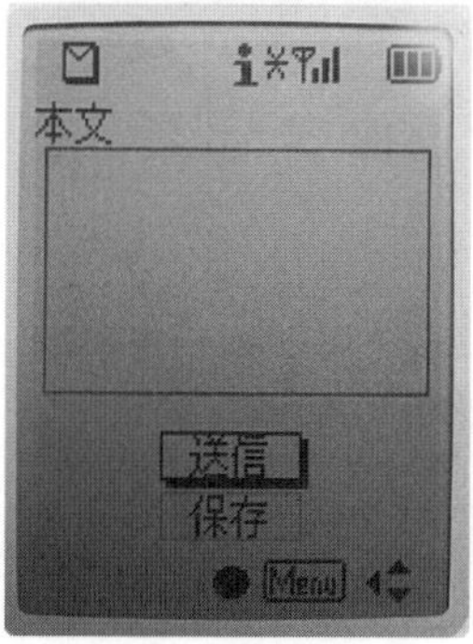

本文を入力後、サブメニューから「送信」を選択・確定します。

※サブメニュー表示は機種によって操作が異なります。

iモードサービスのフル活用

iメニューを使いこなそう

iモードが、単なる「インターネットや電子メールもできる携帯電話」だったら、ここまで爆発的な人気にはならなかったかも知れません。iモードのコンセプトが何よりも画期的だったのは、「iメニュー」という独自のオンラインサービスを用意した点にあります。これは、銀行、証券、保険から航空会社、新聞社など多分野の企業と提携し、それぞれiモード端末から直接サービスを受けられるようにしたものです。NTTドコモでは、iモードサービスの開始時点で67社もの企業と提携を結び、かなり本格的なサービスサイトを用意していました。iモードなるものが、海のものとも山のものとも分からなかったサービス開始前段階にこれだけの提携企業を説き伏せたことは、並大抵の企業努力ではなかったことでしょう。これらのサービスサイトは、その後も続々と数を増やし、現在では数百ものラインナップを揃えるまでに成長しました。さて、次に具体的なサービス内容について説明します。まず、iメニューは、バンキング・証券・チケットなどの「取引系」と、ニュース・タウン情報などの「生活情報系」、辞書・料理レシピなどの「データベース系」、そしてゲーム・占いなどの「エンターテインメント系」の四ジャンルによって構成されていると考えて下さい。これが次ページで紹介するように、全九項目に分割され、それぞれのサービスサイトに直結しているわけです。また、iメニューには無料閲覧できるサイトと、有料サイトとがあります。有料といっても月額一〇〇～三〇〇円程度ですから、それほど負担になることはありません。

情報を制する者は仕事もプライベートも制する、と言われる時代です。iメニューを上手に使いこなすことによって、これまでの日常業務の多くを携帯電話の画面上で処理できるようになります。親指一本で簡単に操作できますので、ぜひチャレンジして下さい。

iメニュー　サービス一覧

ｉモードに用意されているｉメニューは、全九項目で分類されています。「iMenu」から③の「メニューリスト」を選び、表示される下記９項目のジャンルから、それぞれのサービスサイトに移動します。

1	ニュース/天気/情報	新聞社などが提供する速報が中心。経済、社会、スポーツ、天気など多岐に渡る情報を提供している。
2	モバイルバンキング	銀行、信用金庫、郵便局の提供するサイト。登録しておけば、振込や残高照会が利用できる。
3	カード/証券/保険	カード会社などが提供するサイト。各社のサービスデスクに直接連絡できる。証券では株取引も可能。
4	旅行/交通/地図	航空会社やJRなどが提供するサイト。チケット手配や、時刻表、交通情報の確認のほか、ホテルの予約や地図情報もある。
5	ショッピング/生活	コンサートなどのチケット手配のほか、本やCDの通信販売などができる。そのほか、求人情報・住宅情報もある。
6	グルメ/レシピ	飲食店の情報や料理のレシピが確認できる。iモード画面を見せるだけで割引になる飲食店もある。
7	着信メロディ/画像	着信メロディや画像のダウンロードなどができる。
8	ゲーム/占い	簡単なクイズやゲーム、占いなどが楽しめる。
9	エンターテインメント	野球・サッカー・競馬などのスポーツ情報や映画・音楽情報など。

ニュースを見る

iメニューの「ニュース／天気／情報」では、速報系ニュースや天気予報を閲覧することができます。新聞社も全国紙から地方紙まで揃っていますので、地域情報の入手も簡単です。ここでは日本経済新聞社のサイトを紹介します。

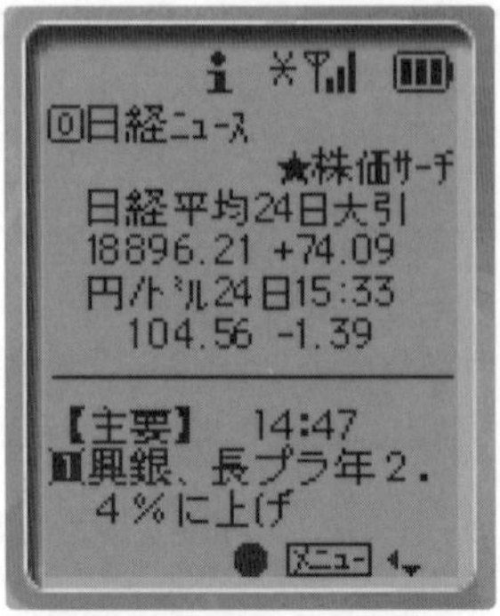

iメニューの「メニューリスト」から「ニュース・情報」を選び、「日本経済新聞」を選択・確定します。トップページには日経平均株価、為替相場、主要ニュースなどが表示されます。

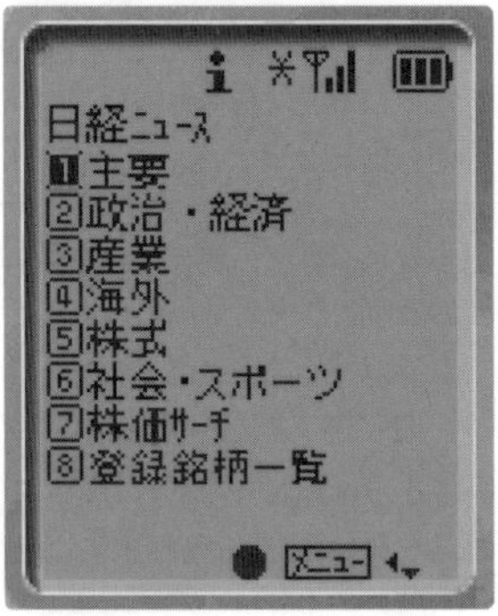

メニュー画面から「政治・経済」を選択・確定します。

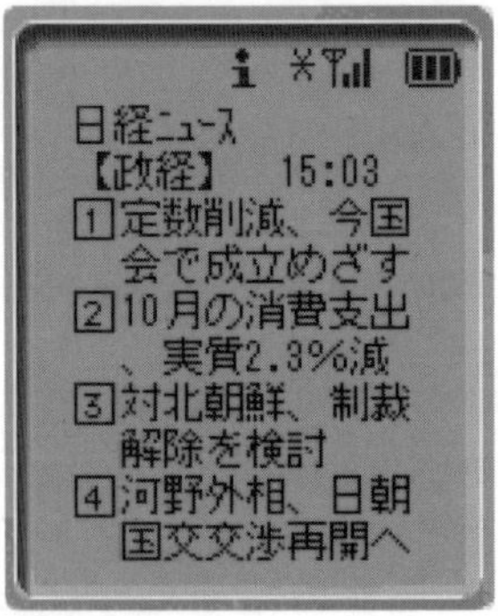

政治・経済のニュースが表示されます。

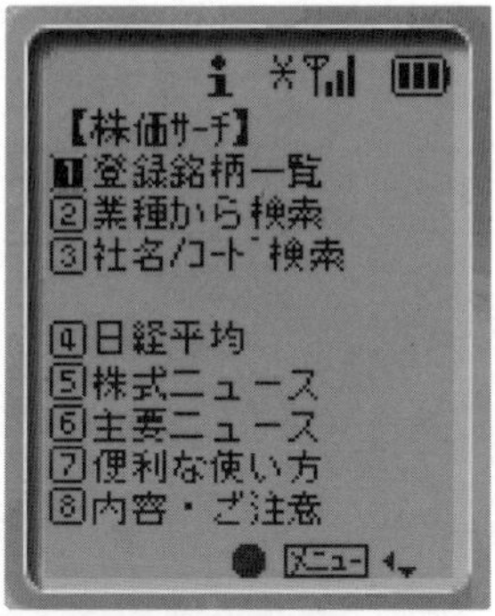

メニュー画面に戻り、「株価サーチ」を選択・確定します。サブメニュー画面が表示されますので、「登録銘柄一覧」を選択・確定します。

※事前に登録が必要です。

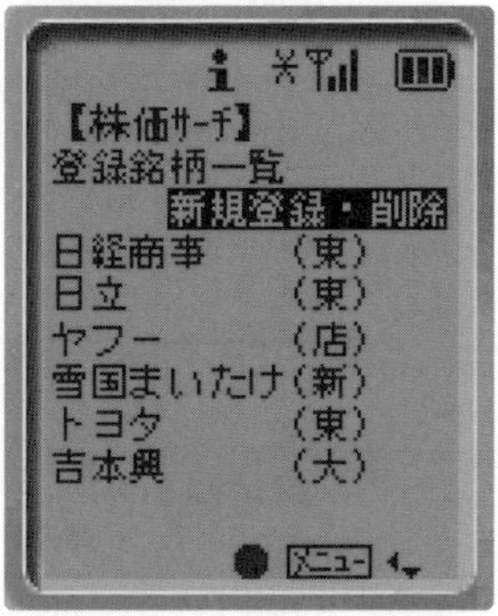

登録銘柄一覧が表示されます。任意の銘柄を選択・確定します。

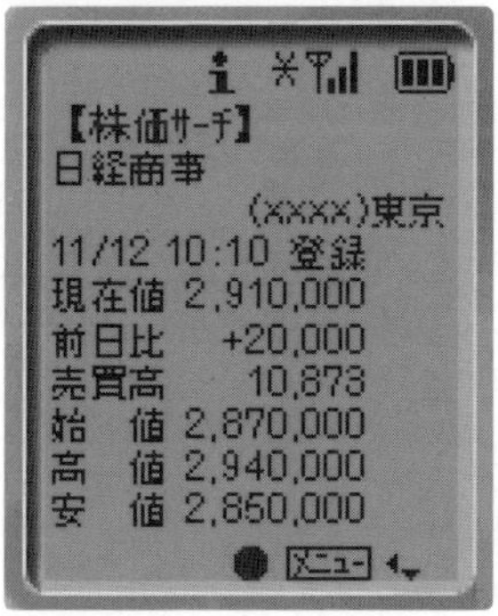

現在値、前日比、売買高、始値、終値など、詳細な株価情報が表示されました。

口座振込をする

ｉメニューの「モバイルバンキング」では、振込・振替、残高照会、入出金明細、といったサービスが利用できます。都銀や郵便局だけでなく、地銀や信用金庫もほとんどが対応していますので、大変便利になりました。

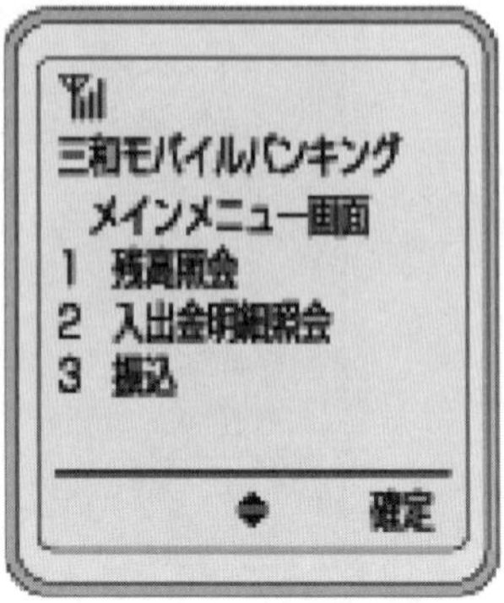

①今回は三和銀行を例にとって説明します。ｉメニュー「モバイルバンキング」から三和銀行を選択し、メインメニュー画面を表示させます。

②「振込」を選択・確定して、事前に設定しておいたパスワードを入力します。

③振込額を入力します。

④出金口座を選択・確定します。

⑤振込先口座を選択・確定します。

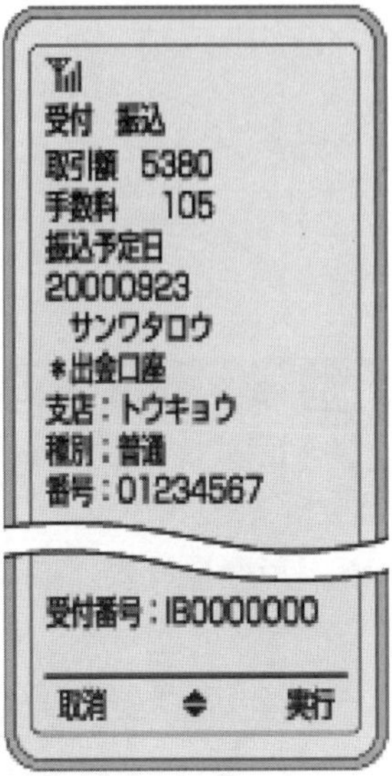

⑥取引が完了しました。

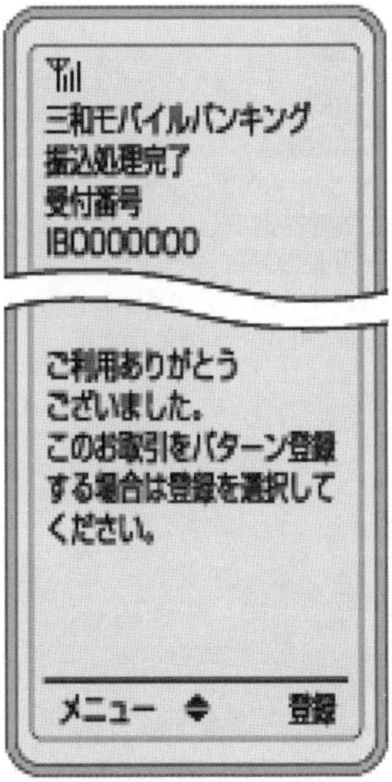

⑦振込結果の確認をします。この取引をパターン登録する場合は「登録」を選択します。

航空券を予約する

iメニューの「旅行／交通／地図」では、航空券のチケット予約やJRの時刻表確認などができます。ここでは、日本航空のチケットレス予約について説明します。当日のチケット予約も可能です。

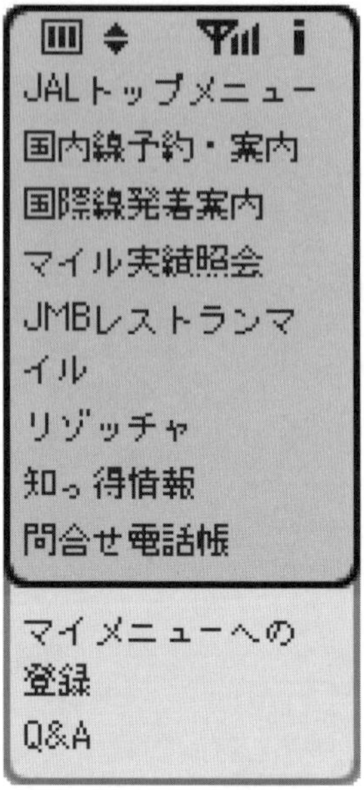

iメニューの「トラベル」から日本航空を選択し、メインメニュー画面の「国内線予約・案内」から「予約・チケットレスサービス」を選択・確定します。

事前に登録しておいたサービスIDとアクセス番号を入力します。

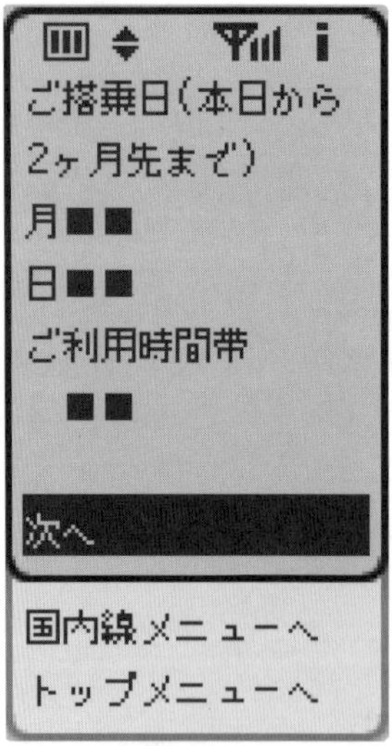

搭乗日を選択します。

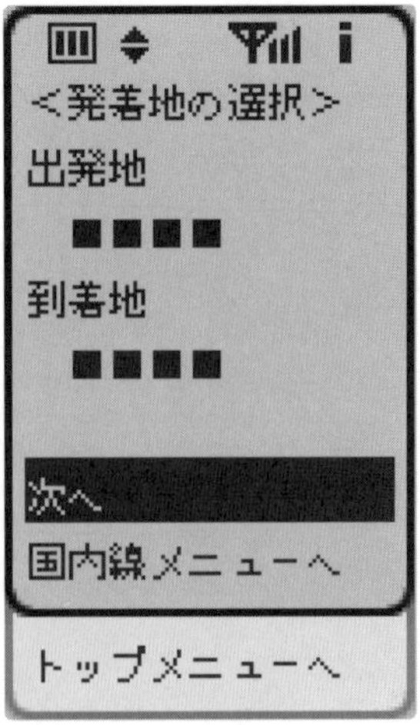

発着地を選択します。

搭乗する便を選択します。

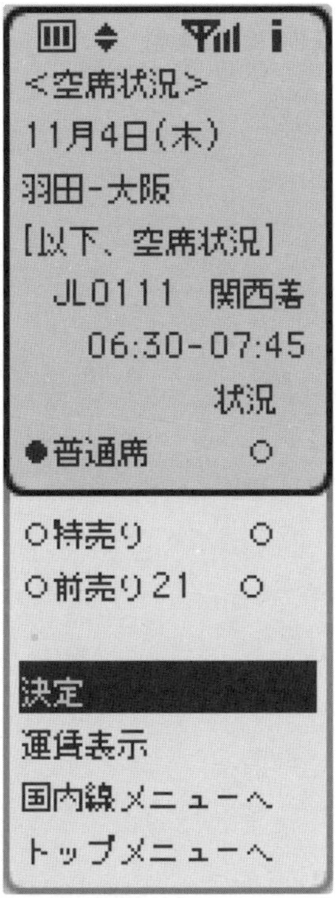

空席状況を確認し、運賃を選択します。

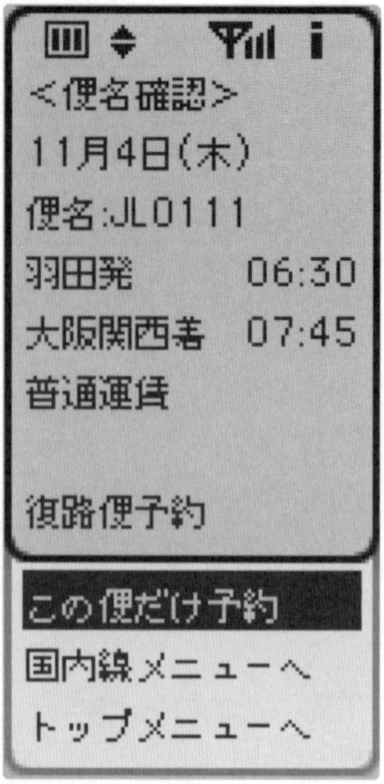

便名を確認します。

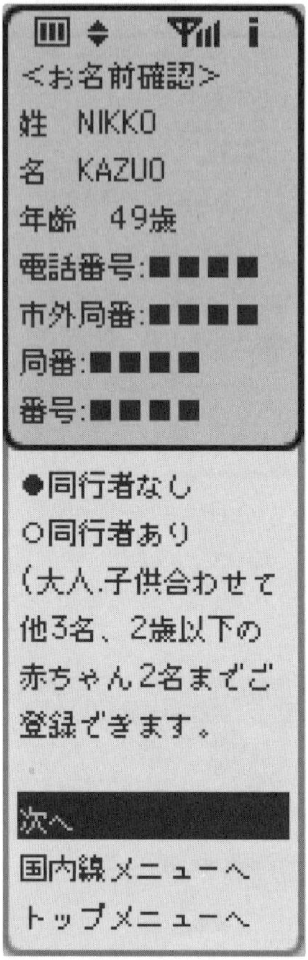

名前と電話番号を確認し、同行者の有無を選択します。

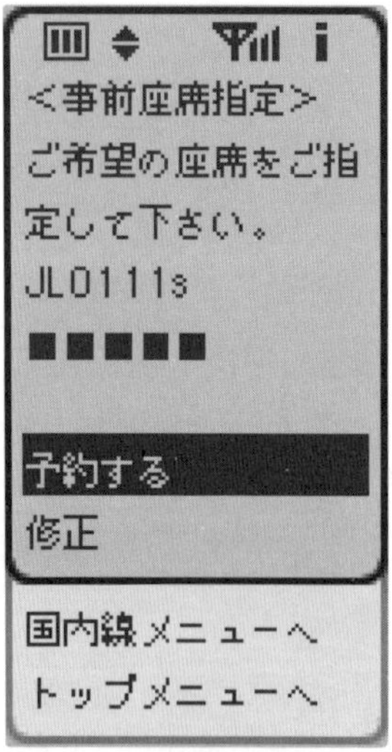

希望する座席を選択します。

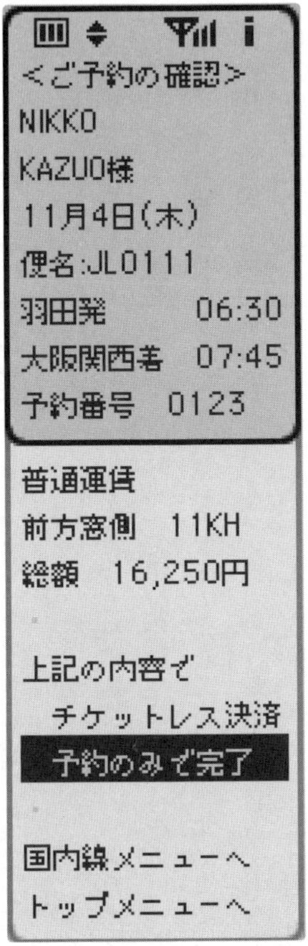

チケットレス決済を望まない場合は、「予約のみで完了」を選択します。この場合、所定の日時までに日本航空または日本航空指定代理店にて、予約しておいたチケットを購入することとなります。

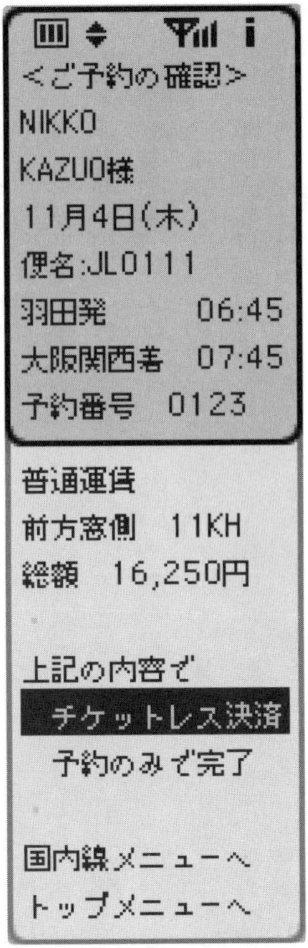

予約内容の最終的な確認を行い、「チケットレス決済」を選択します。この場合、あとは空港で航空券を受け取るだけとなります。チケット料金はカード会社から自動決済されるシステムです。

オンライントレードに挑戦

iモードで株取引にチャレンジする

一九九九年十月一日、証券取引法の改正により、株式売買委託手数料が全面自由化されました。金融ビッグバンの目玉とされていた一大変革です。証券会社にとって、株式売買委託手数料は売上げの中核を成すものであったため、証券各社は抜本的な構造改革を迫られました。その結果として誕生し、成長していったのがオンライントレードです。手数料の自由化は価格競争に直結します。そして、店舗や人員を大幅に削減できるオンライントレードは、手数料を引き下げた証券各社にとって、最善のコスト削減策であったわけです。これは、投資家にとってもメリットが大きいものでした。まず、わざわざ店舗に出向く手間が省け、自宅や会社から二十四時間気軽に株取引を楽しめるようになりました。また、担当者を介さないため注文の執行が早く、売買タイミングを逃さない取引が可能となっています。もちろん、手数料の引き下げも大きな魅力でしょう。これまで一般市民には縁遠い存在だった株取引ですが、オンライントレードの登場によって主婦や学生にも支持を拡げ、ちょっとした個人投資家ブームが起こっています。また、店舗をまったく持たないオンライン専門の証券会社も登場しています。

さて、オンライントレードは自宅で株取引ができることから「ホームトレード」とも呼ばれています。しかし、株取引ができる場所は「ホーム」だけではなくなってきました。iモードの登場によって「いつでもどこでも」株取引ができるようになったのです。iモードの証券サイトでは、市況チェック、個別銘柄の株価チェック、株式の購入、株式の売却が主なサービス内容となっていますが、他の経済ニュースサイトと連動させて利用することもお薦めします。iモードの速報ニュースを見て、いち早く株の売買を行う。また、経済新聞を片手に、喫茶店でコーヒーを飲みながら手早く株取引をする。そのような使い方が最も現実的なスタイルでしょう。

iモード対応証券会社一覧

企業名	株価情報	市況情報	売買注文	残高照会	iモード情報料
大和証券	○	○	○	○	無料
日興證券	○	○	○	○	無料
野村證券	○	○	○	○	無料
DLJ direct SFG証券	○	○	○	○	無料
日本オンライン証券	○	○	○	○	無料
日興ビーンズ証券	○	○	○	○	無料

モーニングスター	投資評価のデファクトスタンダード、モーニングスターによる投信情報。	無料

市況を見る

モバイルトレーディングと言っても、株取引であることには変わりありません。まずは市況のチェックを習慣化するようにしましょう。ここでは大和証券のサービスを例に紹介していきます。

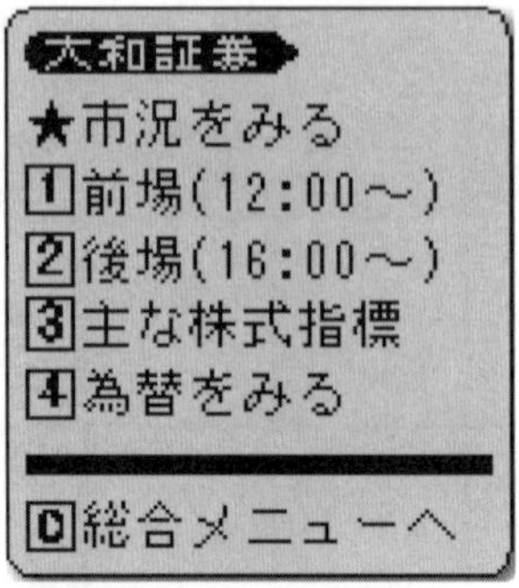

総合メニュー内「市況をみる」を選択・確定した画面です。ここでは下記の市況情報を閲覧することができます。

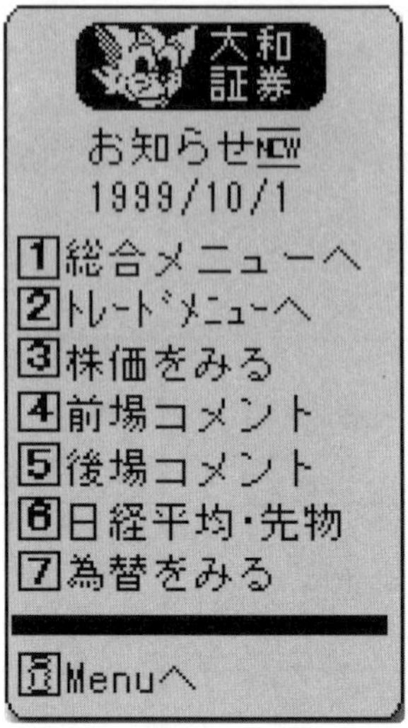

iメニューの「カード/証券/保険」から大和証券を選択し、メインメニューを表示させます。ここから「1」の「総合メニュー」を選択・確定します。

市況をみる

前場	前場コメント・出来高・主な値上り銘柄・主な値下り銘柄を見ることができます。
後場	後場コメント・出来高・主な値上り銘柄・主な値下り銘柄を見ることができます。
主な株式指標	日経平均・先物、TOPIX、日経300・先物、東証2部指数、店頭株価指数の取引値・前日比・始値・高値・安値(東証2部指数は取引値のみ)を見ることができます(※)。
為替をみる	為替レートを見ることができます。

※ここで提供される情報は全て20分前の情報が表示されます（「為替をみる」については1時間ごとの更新となります)。また、TOPIX先物・店頭株価指数も合わせて見ることができます。

「市況をみる」から「主な株式指標」を選択・確定した画面です。ここで提供される下記の情報も20分前の最新情報となっています。

主な株式指標

日経平均・先物	日経平均株価、日経平均先物第1限期の現在値・前日比・売気配・買気配・始値・終値・安値・出来高(先物のみ)を見ることができます。
TOPIX	TOPIXの現在値・前日比・売気配・買気配・始値・高値・安値を見ることができます。
TOPIX先物	TOPIX先物第1限月の現在値・前日比・売気配・買気配・始値・高値・安値・出来高を見ることができます。
日経300・先物	日経300、日経300先物第1限月の現在値・前日比・売気配・買気配・始値・高値・安値・出来高(先物のみ)を見ることができます。
東証2部指数	現在値、前日比を見ることができます。
店頭株価指数	現在値、前日比、始値、高値、安値を見ることができます。

「市況をみる」で「為替をみる」を選択・確定した画面です。最新(1時間ごとに更新)の為替レートを確認することができます。

株価を見る

「株価をみる」を選択すると、個別銘柄の最新株価情報を見ることができます。また、事前に登録しておいた複数の銘柄（最高10銘柄まで）のリアルタイム株価を見ることも可能となっています。

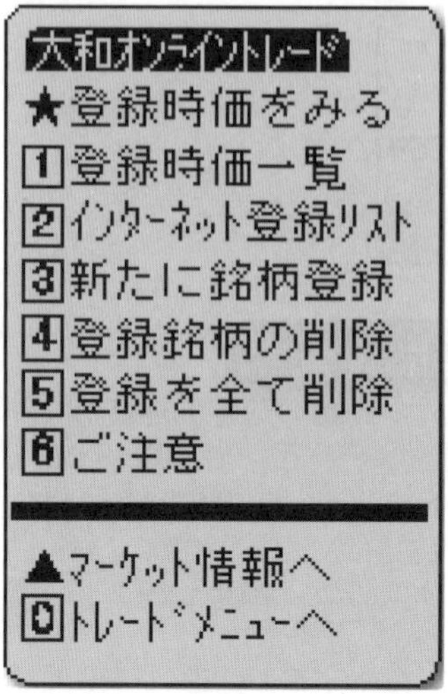

「株価をみる」を選択した画面です。銘柄の検索方法は、「銘柄コードで検索」「銘柄コード順に検索」「アイウエオ順に検索」「銘柄名で検索」の４つが用意されていますので、スムーズに株価の閲覧ができるようになっています。

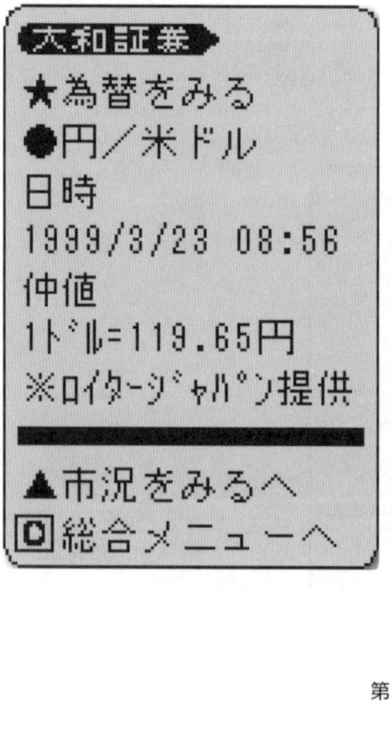

「時価登録をみる」を選択した画面です。ここではあらかじめ登録しておいた銘柄（最高10銘柄）のリアルタイム株価を閲覧できるほか、パソコンのインターネットで登録した60銘柄の株価チェックも可能です。また、銘柄の新規登録や削除もできますので、自分だけのポートフォリオをいつでも株価チェックできるようにしておきましょう。

株式を売買する

オンライントレード最大のポイントは、売買のタイミングにあると言われています。その意味で、iモードによるモバイルトレーディングは、売買タイミングを逃さない格好の端末と言えるでしょう。

総合メニューの「株取引をする」から「株式の注文」を選択した画面です。大和証券のiモードサービスでは、上場株式・店頭公開株式について下記の取引と作業が行えるようになっています。

上場株式・店頭登録株式

売買注文	上場株式(東京・大阪・名古屋)、店頭登録株式の売買注文ができます。※名古屋は、現在上場銘柄すべてを売買することができます。
銘柄コード検索	銘柄コード順・アイウエオ順・銘柄名による銘柄コード順の検索ができます。検索結果より、買い注文・売り注文への移行が可能です。
注文照会	注文の内容を照会することができます。インターネットおよびお取扱店で受付けた注文も照会可能です。
注文訂正・取消	iモード、インターネットで受付けた注文の取消および指値訂正ができます。
約定照会	約定の内容を照会することができます。インターネットおよびお取扱店で受付けた注文も照会可能です。
残高照会	株式の残高を照会できます。株式ミニ投資の残高も含めて照会できます。

買い注文の画面

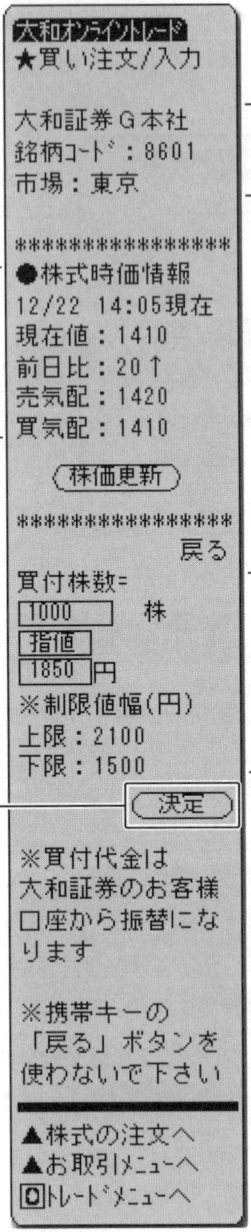

銘柄名、銘柄コード、取引市場が表示されます。

株式の時価情報が表示されます。現在値、前日比、売気配、買気配の４項目です。「株価更新」を選ぶと、最新情報に更新されます。

買付株数の入力です。株数と売買方式(指値と成行)、そして指値金額を入力します。

すべて入力したら確認後、「決定」を選択・確定します。

大和証券のiモード取引一覧表

上場株式・店頭登録株式	
売買注文	上場株式(東京・大阪・名古屋)、店頭登録株式の売買注文ができます。 ※名古屋は、現在上場銘柄すべてを売買することができます。
銘柄コード検索	銘柄コード順・アイウエオ順・銘柄名による銘柄コード順の検索ができます。検索結果より、買い注文・売り注文への移行が可能です。
注文照会	注文の内容を照会することができます。インターネットおよびお取扱店で受付けた注文も照会可能です。
注文訂正・取消	iモード、インターネットで受付けた注文の取消および指値訂正ができます。
約定照会	約定の内容を照会することができます。インターネットおよびお取扱店で受付けた注文も照会可能です。
残高照会	株式の残高を照会できます。株式ミニ投資の残高も含めて照会できます。
株式ミニ投資	
買い注文	株式ミニ投資の買い注文ができます。
売り注文	株式ミニ投資の売り注文ができます。
注文照会	注文の内容を照会することができます。インターネットで受付けた注文も照会可能です。
注文取消	注文を取消すことができます。iモード、インターネットで受付けた予約注文が取消し可能です。
約定照会	大和証券で受付けた株式ミニ投資の約定情報が確認できます。
残高照会	株式ミニ投資の残高を照会できます。
サービス時間	サービス時間を案内しています。
外貨MMF	
買付取引	外貨MMF(米ドル建て)の買付注文ができます。 ※買付けの際には、最新の目論見書をご覧いただくことと、外国証券取引口座・積立投資口座の開設手続きが完了している必要があります。
買付取引	外貨MMF(米ドル建て)の売付注文ができます。
予約注文取消	外貨MMF(米ドル建て)の予約注文取消ができます。インターネットで受付けた注文も注文取消が可能です。 ※注文取消は次の時間帯のみ利用可能です。(平日の15:00から翌3:00までおよび休日の6:00から翌1:00まで)なお、利用時間帯以外については取扱店に直接お申し出ください。
注文・約定照会	iモードおよびインターネットで出したダイワ外貨MMF(米ドル建て)の注文および約定の内容が参照できます。注文および約定内容は、注文日から約定日まで表示しています。
残高照会	外貨MMFの残高が照会できます。
取引可能日一覧	外貨MMFの取引可能日一覧を確認できます。
ダイワMMF・中期国債ファンド	
買付注文	ダイワMMF・中期国債ファンドの買付注文ができます。
解約注文	ダイワMMF・中期国債ファンドの解約注文ができます。
予約注文照会	ダイワMMF・中期国債ファンドの予約注文照会ができます。
残高照会	ダイワMMF・中期国債ファンドの残高が照会できます。
サービス時間	サービス時間を案内しています。
残高照会	
iモードで取引できる商品の残高	前営業日時点でお預かりしている株式・店頭登録株式、株式ミニ投資、外貨MMF、ダイワMMF・中期国債ファンドの残高を照会できます。
お預り金の残高	現在のお預り金残高とダイワMRF残高が照会できます。

携帯型テレビ電話も実現?

パソコンを超える通信速度へ携帯電話の最新事情

現在、IT関連業界の潮流は「パーソナル・コンピューティング」から「モバイル・コンピューティング」へ移行しつつあると言われています。つまり「パソコンからモバイルへ」というわけです。そしてここには、いくつかの理由が挙げられます。

これまで、あらゆる情報・データはパソコン内部に記憶させておくのが主流でした。しかし現在では、情報もデータもインターネットを核としたネットワーク上にスライドさせる動きが活発になっています。そうすると、一体どういうことになるのか。答は簡単です。端末そのものは個人に密着した、できるだけ操作が簡単で小さなものにして、必要な情報だけをネットワーク上から引き出せば良いのです。この場合の端末として、現在最右翼に挙げられているのが、次章で紹介するPDAであり、次世代携帯電話です。

2001年5月、日本は世界に先駆けて次世代携帯電話を導入します。これは第三世代に当たるもので、80年代に登場したアナログ式携帯電話が第一世代、現在主流となっているデジタル式携帯電話は第二世代ということになります。では、現在の携帯電話と次世代携帯電話とでは、どのような違いがあるのでしょうか。まず、これまで聞き取りにくかった音声が改善され、通常の有線電話並みの音質となります。そして、ここが最大のポイントなのですが、データ伝送能力が最大2Mbps（1秒間に2メガビットのデータを送ることができる）と、大幅にアップします。これは現在の携帯電話の約400倍もの速度で、速いと評判のISDN回線の30倍以上という驚異的なスピードです。これによって、音声と動画を同時にやりとりする「テレビ電話」も実現するとされています。

なお現在、日本とヨーロッパからはW-CDMA方式が提案されていて、北米からはcdma2000方式が提案されています。どちらも性能に大差はなく、両規格とも標準規格として採用されるようです。いずれにせよ、新しい携帯電話社会は、私たちの生活を一変させる可能性を秘めているようです。

第6章
モバイルツールを使いこなすとこんなに便利

モバイルの意義と最新モバイルツール

最新モバイル事情

携帯電話の普及やインターネットの流行によって、モバイルコンピューティングが注目されています。モバイルコンピューティングとはコンピュータを屋内で使うだけでなく、屋外や外出先などで利用し、メールの送受信やインターネットの閲覧、個人情報管理などを行おうというものです。パソコンで利用しているインターネットや各種アプリケーションのデータを、外出先でも閲覧できるわけですから、ビジネスにもプライベートにも活用の範囲は広がっています。特にパーム（Palm）やポケットPC、ザウルスなどといった優れたモバイル端末が各社から続々と登場し、一部のマニア向けだったモバイルがより一般的になろうとしています。

ひと口にモバイル端末といってもその用途や性格によって様々な種類があります。ノートパソコンのように大きな液晶とキーボードを持ち、ほとんどパソコンと変わらない性能を持っているもの。モバイルで必要とされる最小限の機能だけを厳選し、小さく軽く簡単に利用できるもの。個人情報管理のみならず、音楽ファイルのMP3や動画ファイルなどの再生ができるほどの高性能なもの。一見、同じようなカタチをして、似かよった性能を持つと思われるモバイル端末でも、実際に使い出すと如実にその個性が出てきます。

このように各社個性あふれるモデルが出ている以上、パソコンと同じように表向きのスペックだけを考えるのでなく、実際に自分が外でコンピュータを使うときに何を求めるかをはっきり決めてから購入する必要があります。パソコンと同じ性能を持っていても、持ち歩くには大きすぎたり、小さく軽い端末でも性能不足のために肝心のやりたいことができなかったりと機種を選び間違えると、大変便利なモバイル端末が意味のないものになってしまいます。ここでは、最新の代表的なモバイル端末を紹介します。

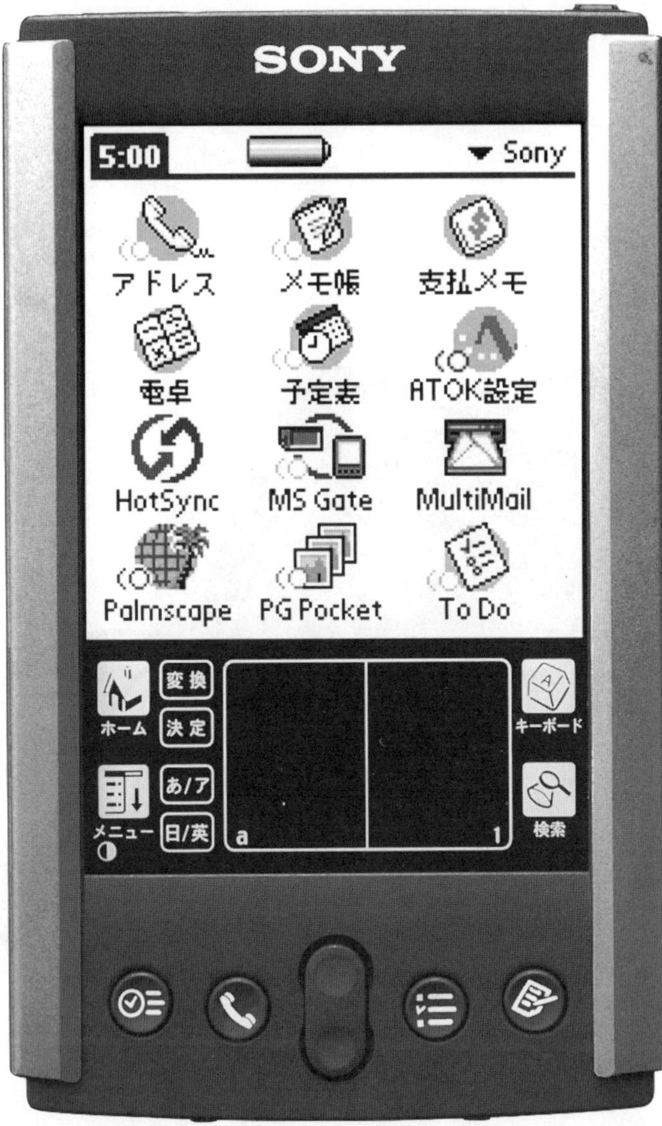

ソニー◆CLIE PEG-S500C

米Palm Computing社製のOS「PalmOS」を搭載したソニーのモバイル端末。ソニーお得意のジョグダイヤルを装備し、変換効率の高い日本語入力ソフト「ATOKポケット」を搭載して、高い操作性が魅力です。動画再生ソフトや画像管理ソフトなどのソニーオリジナルソフトも装備し、ホビー色の強いPalm端末となっています。

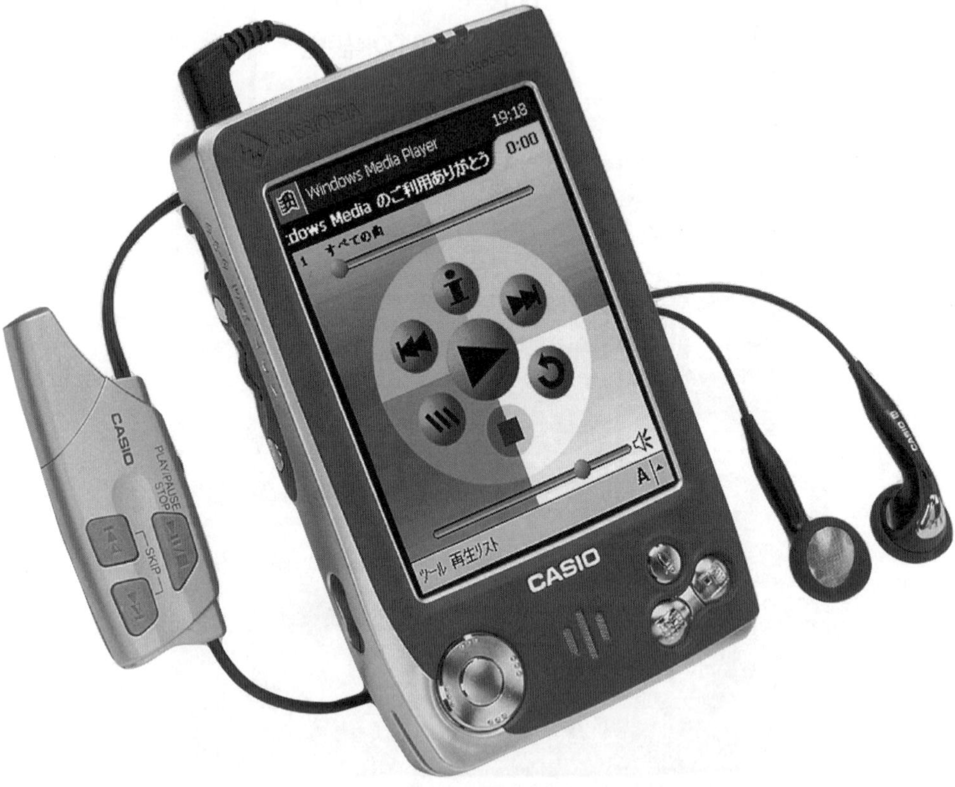

カシオ◆カシオペア E-700

マイクロソフト社製のOS、WindowsCE3.0を搭載したポケットPC端末。高解像度のカラー液晶と高性能CPUを搭載し、MP3や動画ファイルの再生などのマルチメディア機能もこなす高機能な点が魅力。マイクロソフト社製オフィスソフトのWordやExcelのファイルをそのまま利用できるなど、ビジネス用途にも強くなっています。

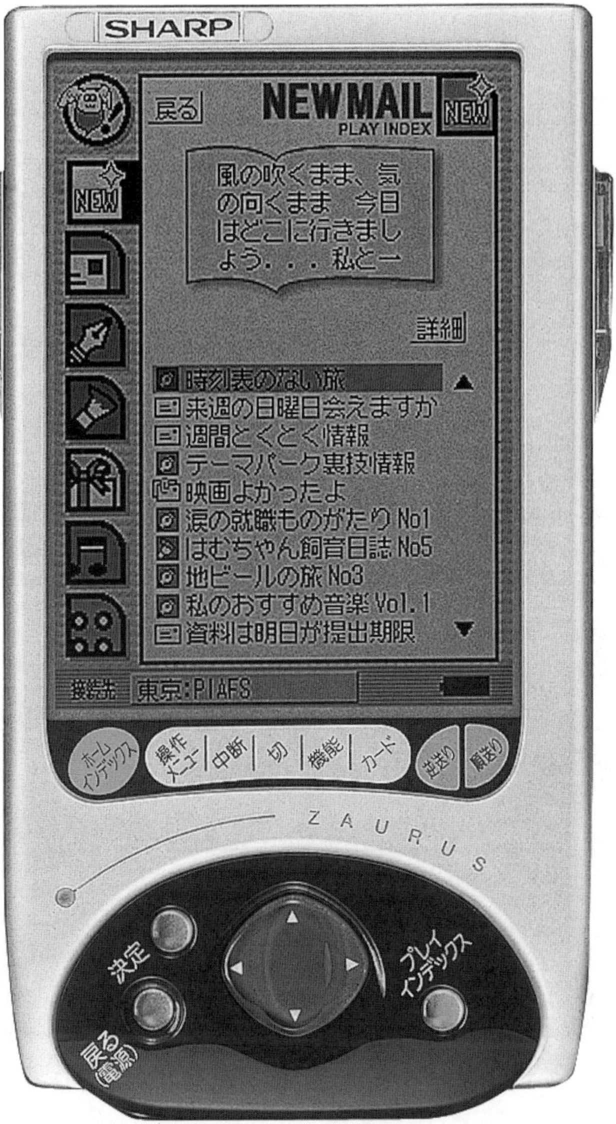

シャープ◆ザウルス アイゲッティ MI-P10

ザウルスシリーズの最新作。日本製モバイル端末として長い歴史を誇り、日本語の手書き入力の認識率は抜群に優れています。通信機能を本体に持ち、メールやWWWブラウザなどのインターネット機能も独自に搭載され、機能的には他のモバイルとまったく引けを取りません。

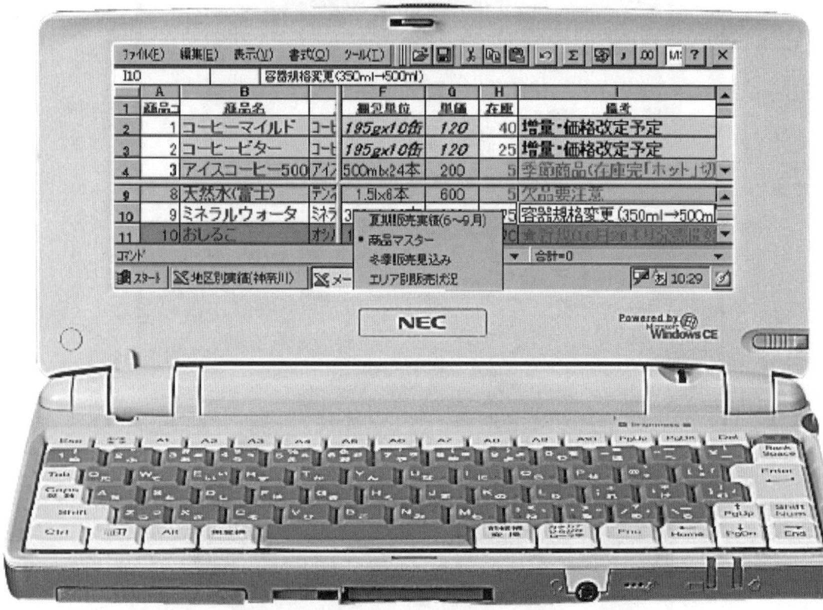

NEC◆モバイルギア MC-R530

キーボードと大型の液晶を備え、小型のパソコンのように使えるモバイル端末。OSにWindowsCEを搭載し、CEバージョンのWord、Excel、PowerPoint、Outlook、InternetExplorerなどのソフトが利用できます。モバイル端末にパソコンと同等の操作性やキーボードによる文書入力などを求める人には最適のアイテムです。

携帯性か？ 機能性か？

ノートパソコンでのモバイルを考える

ここまでモバイル専用端末をいくつか紹介してきましたが、ノートパソコンを外で使いたいという人もいるでしょう。ノートパソコンを持ち運べば、パソコンのフル機能をモバイル環境で使えるので、たしかに便利です。しかし、専用端末に比べ、重く大きいのはもちろんのこと、バッテリ持ち時間の短さや起動するまでの遅さなど、ノートパソコンを外で使うのは、あまり現実的とはいえません。

最近では、Crusoeというモバイル向けCPUが登場し、軽量で長時間駆動できるノートパソコンも登場し、以前に比べてモバイル機器としての実力を持ったものも増えています。それでもまだ専用端末に比べれば、機動性は劣ってしまいます。何でもできる機能の豊富さをもつノートパソコンを取るか、限定された機能ながら優れた携帯性を持つモバイル専用端末をとるかは、難しい判断といえるでしょう。

Crusoe搭載で最大８時間のバッテリ駆動ができ、重量が１キログラムをきった富士通の「FMV-BIBLO LOOX」。PHSモジュールを内蔵し、本体だけでインターネットアクセスできるモデルもあります。

パーム(Palm)でモバイル

現在、数多くのモバイル端末がある中でもっとも普及し、ソフトやハードが最も充実しているのがパーム・コンピューティング社から発売されている「パーム」シリーズといっていいでしょう。パームシリーズは、パーム・コンピューティング社以外からも、ソニーの「CLIE」やIBMの「WorkPad」、ハンドスプリング社の「Visor」等といった名前で同じパームOSを採用した製品が数多く発売され、非常に多くのユーザーがパームOS搭載機を利用しています。

パームOSを採用したモバイル端末の特徴としては、本体を必要最小限なスペックで構成し、軽量で小さい端末を実現し、ソフトもシンプルで使いやすく洗練され、高速になっていることです。他のモバイル端末に比べて、性能面では劣っているので、大容量のマルチメディアデータを扱うことなどは非常に苦手ですが、それを補って余りある実用性がセールスポイントです。また、世界中で多くの開発者がソフトウェアを手がけており、他のモバイル端末とは比較にならないほど多くのソフトが利用できることも特徴といえるでしょう。最近はバリエーション豊かな製品が揃い、自分に合ったモデルを見つけやすいのもメリットです。

パームOSには住所録やスケジュール管理、メール、防備録、メモなどの機能が標準で備えられていて、これらのデータはパソコンと連携して利用することが可能です。会社や自宅などではパソコンでこれらの個人情報を管理し、外出先ではパームを使って閲覧したり、データを入力・修正します。そして、パームとパソコンをつなげれば、パーム上で入力したデータとパソコン上で入力したデータを比較し、パーム、パソコン両方で最新のデータを閲覧できるようになっています。

ここでは今もっとも注目されているパームの基本的な使い方と活用方法を紹介します。

Palmの基本操作

Palmの操作は基本的に4つのアプリケーションボタンと上下のカーソルボタン、スタイラスで操作する文字入力部分と4つのアイコンで行います。基本的な操作方法を紹介します。

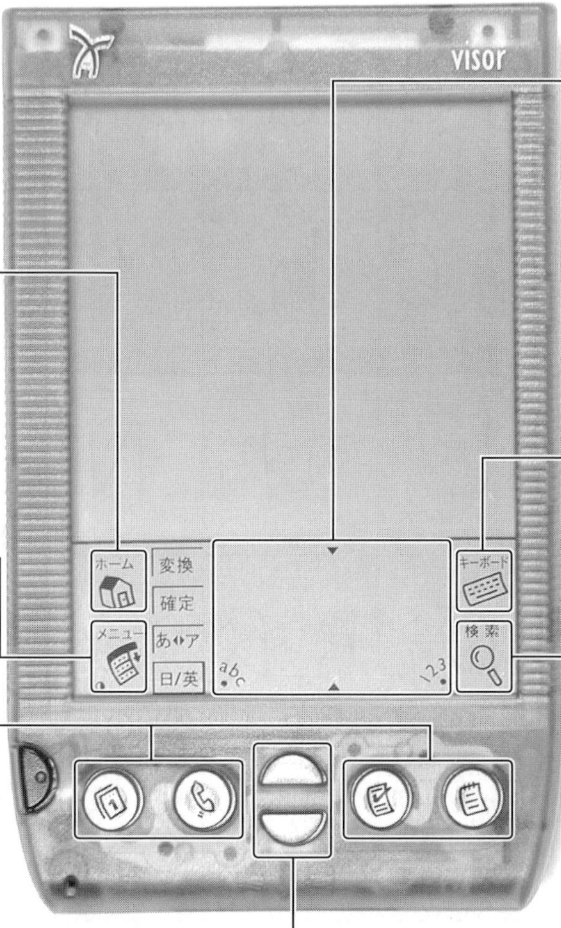

入力エリア
付属のペン「スタイラス」を使って、文字を入力するエリアです。アルファベットと数字で左右に入力エリアが分かれています。また、左には漢字入力のための「変換」や「確定」のボタンが並んでいます。

ホーム
ソフト起動中にここをタップするとメニュー画面の表示に戻ります。

キーボード
画面上にソフトウェアキーボードを表示します。

メニュー
各ソフトの各種設定を行うメニューを表示させます。

検索
Palm内のデータを検索し、該当するデータを表示させます。

アプリケーションボタン
「予定表」や「アドレス」などよく使うソフトを割り当て、ワンタッチで起動できるボタンです。

スクロールボタン
画面を上下にスクロールさせるボタンです。

Graffitiで文字入力

Palmでの文字入力はGraffiti（グラフィティ）と呼ばれる特殊なアルファベットをスタイラスで入力して行います。入力に慣れが必要ですが、Palmを使いこなすためには身につけましょう。左ページの表を参考に入力してみてください。

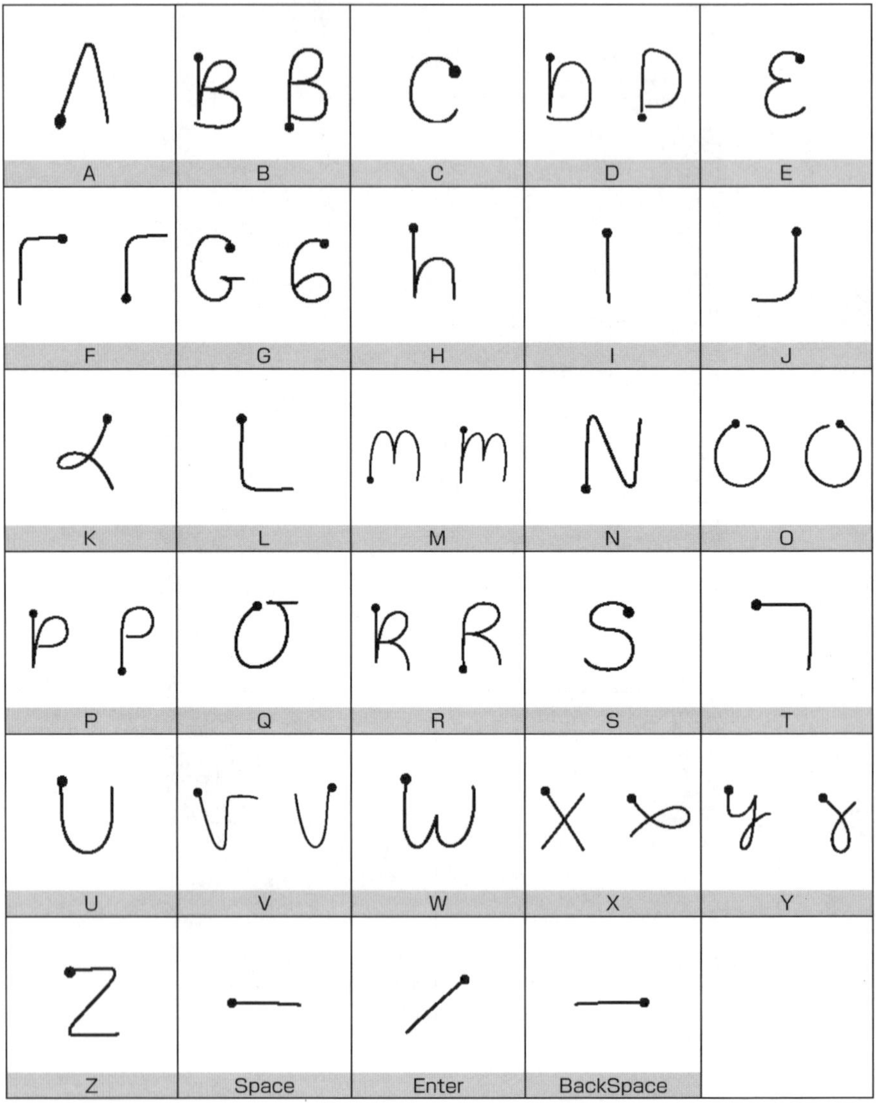

タップ

Palmに文字を入力してみましょう。メニューの「メモ帳」のアイコンをスタイラスでタップして、「メモ帳」を起動します。

タップ

「メモ帳」が起動したら、画面左下の「新規」ボタンをスタイラスでタップします。

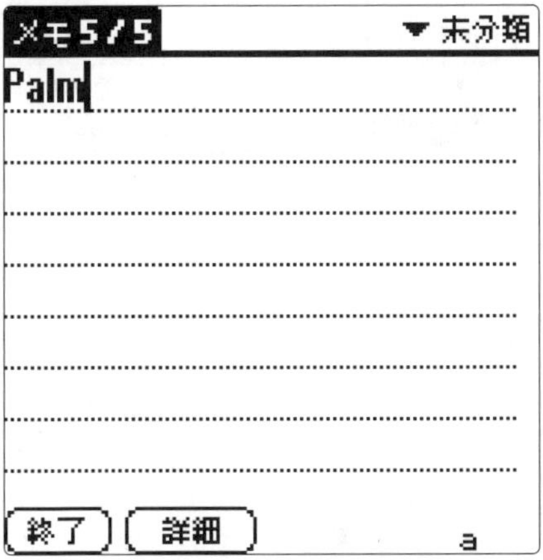

入力エリアにスタイラスでGraffitiを入力してみましょう。画面上に入力した文字が表示されます。

日本語を入力する

Palmでの日本語の入力はパソコンでの入力と同様に、日本語モードに切り替えてローマ字入力していきます。変換やモード切替は文字入力エリアの左隣の4つのアイコンをタップして行います。

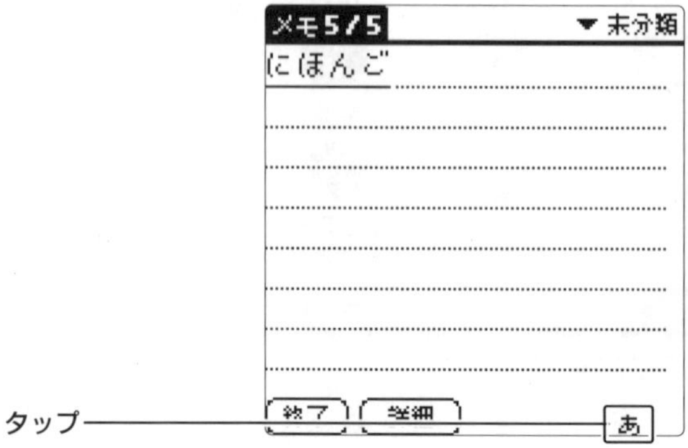

文字入力を日本語モードにするために、文字入力エリアの左隣にある「日/英」アイコンをタップします。画面右下のモード表示が「あ」になっていれば、日本語モードです。入力したい文字をローマ字で記入します。

「変換」アイコンをクリックし、文字を漢字変換します。望みの変換候補がでない場合は、「変換」アイコンを繰り返しタップして文字を選びます。

漢字変換が終わったら、入力エリア左隣にある「確定」アイコンをタップして、文章の続きを入力します。

上手く文字入力ができないときは

Graffiti初心者のための お助け機能でラクラク文字入力

Graffitiは書き慣れれば、非常に快適に文字入力ができるようになりますが、覚えるまではなかなか思うように入力できません。このような初心者向けにPalmには、Graffitiを覚えていない人向けの機能がいくつか用意されています。

まず、スタイラスで画面の一番下から一番上へスライドさせるとGraffitiの一覧が表示されます。これが突然入力方法を忘れたときにすぐに確認できるヘルプ機能です。

また、入力エリアの右側にある「キーボード」アイコンをクリックすれば、画面にキーボードが表示されます。このスクリーンキーボード機能を使えば、Graffitiを使わなくても文字を入力できます。

また、PalmにはGraffiti練習用のソフト「Giraffe」というものがあります。「PalmDesktop」がインストールされているフォルダ内の「Add on」フォルダにこのソフトのファイルがあるので、インストールして練習しましょう。

Graffitiの一覧が表示される「ヘルプ機能」。アルファベット、特殊文字、記号の3つの一覧が見れます。

画面上のパソコンと同じ配列のキーボードから文字が入力できる「スクリーンキーボード機能」。

ゲーム感覚でGraffitiを学べる「Giraffe」。上から落ちてくる文字を入力して消します。

「予定表」でスケジュールを管理する

Palmを使う上で基本となるソフトのひとつがこの「予定表」です。スタイラスひとつで使いこなせ、時間が来るとアラームで知らせてくれるなど、モバイルならではの使い勝手のよさがあります。

表示する曜日を切り替えるボタン。左右の▲マークを押すと、前の週と次の週の予定が表示されます。

ここで週間予定表や月間予定表に表示を切り替えることができます。

予定の入力に使うボタン群。

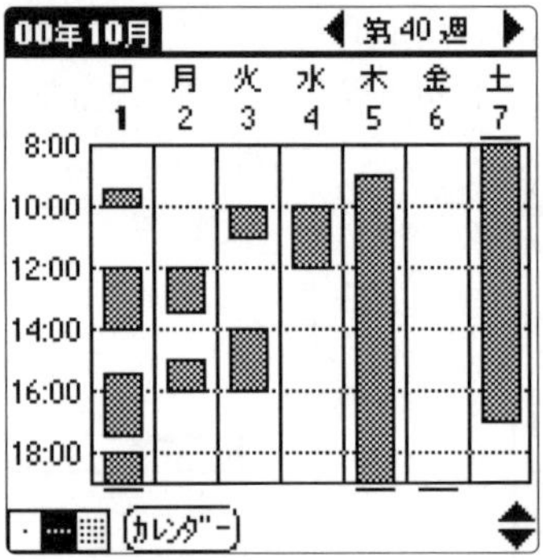

週間予定表の画面。予定の入っている時間帯がグレーで表示されます。各予定をタップすると画面上部に予定の内容が表示されます。

月間予定表。それぞれの日付に入っている黒い点が予定の有無を表します。各日付をタップするとそれぞれの一日の予定表画面に切り替わります。

タップ

それでは予定表に実際に予定を入力していきましょう。本体の「予定表」ボタンか、メニューから「予定表」をタップして起動。「カレンダー」のアイコンをタップします。

表示されたカレンダーの中から予定を入力する日を選択します。

タップ

画面の表示が選択した日にちの予定表に切り替わったら、画面下の「新規」ボタンをタップします。

予定の開始時刻と終了時刻を入力し、「OK」をタップします。特に時間の指定がない場合は「予定なし」ボタンをタップします。

タップ

予定開始時刻のところでカーソルが点滅するので、予定の名前を入力します。さらに詳しい内容を入力する場合は「詳細」ボタンをタップします。

予定が近づいたときに音で知らせる警告音が必要な場合、「アラーム」をチェックし、時間を指定します。毎週や毎月などに必ず行う予定であれば、「定期的な予定」の右にある「なし」をタップ。さらに予定にコメントをつける場合は、画面右下の「コメント」ボタンをタップします。

「定期的な予定の設定」画面。予定の周期を入力し、「OK」ボタンをタップします。

コメントの入力画面。予定に負荷するコメントを入力し、「終了」ボタンをタップします。

これで予定表の入力は完了です。予定名の左側にアラームやコメントの有無などがアイコンで表示されます。

「アドレス」で住所録を管理する

Palmでよく利用するもうひとつのソフトがこの「アドレス」。検索機能を使って目的の情報をすばやく探したり、赤外線通信機能を用いた名刺交換などが利用できます。

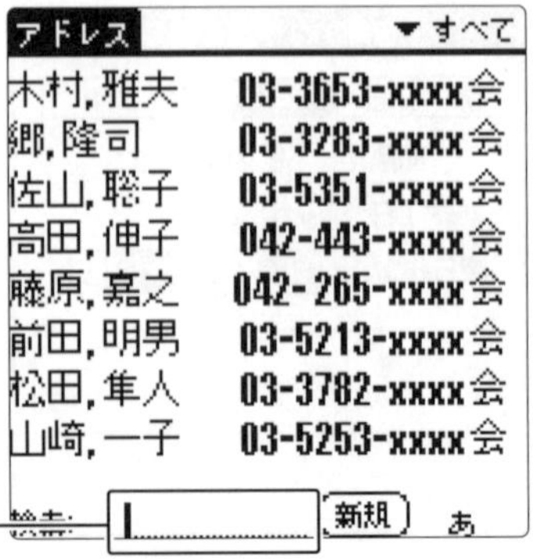

検索欄に姓の頭文字を入力すると、該当するアドレスが一番上に表示され反転表示されます。

「アドレス帳」の基本画面。姓名と連絡先の電話番号がリスト表示されます。

名前を選んでタップすると、住所や会社名、役職などの詳細なデータが表示されます。

アドレスはカテゴリに分けて登録することができます。右上メニューからカテゴリを選択すると、該当するものだけが表示されます。

では実際にアドレス帳にデータを入力してみましょう。本体の「アドレス」ボタンか、メニューの「アドレス」をタップして起動。画面右下の「新規」ボタンをタップします。

姓名や会社名、役職などの入力欄が現れるので、文字を入力していきます。会社、自宅など4つある電話番号の入力先は、左の▼マークをタップして、メールアドレスや携帯電話に変更することができます。

項目はすべて入力する必要はありません。また、「よみ」は自動で入力されます。入力が終わったら、「終了」ボタンを押して、登録します。さらに情報を加えるときは、「詳細…」ボタンをタップします。

「アドレスの詳細」画面で、一覧に表示する電話番号の選択と、カテゴリーを選択できます。アドレス情報にコメントを加えるときは「コメント」ボタンをタップします。

ホームページアドレスや誕生日といった普通のアドレス情報には登録しにくい情報は、コメントとして自由に登録できます。

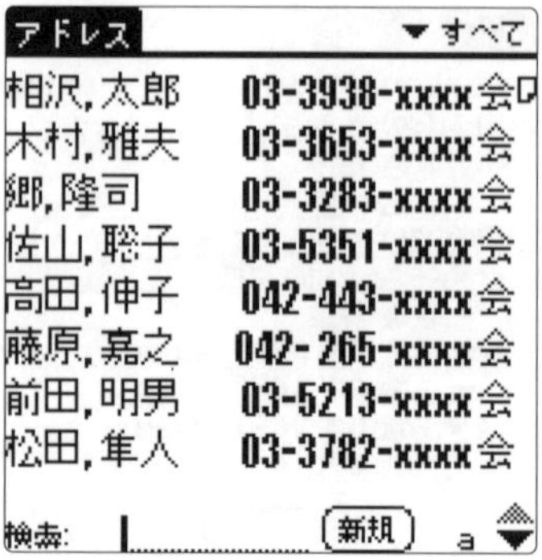

アドレスの初期画面に戻ると、新しく入力したアドレス情報が登録されています。

デジタル時代のビジネスマナー!?

赤外線通信を使ってPalm同士でデジタル名刺交換

PalmOS搭載のモバイル端末には赤外線通信機能が標準で搭載されています。「アドレス」機能とこの赤外線通信機能を用いて、Palmを持つもの同士の名刺交換が可能なのです。

使い方は簡単で自分の情報を入力したアドレスを「名刺」として登録し、Palm同士を向かい合わせるだけ。これで相手のPalmに、自分の個人情報を送信することができます。

これはPalmOS搭載機すべてで可能な機能であるため、ソニーのPalm端末とIBMのPalm端末といった異なるメーカー同士の端末同士でも名刺交換ができます。Palmを普段から利用している人なら、紙の名刺を管理するよりPalm内でデータを管理した方が楽ですから、Palmを使っての名刺交換のほうが喜ばれるに違いありません。

メニューが表示されたら「名刺に設定」を選択します。実際に名刺を交換するときは、Palmの赤外線端子同士を向かい合わせて、本体の「アドレス」ボタンを押しつづけると、相手のPalmに自分の名刺データが送信されます。

自分のアドレスを入力し表示させたら、入力エリアの左にある「メニュー」ボタンをタップします。

その他のPalmの機能を使いこなす

Palmには、「予定表」「アドレス」以外にも便利な機能が様々搭載されています。それらのお役立ち機能をここでは紹介します。

防備録として利用できる「To Do」機能。目前の仕事リストを作っておけば、うっかりミスも減るでしょう。

「支払メモ」機能を使えば、自分の支出情報をPalmひとつで管理できます。支払方法や支払先、同行者なども詳細設定できるので、会社の清算などにも利用できるスグレモノです。

パソコンで受信したメールをPalmに転送して閲覧できる「メール」機能。外出先などでPalm上で新規のメールや返信メールを書き、パソコンにつなげて送信することもできます。

「電卓」機能。基本的な四則演算やメモリ機能などが利用できます。計算結果はクリップボードを介して他のソフトに転送することができます。

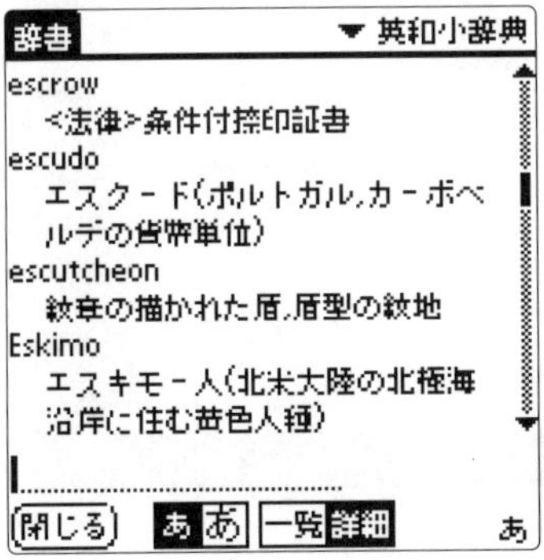

和英と英和が収録された「辞書」機能。収録語数は多くありませんが、手元で気軽に検索できるため、とても便利に利用できます。

パソコンとの連携

Palmはパソコンと連携して利用できます。パソコンと接続すれば、パソコン上のデータをPalmで持ち歩くことができ、パソコンで管理している個人情報データを常に閲覧することができるようになります。

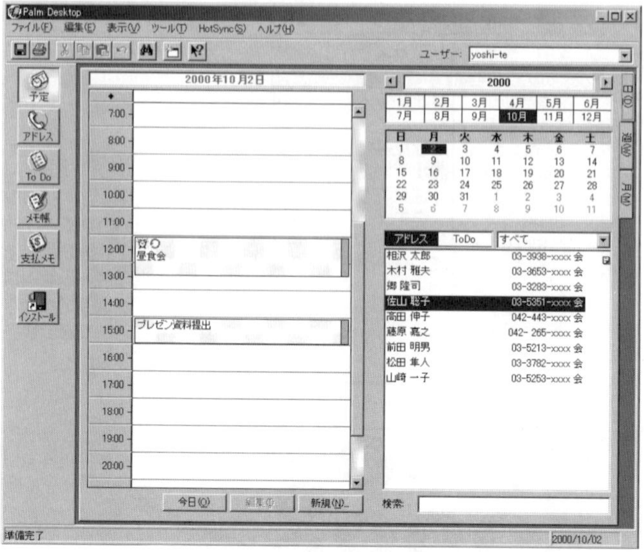

PalmとパソコンをF連携させるためのソフトがこの「PalmDesktop」です。Palmに付属のCD-ROMからインストールできます。

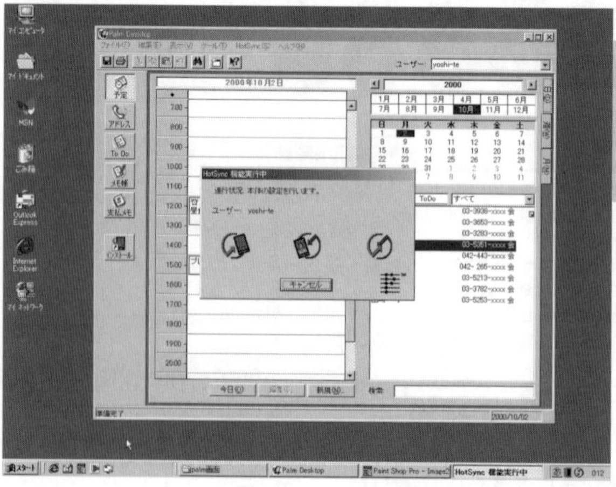

HotSyncとは?

Palmとパソコンを接続して、データの同期を取ることをHotSyncと呼びます。Palm上のデータをパソコンでバックアップしたり、Palmやパソコン上から入力したデータの変更点を比較し、常にPalmとパソコンで最新の個人情報データを利用するための重要な機能です。

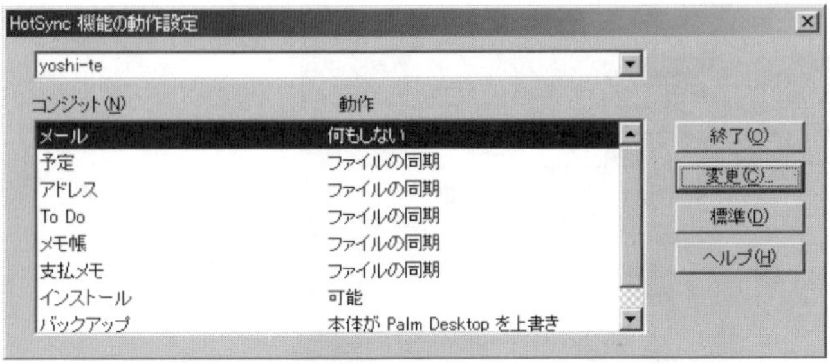

メニューの「HotSync」を選び、「動作設定」でパソコンとPalmの間でのデータ交換の設定ができます。

実際のHotSyncはPalmの側から行います。Palm本体とパソコンを接続するクレイドルのボタンか、Palmのメニューから「HotSync」を選び、「ローカルSync」をタップすると、パソコンとの同期が始まります。

※Palmとパソコンを連携するには、Palmに付属するパソコンとの接続ツール「クレイドル」を　利用します。クレイドルをパソコンとケーブル（USBかシリアル）で接続しておき、連携させるときにクレードルにPalmをセットします。

パソコンからデータ入力

HotSync機能を利用して、パームに入れるデータをパソコン上から入力することができます。パソコンのキーボードから文字入力できるため、大量のデータをPalmに入力したいときなどは非常に効率的です。

機能の選択

PalmDesktopの画面。画面左にタテにならぶ「予定」「アドレス」「To Do」「メモ帳」「支払メモ」の5つのデータをパソコン上から入力できます。

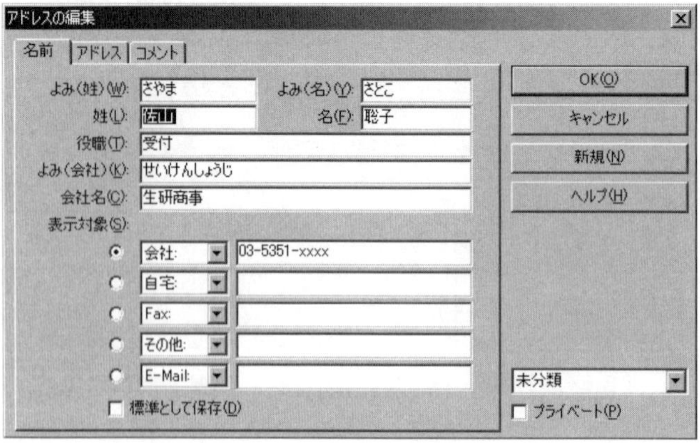

「アドレス」を選び、名前をクリックするとこのような入力画面が表示されます。データの入力をキーボードから行えるため、Palm本体で操作するより、楽に入力できます。

ソフトのインストール

Palmに新しいソフトをインストールするときも、PalmDesktopから行います。インストールするソフトはPalmDesktop上で登録し、HotSyucするだけで簡単に行うことができます。

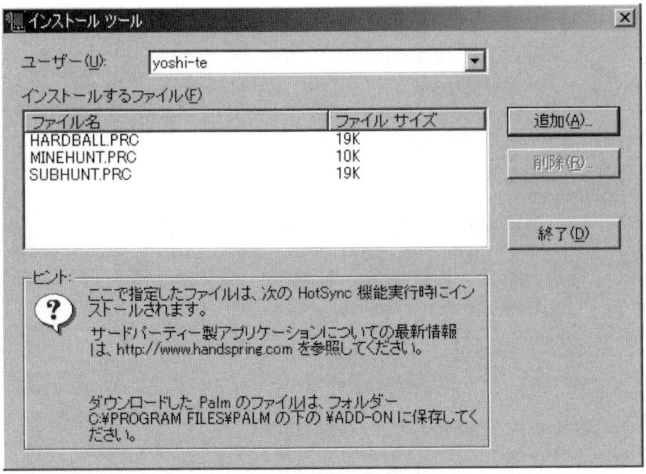

PalmDesktopの「インストール」ボタンをクリックし、「インストールツール」を表示させます。ここで「追加」をクリックし、Palmにインストールするソフトを登録します。追加ソフトはCドライブのProgram Files¥Palm¥Add-onフォルダ内にいくつか収録されています。

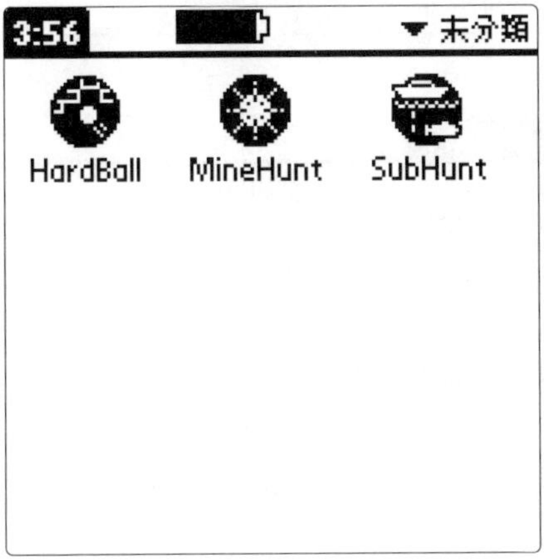

登録が終わったら本体からHotSyncを行えば、ソフトは自動的にインストールされます。新たにインストールされたソフトは、Palmのメニュー内に表示されています。

オンラインソフトの活用

Palmは標準で搭載されているもの以外にもさまざまなソフトが存在します。その多くはインターネット上に存在し、ダウンロードして利用することができます。
（ダウンロードの手順は64ページを参照して下さい。）

多くのPalmwareが紹介されているホームページ「Muchy's Palmware Review」(http://muchy.com/)。ここであなた好みのPalmwareを見つけましょう。

鉄道路線検索ソフト「TRAIN」(今関弘明氏作・フリーソフト)。出発地と目的地を入力するだけで、乗り換えの駅や所要時間などが一発で検索してくれます。

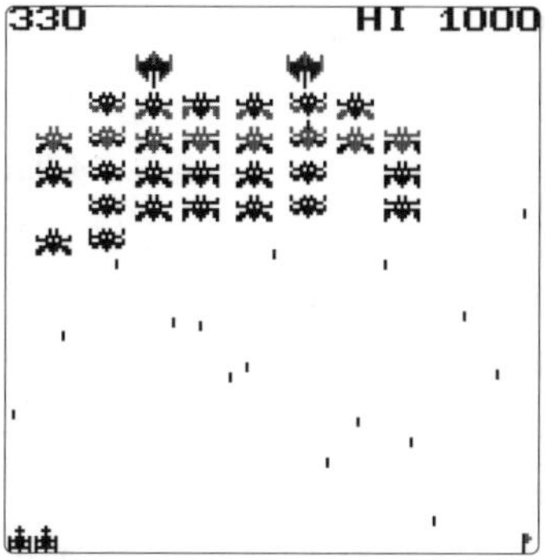

昔懐かしいギャラ○シアンのようなゲーム「GALAX」(Tim Smith氏作・フリーソフト)もPalmでプレイできます。空き時間の暇つぶしにもってこいのゲームです。

「予定表」と「To Do」を統合して、より便利に使えるスケジュールソフト「Datebk3」(Pimlico Software作・シェアウェア20$)。Palm本来のソフトを超えるスグレモノです。

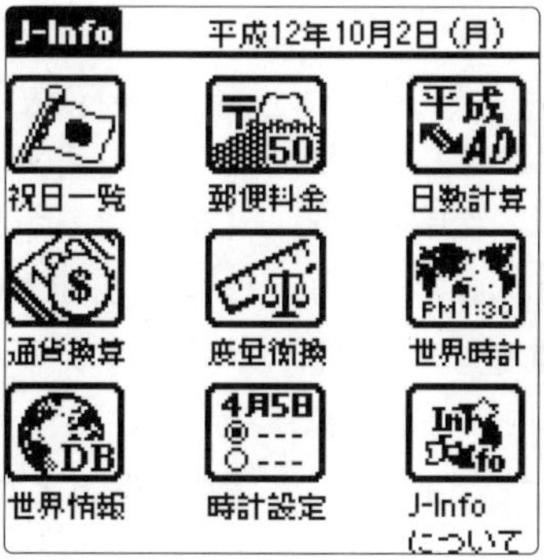

通貨演算や度量衡の計算、世界時計など便利な小物ツールがたくさん集まった「J-info」(Y.Kanai氏作・フリーソフト)。Palmにインストールしておくと何かと便利です。

海外でのモバイル事情

国内の電源・通信環境の違いを考慮する

最近は、海外にモバイル機器を持っていって利用したいという要望も増えていますが、国内であれば普通に使っていても問題のないモバイル機器も、海外に行けば多少事情が違ってきます。

まずはモバイル端末を動かすための電源問題。通常の乾電池を使うものであれば、国により多少の違いはあれ、海外で入手することは可能ですし、いくつも予備を持っていけば問題ないでしょう。

問題はクレイドルなどから本体内蔵の充電池に充電するタイプ。日本製のモバイル端末は基本的に100V電源で動くようになっていますが、海外では、電源の電圧が120V～240Vになっている場合が多いのです。充電のためのAC電源がこれらの電圧に対応しているかどうかをチェックしたほうがよいでしょう。ACアダプタが海外の電圧に対応していない場合は、変圧トランスを使って電圧を変換する必要があります。さらに海外では電源コンセントの形状が違うため、コンセント接続用のアダプタも必要となってきます。

また、インターネットにアクセスする場合にも問題が生じます。まず、携帯電話はIDOのcdmaOneをのぞけば、海外では利用できません。そのため、アナログ回線用のモデムが必要になってきます。アナログモデムが本体に内蔵されていない場合は、何らかの手段でモデムを接続しなければなりません。電源と同じく電話回線のモジュラージャックも国によっては形状が違うため、接続するためのアダプタが必要になります。

また、海外の宿泊先によってはモジュラーでモデムを接続しても通信できない場合があります。特にホテルなどでは電話回線に流れている電圧が高かったり、モジュラーコネクタの極性が違ったりと様々な障害があります。最悪の場合、モデムを破損してしまうこともあります。宿泊先の電話回線で通信ができるかどうかは、事前に調べておいた方がよいでしょう。このほか、海外のアクセスポイントを持っているか、ローミングサービスを行っているプロバイダとの契約も必要になります。

Web一覧

最新ニュースを入手する

■asahi.com
朝日新聞のサイト。
http://www.asahi.com
■NIKKEI NET
ビジネスマン必携「日経新聞」のサイト。
http://www.nikkei.co.jp/
■ZAKZAK
「夕刊フジ」のサイト。
http://www.zakzak.co.jp/
■ZD NETWORK NEWS
コンピュータやIT関連の専門サイト。
http://www.zdnet.co.jp/news/
■CNN.co.jp
アメリカのニュース専門局「CNN」の日本語版サイト。
http://www.cnn.co.jp/

メールマガジンを探す

■インターネットの本屋さん まぐまぐ
日本最大のメルマガサイト。
http://www.mag2.com/
■Pubzine(パブジーン)
99年3月にスタートしたばかりのメルマガサイト。
http://www.pubzine.com/
■YOMIMONO SEARCH
メルマガ界のヤフー的サイト。7大メルマガサイトの全マガジンをキーワード検索できる。
http://www.yomimono.co.jp/
■E-Magazine
個人発行のメルマガを中心に登録数急上昇中。
http://www.emaga.com/

地図・路線検索を使う

■Mapion
地図情報のほか、宿やタウン情報、駐車場情報も掲載。
http://www.mapion.co.jp/

■ミルウォークマップ
企業やお店を訪ねたいとき役に立つサイト。
http://www.miruwalk.ne.jp/
■マップファンウェブ
日本全国の地図に加え、約400都市の詳細地図を閲覧できる。
http://www.mapfan.com/mfwtop.shtml
■ハイパーダイヤ
全国の航路・鉄道・バス(一部)の乗り継ぎ案内を提供。
http://www.hyperdia.com/
■乗換案内
地図から選べる「マップ検索」機能があり。時刻表対応。
http://www.jorudan.co.jp/
■駅前探険倶楽部
乗り換え案内、終電案内、駅の時刻表、出張案内に加え、駅周辺の情報を網羅。
http://ekimae.toshiba.co.jp/

出張に使える

■Go!Go!びゅっふぇ
地域情報、乗換え案内や航空会社リンク、予約サイトのリンクなど旅の手配に役立つ情報のリンク集。
http://www.ne.jp/asahi/kpooh/buffet
■海外ホテル予約 アップルワールド.com
世界15,000都市、30,000軒のホテルを予約できる。
http://www.appleworld.com
■国内線いっぱつ空席照会
行き先、日程を入力すると、国内線各航空会社の空席照会ができる。
http://www.ops.dti.ne.jp/~sin/airline/
■旅の窓口
国内・外ホテルの検索、予約が可能。
http://www.mytrip.net

マーケティングに利用する

■goo リサーチ
検索サイト「goo」のリサーチサイト。アンケート結果が公開されている。
http://research.goo.ne.jp/
■Marketing Interactive Network
デジタル系シンクタンクのサイト。
http://www.commerce.or.jp/
■日本マーケティング協会
JMA(日本マーケティング協会)のサイト。マーケッター向け専門記事の一部が読める。
http://www.jma-jp.org/

企画書・プレゼンを作成する

■企画工房
企画の立て方や、目次の書き方までていねいに解説。
http://www2s.biglobe.ne.jp/~ganko/
■perinet
企画書に関するものなら何でもそろう。
http://www.perinet.co.jp/
■ふゆきとシュンローの職業別イラスト
プロ用のイラスト素材を集めたサイト。
http://www.idea.gr.jp/
■キャノンBJクリップアートサイト
約4センチ四方の大きさに揃えられている素材集のサイト。
http://bj.canon.co.jp/clipart/
■Art & Technology for Networking
フリー素材サイト。
http://home.att.ne.jp/gold/naoki/indexjp.html

トレンドウォッチする

■野口悠紀雄 Online2000
野口東大教授が発信する"超"サイト。
http://www.noguchi.co.jp/
■ワールドビジネスサテライト
テレビ東京のニュース番組のサイト。
http://www.tv-tokyo.co.jp/bangumi/wbs/
■はやりmono情報室
世の中のはやりものを大特集したサイト。
http://www4.plala.or.jp/hayajyo/
■JMR生活総合研究所
豊富な事例から現代社会を独自に解析。
http://www.jmrlsi.co.jp/
■Hotwired Japan
アメリカのWebマガジン「HotWired」の日本版。
http://www.hotwired.co.jp/

異業種交流する

■クリエイト
人脈作りとキャリア・アップのきっかけを提供する異業種交流サークルのサイト。
http://www.mmjp.or.jp/urbanclub-create/
■Knowledge Net BESTA
"自分たちの特性を活かしてお互いに刺激しあえる関係づくり"がコンセプト。
http://www.knowledge-net.ne.jp/besta/

■東京シビタンクラブ
国際社会と地域社会との発展を目的としている情報交換クラブ。
http://www.tokyocivitan.org/
■阪神社会人ネットワーク[くろすろーど]
自己啓発のためみんなで集まって勉強と懇親を深めるレクリエーションをする会。
http://www.keiko.or.jp/cross-road/
■PRIME関西
メーリングリストによる情報交換や月に1度の勉強会と交流会を実施。
http://www.keiko.or.jp/prime-kansai/
■21世紀クラブ
名古屋を中心に活動する異業種交流会。
http://www.21st-club.com/

経済動向をつかむ

■経済企画庁・公表資料ページ
経済企画庁が公表する膨大な資料を閲覧できる。
http://www.epa.go.jp/j-j/doc/menu.html
■大蔵省・統計資料
大蔵省が公表する統計資料を閲覧できる。
http://www.mof.go.jp/siryou.htm
■日本商工会議所・LOBO(早期景気観測)調査
商工会議所の早期景気観測を閲覧できる。
http://www.jcci.or.jp/lobo/lobo.html
■通商産業省 主な統計調査の概要
通商産業省の統計資料を閲覧できる。
http://www.miti.go.jp/
■日本総合研究所
日本総研が提供する最新の経済動向レポートを閲覧できる。。
http://www.jri.co.jp/index_j.html

インターネット辞典・辞書を使う

■Dictionary of MlutiMedia
マルチメディア関連の用語辞典。
http://www.cgarts.or.jp/dictionary/jiten.htm
■e-Words情報・通信辞典
コンピュータ・ネットワーク用語の辞典。
http://www.e-words.ne.jp/
■goo EXCEED英和辞典
三省堂の「EXCEED英和辞典」のオンライン版。
http://dictionary.goo.ne.jp/ej/
■現代用語の基礎知識 2000
「現代用語の基礎知識」のWebバージョン。月額/180円。
http://www.so-net.ne.jp/myroom/jiyukoku/gn97eb/

ビジネス文書&マナー

■直子の代筆Internet
あらゆるカテゴリーを網羅した文章テンプレート。
http://www.teglet.co.jp/naoko/
■SharpSpaceTown ビジネス文例提供サービス
シャープが提供する「ビジネス文例サービス」。
http://www.spacetown.ne.jp/iprimera/library/business.html
■手紙を書くとき、きっと役立つ文例集
時候の挨拶からビジネス文書、冠婚葬祭まで入った文例集。
http://www.tomono.co.jp/bunrei/index.html
■住友生命Webサイト ビジネス情報サービス
住友生命が提供する「ビジネス情報サービス」。
http://www.sumitomolife.co.jp/busi.html
■HTML文書サンプル＆解説集
ホームページの作成に使える、HTMLのサンプル集。
http://contents.justnet.ne.jp/naminori/html/jmain.htm
■マナー教えて知りたい講座
冠婚葬祭で知っておきたいマナーを教えてくれる。
http://www1.beam.ne.jp/kuchikomi/manner/

接待に使えるお店情報を探す

■ぐるなび
日本全国はもとより、ハワイや香港、グアムなどの飲食店を様々な条件から検索できるデータベース。
http://gnavi.joy.ne.jp/
■Tokyo Night Out!!
職人と呼ばれるバーテンダー達が厳選したコダワリのバーのみを紹介。
http://www.bekkoame.ne.jp/~mtmt/
■ナイトスクエア『アイ・キャッチ』
女の子がいる飲み屋を探す、業界最大規模のデータベース。
http://www.i-catch.co.jp/
■Walkerplus
全国8エリアの地域情報が閲覧できる。
http://www.walkerplus.com/
■Hanako-Net
雑誌「Hanako」に掲載されたお店約5000件のデータベース。
http://hanakonet.biglobe.ne.jp/
■OZ-MALL グルメ・レストラン
レストラン検索、レシピ集などオトク＆お役立ち情報が満載。
http://gourmet.oz-net.co.jp/

索引

1章　パソコン活用の基礎

2章　情報収集と管理・活用のテクニック

3章　差をつける企画書の作り方

4章　電子メールのやさしい活用法

5章　iモードだけでもここまでできる

6章　モバイルツールを使いこなすとこんなに便利

カヴァー立体イラスト▶野崎一人

撮影▶任博堂

装丁・本文デザイン▶中山デザイン事務所

著者紹介

大澤紀生（おおさわ・のりお）

編集者・ライター。一般誌やパソコン誌で編集と執筆をこなす。
パソコン関係では、特にソフトウェアを担当することが多い。

小野均（おの・ひとし）

フリーライター。パソコン雑誌にて、ハードウェア、ソフトウェアの解説記事を執筆。
主な著書に「NECモバイルギア 操作の王道」「電子メールの教科書」
「はじめてのインターネット株取引」（以上NECクリエイティブ）などがある。
E-mail：rakuda@mtf.biglobe.ne.jp

熊野智（くまの・とも）

フリーライター。主にウィンドウズ系のパソコン雑誌にて、
ソフトウェアやインターネットの解説記事を執筆。

古賀史健（こが・ふみたけ）

ライター。一般誌・パソコン雑誌等にて活動中。
主な著書に「eビジネスの死角」（ITBリサーチ編著／廣済堂出版）がある。

天明善行（てんめい・よしゆき）

フリーライター。パソコン雑誌にて、ハードウェア、ソフトウェア、
インターネットの解説記事を執筆。
E-mail：XLH02214@nifty.com

パソコン、iモード、Palm 完全使いこなし講座

2000年11月30日第1版第1刷発行

編著者▶ITビジネス・能力開発研究会

発行者▶村田博文

発行所▶株式会社財界研究所

〒100-0014 東京都千代田区永田町2-14-3 赤坂東急ビル11階
電話03-3581-6771 FAX03-3581-6777 ［URL］http://www.zaikai.co.jp/

［関西支社］
〒530-0047 大阪市北区西天満4-4-12 近藤ビル 電話06-6364-5930 FAX06-6364-2357

印刷・製本▶図書印刷株式会社

ISBN4-87932-015-3
定価表示はカバーに印刷しております。